소프트웨어 사고력

올림피아드

CONTENTS

PART I

소프트웨어 사고력이란?

PART II

소프트웨어 사고력 올림피아드 기출문제 분석

III
PART

소프트웨어 사고력 올림피아드 연습문제

부록

PART I

소프트웨어 사고력이란?

1. 시작하며

이제는 소프트웨어·인공지능 시대

소프트웨어 중심 사회란, 소프트웨어(SW)가 혁신과 성장, 가치 창출의 중심이 되고 개인·기업·국가의 경쟁력을 좌우하는 사회를 말합니다. 소프트웨어는 이미 우리 삶의 모든 분야에 많은 영향력을 미치고 있습니다. 이미 세계 소프트웨어 시장은 자동차와 반도체, 스마트 디바이스 산업을 합한 것만큼이나 규모가 거대해졌고, 세계 10대 기업의 대부분은 소프트웨어 관련 IT 기업일 정도입니다. 이와 같은 산업의 발달은 미래 직업, 즉 일자리와도 관련이 많습니다. 소프트웨어·인공지능의 발달로 이미 수많은 일자리가 사라졌고, 소프트웨어·인공지능과 관련된 일자리는 빠른 속도로 창출되고 있습니다.

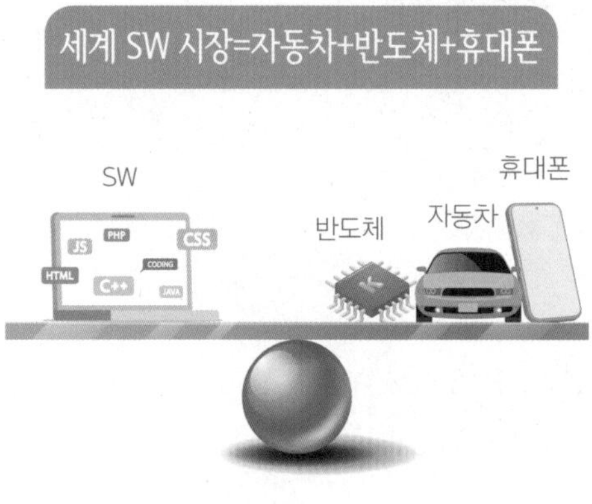

세계 소프트웨어 시장 현황

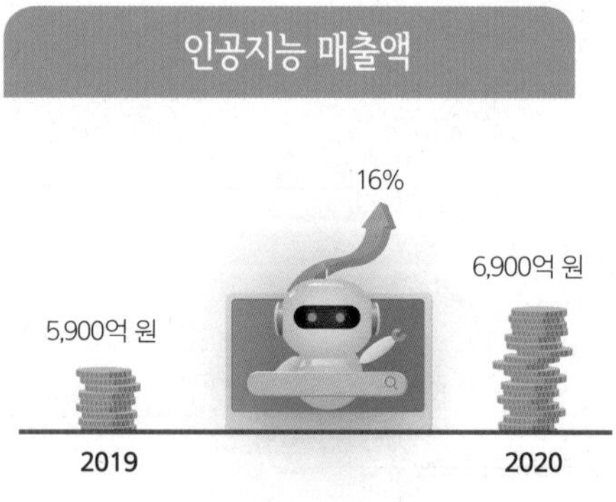

인공지능 산업 매출액의 성장

출처: 소프트웨어 중심사회 소개 자료(http://www.software.kr)

이처럼 소프트웨어는 우리 생활의 한가운데에 자리 잡고 있습니다. 이와 같은 소프트웨어 중심 사회에서 주도적인 디지털 인재를 양성하기 위해 정부에서는 다양한 노력을 하고 있습니다. 특히, 교육과 관련하여 초중고 소프트웨어·인공지능 교육의 강화가 눈에 띄는데, 이는 기존의 교육에서 새롭게 나아가 학생들이 미래 사회를 살아갈 역량을 기를 필요가 있다는 증거입니다. 이처럼 미래 사회를 주도적으로 이끌기 위해 소프트웨어(SW)를 이해하는 능력은 필수라고 할 수 있습니다. 그렇다면 과연 소프트웨어 역량을 길러주기 위해서 학생들에게 필요한 능력은 무엇일까요? 소프트웨어 교육의 교육과정 내 실시로 인해 인기가 높아진 코딩 능력일까요? 아니면 컴퓨터 원리에 대한 본질적 이해인 컴퓨터 과학에 대한 이해일까요?

2. 소프트웨어 사고력이란?

가. 컴퓨팅 사고력과 소프트웨어 사고력

컴퓨팅 사고력(Computational Thinking, 이하 CT)은 미국의 컴퓨터 과학자인 자넷 윙(Wing. J. M.)에 의해서 다시 논의되기 시작된 개념으로 '문제를 해결하기 위해 컴퓨터 과학자가 하는 사고방식'이라는 것이 일반적 정의입니다. 윙(Wing)은 컴퓨팅 사고력이 컴퓨터 과학 분야에만 한정적인 것이 아니라 일반적인 사고로 확장될 수 있는 것이라고 주장하며 추상화(Abstraction)와 자동화(Automation)를 주요 요소로 제시하였습니다. 이후 많은 학자가 컴퓨팅 사고력(CT)을 구체적으로 정의하고자 하였습니다. 그중 미국의 '내셔널 아카데미 프레스(The National Academy Press)'에서 펴낸 '컴퓨팅 사고력의 범위와 본질에 대한 워크숍 보고서(Report of a Workshop on the Scope and Nature of Computational Thinking)'에서는 다양한 학자들이 컴퓨팅 사고력(CT)을 다음과 같이 정의하고 있습니다.

<표> Define of CT at Report of a Workshop The Scope and Nature of CT(2010)

학자	컴퓨팅 사고력에 대한 정의
Bill Wulf	컴퓨팅 사고는 프로세스를 가능하게 하는 추상적 현상
Peter Lee	근본적으로 복잡성을 관리하고 작업 자동화를 가능하게 하는 추상적 도구로 인간의 능력을 확장시키는 것
David Moursund	'개발, 표현, 테스트 및 디버깅 절차를 포함하는 Seymour Papert의 절차적 사고'와 밀접한 관련이 있는 개념
Gerald Sussman	정해진 작업을 할 때 효율적으로 수행하고자 분석과 절차에 의해 정확한 방법으로 공식화하는 방법
Edward Fox	인간이 프레임이나 패러다임, 철학 등의 세계에 접근함에 있어 프로세스를 고려하고, 디지털로 표현하는 능력
Robert Constable	기술과 인간 학습의 역동적인 성격을 반영하는 자유롭게 확장된 개념으로 '지적인 프로세스 자동화와 정보 프로세스 연구' 등의 요소가 모두 결합된 것
Dor Abrahamson	컴퓨팅 사고력은 컴퓨팅과 관련된 기호 체계를 사용하는 것으로 명시적 지식을 분명히 하고 암묵적 지식을 객관화하며 그러한 지식을 구체적인 컴퓨팅 형식(기호)으로 나타내고 관리하는 것

앞서 설명한 바와 같이 컴퓨팅 사고력은 컴퓨터 과학에 기반을 두고 있습니다. 컴퓨터 과학이라는 분야는 현대사회에 분명 중요한 과학의 한 분야이지만 초등학생이나 중학교 학생이 학습하기에는 쉽지 않습니다. 학생들이 소프트웨어에 대한 이해나 창의적 아이디어를 가지고 있다고 하더라도 이를 컴퓨터 과학의 개념으로 풀어내기란 쉽지 않기 때문입니다. 그러므로 초·중학생 수준에서 컴퓨팅 사고력을 보완할 수 있는 개념이 필요합니다. 이와 같은 능력을 본 책에서는 소프트웨어 사고력이라는 용어로 표현하고자 합니다.

소프트웨어 사고력을 좀 더 풀어 설명하자면 '문제 해결이 요구되는 실제적인 내용에 대해 소프트웨어적 접근을 통해 정보 요소를 발견하고, 이를 비판적이고 분석적으로 이해하여 적절한 절차를 통해 새롭게 조합하여 창의적인 결과물로 표현하는 능력'입니다. 이와 같은 소프트웨어 사고력은 주변의 문제에 대한 소프트웨어적 접근을 통해 다양한 교과에서도 기를 수 있습니다. 그러나, 소프트웨어 사고력과 컴퓨팅 사고력은 약간 차이가 있습니다. 컴퓨팅 사고력은 인간의 사고과정인 추상화와 이를 컴퓨팅으로 기계적으로 자동화하는 것을 기본 두 축으로 합니다. 하지만 소프트웨어 사고력은 인간의 사고과정에 더 초점을 두고, 자동화 과정은 반드시 컴퓨팅이 아닌 다양한 방법으로 표현할 수 있는 창의성을 함께 강조합니다. 따라서 소프트웨어 사고력은 컴퓨터 과학에 대한 이해가 부족한 초·중등 학생들이 더 쉽게 소프트웨어 교육에 접근할 수 있는 역량이라고 할 수 있습니다.

'소프트웨어 사고력이 중요한 이유는 무엇인가요?'

소프트웨어는 4차 산업혁명 시대의 필수 산업입니다. 특히, 인공지능 시대가 펼쳐지면서 그 중요성이 더욱 커졌습니다. 미래 사회의 중심이 될 학생들에게 소프트웨어 사고력과 인공지능에 대한 이해는 필수입니다. 창의적 아이디어로 문제를 해결하는 사고력 교육은 기능 습득 이상의 가치를 갖습니다. 우리가 프로그램을 만들 때 완성된 결과물도 중요하지만, 좋은 결과물을 위해서는 설계의 과정이 중요합니다. 이렇듯 소프트웨어 교육은 단순 코딩이나 메이킹을 넘어, 사고력이 기반이 되는 교육이 되어야 합니다.

소프트웨어 사고력을 키우기 위해서는 교육을 통해 아이디어를 도출하고 종합 설계하는 능력을 갖춰야 합니다. 이를 위해 기본적으로 창의적인 아이디어가 중요합니다. 그리고 이러한 창의적 아이디어를 표현할 수 있어야 합니다. 이와 함께 논리적이고 분석적인 사고력과 이를 종합하는 총체적인 문제해결력을 갖추어야 합니다. 결과적으로 우리 주변의 상황에서 문제를 발견하고, 이를 해결하기 위해 작은 단위로 분석함으로써 문제해결의 실마리를 찾아내고, 이러한 실마리를 체계적으로 연결할 수 있는 논리적 사고력과 통찰력을 길러 줄 수 있어야 합니다.

출처: 전자신문 'SW 아이디어를 논리적 사고로 표현하는 문제 출제'(2020. 03. 17.)

나. 2022 개정 교육과정과 소프트웨어 교육

세계경제포럼(WEF, 2017)에서는 21세기 학생들에게 요구되는 16가지 역량을 그림과 같이 제시하였습니다. 이 가운데 '4. ICT 리터러시, 7. 비판적 사고/문제해결력, 8. 창의성, 9. 의사소통 능력, 10. 협업, 11. 호기심' 등이 소프트웨어와 직·간접적으로 연관된 역량이라고 할 수 있습니다. 이는 새롭게 발표된 2022 개정 교육과정에서 추구하는 인간상인 '포용성과 창의성을 갖춘 주도적인 사람'이 갖추어야 할 핵심역량과도 일치합니다. 핵심역량은 '자기관리 역량, 지식정보처리 역량, 창의적 사고 역량, 심미적 감성 역량, 협력적 소통 역량, 공동체 역량'의 6가지입니다. 특히 2022 개정 교육과정에서는 학생이 미래 변화를 능동적으로 준비할 수 있도록 디지털 기초소양을 강화하는 것에 중점을 두고 있는

Exhibit 1: Students require 16 skills for the 21st century

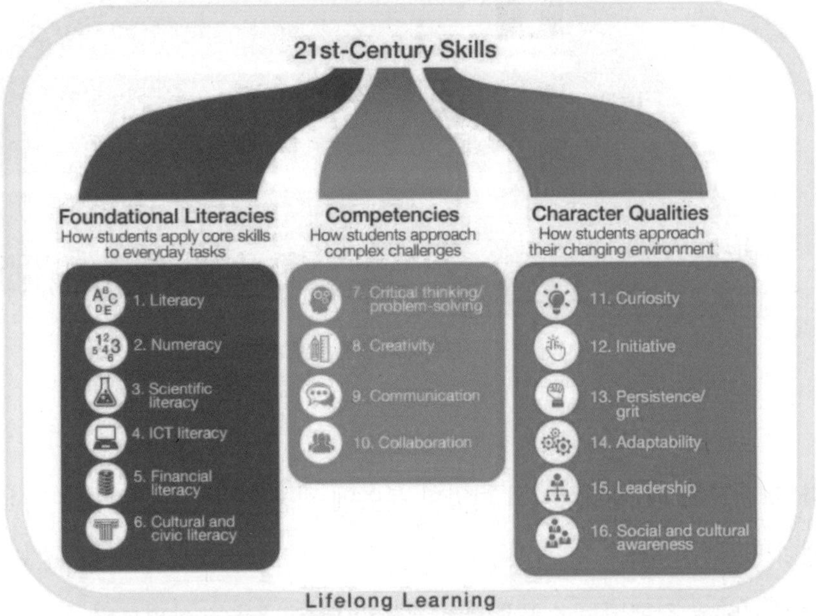

Note: ICT stands for information and communications technology.

출처: World Economic Forum(2017). What are the 21-century skills every student need?

데, 이러한 디지털 기초소양을 기르는 방안으로 소프트웨어(SW) 교육의 강화를 제시하고 있습니다.

이를 실천하기 위해 초등학교에서는 소프트웨어 교육을 실과 교과 시간 및 학교 자율시간 등을 활용하여 기존 17시간에서 34시간 이상을 편성하도록 하였으며, 중학교에서는 정보 교과 시간 및 학교 자율시간을 활용하여 68시간 이상을 편성하도록 하였습니다, 그리고 고등학교에서는 학생의 진로·적성에 따른 맞춤형 정보 역량을 함양할 수 있도록 '인공지능 기초', '데이터과학', '소프트웨어와 생활' 등의 다양한 선택 과목을 개설하여 진로 연계를 강화하였습니다.

소프트웨어 교육을 통해 기르고자 하는 역량은 다양한 문제를 창의적이고 효율적으로 해결하는 컴퓨팅 사고력입니다. 하지만 이와 같은 컴퓨팅 사고력은 앞서 언급한 바와 같이 컴퓨터 과학에 기반을 두고 이를 통해 문제를 해결하는 것을 목적으로 하기 때문에 그 내용이 대부분 프로그래밍 교육에 치우쳐 있는 것이 사실입니다. 하지만 프로그래밍 교육에만 몰두해서는 컴퓨팅 사고력은 물론, 소프트웨어 사고력을 기르는 데 한계가 있습

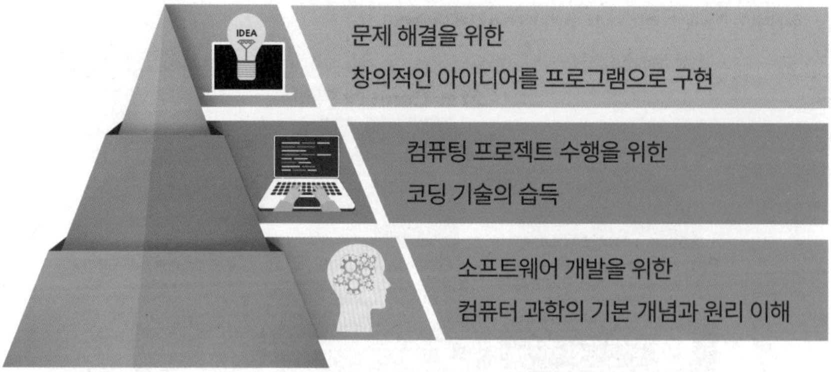

교육에서 소프트웨어 교육의 의미

니다. 그러므로 더 실제적이고 다양한 분야에 적용 가능한 소프트웨어 사고력을 기르는 방법이 필요합니다.

현재 학교에서 진행되는 소프트웨어 교육의 학습 내용을 살펴보면 초등학교와 중학교의 경우 교육용 프로그래밍 언어를 통한 문제해결이 주요 내용으로 되어 있습니다. 고등학교급에 가서야 타 학문 분야의 문제를 창의적이고 효율적으로 해결하는 경험을 제공하도록 되어 있습니다.

학교급	교과	학습 내용
초등학교	실과	놀이와 교육용 프로그래밍 언어를 통해 문제해결 방법을 체험 중심으로 쉽고 재미있게 배움.
중학교	정보	교육용 프로그래밍 언어를 통해 소프트웨어의 기초적인 개념과 원리를 이해하고, 이를 실생활 문제 해결에 적용할 수 있게 함.
고등학교	정보	진로와 연계하여 더 심화한 내용을 학습하고, 타 학문 분야의 문제를 창의적이고 효율적으로 해결할 수 있게 함.

즉, 미래 사회를 대비하는 학생들이 갖추어야 할 역량인 소프트웨어 사고력을 기르기 위해서는 컴퓨터 과학과 관련된 기본 지식도 중요하지만, 초등학교와 중학교에서부터 다양한 교과와 연계함으로써 실생활 속 문제를 보다 통합적이고 맥락적으로 생각하고 창의적으로 해결해보는 경험을 제공하여야 합니다. 이를 위해서 본 교재에서는 초등학교

의 실과 교과와 중학교의 정보 교과에만 한정된 것이 아닌 다양한 분야에서 추출할 수 있는 소프트웨어 요소를 발견하고 이를 활용해 문제를 해결해보는 경험을 제공합니다. 이를 통해 초·중등 학생들의 소프트웨어 사고력 향상에 기여할 것입니다.

3. 소프트웨어 사고력 기르기

가. 소프트웨어 사고력 올림피아드 대회

2017년 1회 대회를 시작으로 높은 관심을 받으며 회를 거듭할수록 참가 학생이 많아지고 있습니다.

소프트웨어 사고력 대회는 기존의 정보올림피아드 대회와 달리 학생들의 소프트웨어 사고력을 측정합니다. '수학적 지식과 논리적 사고 능력을 필요로 하는 알고리즘과 프로그램 작성 능력'을 평가하는 정보올림피아드 대회는 C언어 등 프로그래밍에 대한 기초 지식이 선행되어야 합니다. 하지만 소프트웨어 사고력 대회는 조금 다릅니다. 프로그래밍이나 컴퓨터 과학에 대한 전문적인 지식이 없어도 참여할 수 있습니다.

일상생활과 학교에서 배우는 교과목의 내용을 소프트웨어와 연관 지어 생각하고 창의적으로 표현할 수 있으면 충분합니다. 정확히 말해서 정해진 답이 없는 대회입니다. 하지만, 자신만의 답을 찾아가는 과정을 통해 학생들은 논리적이고, 분석적 사고를 기반으로 창의적으로 표현할 수 있어야 합니다. 이것이 바로 소프트웨어 사고력이라고 할 수 있습니다.

소프트웨어 사고력 올림피아드 대회는 학생들이 디지털 기기를 접하고 학교에서 배우는 교과 내용을 기반으로 문제를 발견하고 이해하여, 이를 해결해 나가는 과정을 표현하는 것을 기르기 위한 대회입니다. 소프트웨어 사고력 올림피아드 대회를 준비하기 위해서는 다음과 같이 7가지 사고능력을 길러야 합니다.

사고능력	설명
정보 이해 사고력 (Informational Understand Thinking)	컴퓨터 기반의 계산적 사고를 바탕으로 문제 해결을 위한 정보 요소를 도출하고 이를 이용하여 문제를 해결하는 능력
창의적 문제 해결 사고력 (Creative Problem Solving Thinking)	관찰 및 탐구를 통해 문제를 바르게 파악하고 실용적, 효과적, 효율적인 차원을 고려하여 가장 가능성이 있는 독창적인 방법으로 문제를 해결하는 능력
지식 기반 사고력 (Knowledge-based Thinking)	과학, 공학, 이학, 기술, 수학, 철학, 인문, 사회, 문화, 역사, 감성, 융합, 복합 지식 등을 기반으로 한 논리 규칙적으로 문제를 해결하는 능력
통합 맥락적 사고력 (Integrated Contextual Thinking)	전체적, 시스템적, 맥락적인 상황 이해를 기반으로 통합적, 분석적, 구조적, 추론적으로 문제를 해결하는 능력
협동적 사고력 (Co-operative Thinking)	혼자만의 능력을 넘어 다수와 협력해서 문제를 해결하는 전략을 고안하는 능력을 기반으로 여러 사람의 참여, 공유, 개방을 유도하고 실천하는 능력
윤리적 사고력 (Ethical Thinking)	정의, 공정, 정직, 신뢰, 배려를 기반으로 한 올바른 의사 결정, 표현하는 능력을 기반으로 여러 사람과의 원활한 소통과 도덕적 행동을 실천하는 능력
표현력 (Expressiveness)	소프트웨어 사고력 측정을 위해 제출한 기록에서 답안 내용 표현의 적절성, 의미 전달의 명확성, 기록 분량의 적절성, 글자와 그림의 가독성 등 표현 능력

이처럼 소프트웨어 교육은 프로그래밍 능력보다는 소프트웨어 사고력을 키우는 방향으로 나아가야 합니다. 소프트웨어 사고력이란 실생활 속 다양한 문제 상황을 소프트웨어적 관점으로 통찰하고, 이를 해결하기 위해 생각하는 능력입니다.

우리나라 학교 수업은 국어, 영어, 수학, 사회, 과학, 체육, 음악, 미술, 도덕, 실과 등의 과목으로 이루어져 있으며 소프트웨어 교육만을 위한 교과는 아직 미비한 것이 현실입니다. 학생들이 매일 정보기기를 접하고 생활하지만, 학교에서 이를 이용한 교육은 거의 없습니다. 학교에서 소프트웨어 사고력을 기르는 기회가 원천적으로 차단되어 있습니다. 이런 의미에서 학생들에게 소프트웨어 사고력을 기르는 대회를 개최하여 우리나라를 책임질 미래 인재를 길러내는 데 목적이 있습니다.

나. 소프트웨어 사고력 올림피아드 참가 대상

소프트웨어 사고력은 모든 학문 분야에 필요합니다. 소프트웨어 관련 지식이 없더라도 창의적인 사고를 잘하는 학생이면 참가할 수 있습니다. 게임을 잘하는 학생, 디지털 기기를 잘 다루는 학생, 공상 과학 이야기를 좋아하는 학생 등 기존 교과목 중심의 공부 능력과 관계없이 소프트웨어적 사고를 할 수 있는 학생이면 누구나 참가할 수 있습니다.
실제 대회 참가 대상은 초등학교 3학년부터 중학교 3학년까지 학생이며 대회는 3~4학년으로 구성된 초등 중학년 부, 5~6학년 대상의 초등 고학년 부, 중학교 1~3학년 대상의 중학생 부로 구분되어 있습니다.

'제1회 소프트웨어 사고력 올림피아드, 신개념 SW 대회 닻 올렸다'

창의력과 논리적 사고력을 겨루는 '제1회 소프트웨어(SW) 사고력 올림피아드'가 새로운 대회의 장을 열었다. 프로그래밍이나 코딩 지식 없이 누구나 참여해 자유롭게 생각을 펼치는 대회로 성장한다.

제1회 SW 사고력 올림피아드 출제위원장(서울교대 교수)은 "그동안 경시대회는 전산 지식과 프로그래밍 경험을 겨뤘다."면서 "대부분 학생이 대회 참가를 위해 사교육이나 방과후학교 등 추가 수업을 받아야 해 학생과 학부모 부담감이 컸다."고 말했다. 이어 "SW사고력 올림피아드는 프로그래밍이나 전산 지식 배경 없이도 누구나 참여 가능한 대회"라면서 "SW사고력 핵심인 창의력, 논리적 사고력, 표현력 등을 확인하는 새로운 대회"라고 평가했다.

출처: 전자신문(2017. 08. 08.)

4. 이 책의 활용 방법

가. 문제 분석(1~8회 대회 기출 문제)

기출 문제를 분석하여 문제를 출제한 의도를 파악하고, 출제 의도에 맞춰 답안을 어떻게 작성해야 하는지 안내합니다. 또한, 평가하고자 하는 평가 준거를 제시함으로써 문제 해결을 위해 필요한 사고능력을 제시합니다.

나. 예시답안

문제 분석을 통해 파악한 기출 문제에 대한 예시답안입니다. 예시답안은 말 그대로 예시 답안입니다. 정답이 정해진 문제가 아니므로 다양하고 창의적인 답안을 작성할 수 있도록 예시답안 작성 의도를 함께 포함하고 있습니다. 또한, 답안을 표현하는 방법을 다양하게 제시함으로써 대회에서 답안을 작성할 때 필요한 표현력을 기를 수 있도록 하였습니다. 다만, 예시답안은 하나의 예일 뿐이니 문제 분석을 잘 읽어본 후 자신만의 답안지를 작성해보는 것이 중요합니다.

다. 참가자 답안지 살펴보기

참가자 답안지 살펴보기는 실제 대회에 참가한 학생들이 작성한 답안의 내용입니다. 자신과 같은 학년의 친구들은 과연 어떻게 답안을 작성했을지 참고하면서 여러분의 생각을 넓히는 기회가 되기 바랍니다. 한 가지 명심해야 할 것은 참가자의 답안지도 정답이 아닙니다. 자신만의 창의적인 답안을 작성하는 데 참고용으로 사용하세요.

라. 연습문제 풀어보기

연습문제는 소프트웨어 사고력 올림피아드에서 평가하고자 하는 7가지(IU, CS, KT, IC, CT, ET, EP) 사고력을 바탕으로 기존 출제 문제와 유사하게 출제하였습니다. 연습문제에 대한 예시답안은 정형화된 답안 작성을 방지하기 위하여 포함되어 있지 않습니다. 대신 출제 의도를 부록으로 함께 제공하고 있으니 답안지 양식에 맞춰 답안을 작성하는 연습을 해보면 좋습니다.

소프트웨어 사고력

올림피아드

PART II

소프트웨어 사고력 올림피아드 기출문제 분석

1. 1회 대회 기출문제 분석

초등학교 3~4학년

제1회 소프트웨어(SW) 사고력 올림피아드(초3~4)

※ 다음 문제에 모두 답하시오.
※ 답은 <답안지>에 작성하시기 바랍니다.
※ 시험 종료 후 <문제지>와 <답안지> 모두 제출하여 주시기 바랍니다.
※ 본 문제들은 창의적인 생각을 자유롭게 기록하면 됩니다.

2 집에는 내가 생활하기에 필요한 여러 가지 물건들이 있다. 이 물건들을 잘 정리하고 보다 빨리 찾아서 사용하고자 한다.

2-1. 필요한 물건들을 나열하시오.

2-2. 나열한 물건에 대해 기준을 만들어서 분류하시오.

3 우리 반에는 24명의 학생이 있다. 수업시간에 모둠별 과제를 수행하고자 한다. 한 모둠에 속하는 학생들의 수가 3명, 4명, 6명, 8명, 12명 각각 만들려고 한다.

3-1. 모둠별로 구분할 수 있는 이름을 만들어 보시오.

3-2. 각각의 인원수별로 쉽게 구성할 수 있는 방법을 만들어 보시오.

소프트웨어(SW) 사고력 올림피아드 답안지

수험번호	학교명	학년	성명

1) 문제 분석

문제	출제 의도	평가 준거
2-1	학생들이 실생활에서 느끼는 소재를 중심으로 출제했습니다. 생활에 필요한 물건들을 떠올리고 그것들을 서술하도록 한 문제입니다.	정보 이해 사고력
2-2	2-1에서 나열한 물건들을 어떤 기준을 세워서 분류할지 생각해보는 문제입니다. 자신이 서술한 물건들을 모두 판단할 수 있는 포괄적이고 객관적인 기준을 세우는 사고력이 필요합니다.	창의적 문제 해결력 지식 기반 사고력 표현력
3-1	학생들이 학교에서 쉽게 접하는 소재를 중심으로 문제를 만들었습니다. 자유롭게 조 이름을 떠올리면서 자신의 경험을 되돌아보고 조의 특성을 고려하여 조별 이름을 짓는 창의력이 필요합니다.	창의적 문제 해결력 통합 맥락적 사고력 윤리적 사고력
3-2	반 학생을 목적에 따라 다양한 인원수별로 조를 나눠야 하는 상황을 설정하고 그 방법을 생각해보는 문제입니다. 조를 나누는 방법에서 창의성을, 방법의 체계성에서 논리성을 평가할 수 있도록 고려하였습니다.	창의적 문제 해결력 통합 맥락적 사고력 표현력

2) 예시답안

2-1. 필요한 물건들을 나열하시오.

연필, 지우개, 자, 핸드폰, 리모컨, 인형, 시계, TV, 비누

▶ 평소 집에서 생활하는데 사용하는 다양한 물건들을 나열해봅니다. 이때 거실, 내 방 등 어느 특정한 장소에만 국한되지 않는 다양한 물건들을 생각해보도록 합니다. 또한 크기, 목적 등에 따라 다양성을 고려하여 제시하면 더욱 좋습니다.

2-2. 새로운 방법을 만들어 보시오.

1. **전기가 필요한 것과 아닌 것:** (핸드폰, 리모컨, 시계, TV) (연필, 지우개, 자, 인형, 비누)
2. **들고 다닐 수 있는 것과 아닌 것:** (TV) (연필, 지우개, 자, 핸드폰, 리모컨, 인형, 시계, 비누)

▶ 2-1에서 제시한 물건들을 분류하는 방법 및 기준을 생각하는 창의적, 논리적 사고가 필요한 문제입니다. 자신이 설정한 기준에 2-1에서 제시한 물건들을 모두 분류할 수 있는 예외성이 없는지, 객관적인 기준인지 고려해야 합니다. 또한 기준에 맞추어 물건들을 직접 분류해보고 자기가 설정한 기준에 문제가 없는지 되돌아보고 점검하도록 합니다.

3-1. 모둠별로 구분할 수 있는 이름을 만들어 보시오.

과일 이름 – 딸기, 귤, 수박, 참외, 감, 사과, 배

▶ 조별 이름을 만들어보는 문제입니다. 자기가 학교생활에서 경험했던 조별 이름을 되돌아보고 독특하고 창의적인 이름을 지어보는 사고력이 필요합니다. 이때 조별 이름이 서열화되지 않았는지, 윤리적으로 문제는 없는지 고려해야 합니다.

3-2. 각각의 인원수 별로 쉽게 구성할 수 있는 방법을 만들어 보시오.

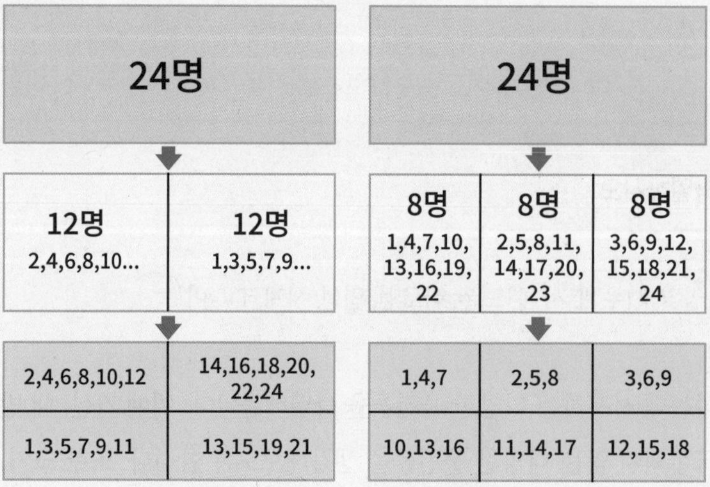

▶ 24명의 학생을 다양한 인원수로 나누는 방법을 생각해보는 문제입니다. 인원별로 단순하게 제비뽑기로 학생을 나눌 수 있지만, 자신이 생각한 체계적이고 창의적인 방법을 자세히 서술하도록 합니다. 위의 예시답안과 같이 반드시 논리적인 측면으로만 접근하지 않은 답안도 좋습니다. 목적을 고려하여 3명, 8명 등 인원별로 묶고, 각각의 목적을 설정하여 그에 맞는 기준을 설정해도 좋은 답이 될 수 있습니다. 예를 들어 8명인 조는 피구 게임을 하기 좋은 수

이므로 공을 잘 던지는 순서대로 줄을 세워 3개 조로 나누어 3조 모두 고른 피구 실력을 갖춘 조로 만드는 방법이 있습니다.

먼저 12명인 조를 2개, 8명인 조를 3개를 각각 만든다. 홀수 번호, 짝수 번호로 나누어 2개 조를 만드는 방법이 있고 (1, 4, 7,⋯) (2, 5, 8,⋯) (3, 6, 9,⋯) 등으로 자신의 번호를 3으로 나누었을 때 나머지에 따라 나누면 8명씩 3개 조로 만들 수 있다.
12명씩 2개 조에서 6명씩 4개 조로, 8명씩 3개 조에서 4명씩 6개 조로 만드는 방법은 짝수 및 홀수 조에서 각각 자신의 번호가 중간보다 큰 수인지 작은 수인지에 따라 한 번씩 더 나누면 된다.

3) 참가자 답안지 살펴보기

<문제2 작성답안>

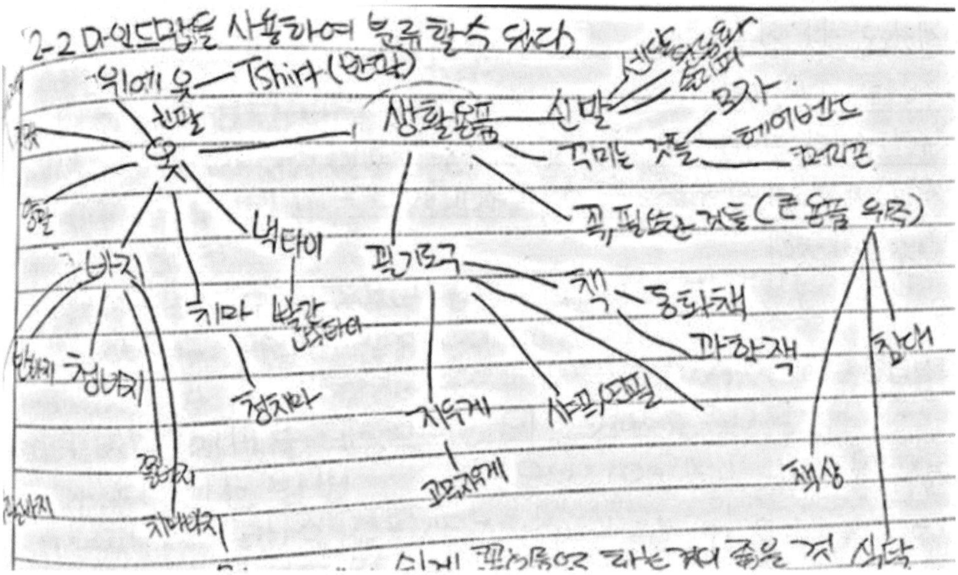

2-1 : 연필, 지우개, 자, 네임펜, 볼펜, 샤프, 청소기, 걸레, 빗자루, 냄비, 후라이팬, 숟가락, 젓가락, 포크, 칼, 접시, 국자, 화장지, 수건, 비누, 종이, 수첩, 반창고, 연고, 체온계

2-2 :

학용품	청소도구	부엌도구	화장실용품	응급용품
연필	청소기	냄비	화장지	반창고
지우개	걸레	후라이팬	수건	연고
자	빗자루	숟가락	비누	체온계
네임펜		젓가락		
볼펜 샤프		포크		
종이		칼		
수첩		접시		
		국자		

2-1 연필, 지우개, 칫솔, 치약, 냄비, 숟가락, 젓가락, 채소, 고기, 물, 의자, 침대, 국자

2-2. ① 필기도구 : 연필, 지우개

② 세면도구 : 치약, 칫솔

③ 주방용품 : 냄비, 국자

④ 수저 : 숟가락, 젓가락

⑤ 식재료 : 채소, 고기, 물

⑥ 가구 : 의자, 침대

<문제3 작성답안>

3-1. 6명식 모둠으로 4모둠이 나오므로

배려 모둠, 용기 모둠, 사랑모둠, 감사 모둠

3-2. 1번 ~ 6번 -> 배려모둠

7번 ~ 12번 -> 용기 모둠

13번 ~ 18번 -> 사랑모둠

19번 ~ 24번 -> 감사 모둠

번호 순대로 모둠을 정한다.

3-1. 새싹모둠 · 네잎클로버 모둠, 육개장 모둠, 잘보채 모둠, 삼지신 모둠 (새싹 모둠의 새는 일부러 그런 것이다.)

3-2. 쉬운 과제와 어려운 과제를 내줘서 각각 원하는 과제에 모여서 인원수가 넘으면 가위바위보를 해서 진 사람이 다른 과제로 간다.

3-1: 5 팀이니까 육하 원칙을 이용해서 언제, 어디서, 무엇을, 왜, 누가로 정했다.

3-2: 3명의 팀은 왜다. 왜냐면 ㅇ, ㅗ, ㅐ가 3개이기 때문이고 4명은 누가이다. 왜냐면 ㄴ, ㅜ, ㄱ, ㅏ, 가 네개이기 때문이고 8명 어디서이다 왜냐면 ㅇ, ㅓ, ㄷ, ㅣ, ㅅ, ㅓ 이고 8명인 팀은 무엇을이다. 왜냐면 ㅁ, ㅜ, ㅇ, ㅓ, ㅅ, ㅇ, ㅡ, ㄹ, 이 들어 갔기 때문이다. 마지막 12명의 팀은 언제 밖에 없어서 할수 없이 이렇게 구성하는 방법이 됐다.

초등학교 5~6학년

제1회 소프트웨어(SW) 사고력 올림피아드(초5~6)

※ 다음 문제에 모두 답하시오.
※ 답은 <답안지>에 작성하시기 바랍니다.
※ 시험 종료 후 <문제지>와 <답안지> 모두 제출하여 주시기 바랍니다.
※ 본 문제들은 창의적인 생각을 자유롭게 기록하면 됩니다.

2 우리 학교에서 새 학년이 시작되어 5학년 전체를 5개 반으로 나누어 학급의 이름을 정하려고 한다. 학급 이름을 붙이는 두 가지 방법을 <보기>와 같이 생각할 수 있다.

〈보기〉

방법 ①: 5학년 1반, 2반, 3반, 4반, 5반
방법 ②: 5학년 진달래 반, 무궁화 반, 국화 반, 개나리 반, 장미 반

2-1. 방법 ①과 방법 ②로 분류할 경우 각 방법의 좋은 점과 나쁜 점을 설명하시오.

2-2. 새로운 방법을 만들어 보시오.

3 나는 전문 사진사이자 인터넷 잡지 기자이다. 식물원에 있는 여러 식물을 관찰하고 사진을 찍은 후 관련 기사를 작성하려고 한다. 사진과 연관된 기사를 작성해 보시오.

소프트웨어(SW) 사고력 올림피아드 답안지

수험번호	학교명	학년	성명

1) 문제 분석

문제	출제 의도	평가 준거
2-1	학생들이 학교 또는 생활 속에서 느끼는 소재를 중심으로 출제했습니다. 역시 기본적으로 제시된 반 이름을 붙이는 방법(누구나 하는 방법과 차별화된 방법)에 대한 정보 이해 사고능력을 측정하기 위한 문제입니다. 각 방법에 대한 장단점을 명확히 구분할 수 있어야 합니다.	정보 이해 사고력
2-2	생활 속에서 무엇인가에 이름을 붙일 때 순서화된 이름과 그렇지 않은 이름 중 어떤 방법을 선택할 것인지에 대해 학생의 창의적이고 논리적인 사고능력을 측정하기 위한 문제입니다. 새롭게 생각한 자신만의 방법 속의 이름 붙이기 규칙을 논리적으로 표현할 수 있으면 됩니다.	창의적 문제 해결력 지식 기반 사고력 표현력
3	전문 사진가이자 인터넷 잡지 기자의 입장에서 식물을 관찰하여 소개하는 글을 쓰는 능력을 평가하고자 합니다. 이를 위해서 어떤 사진을 제시할 것인지와 사진에 대한 설명을 어떻게 구성할 것인지 생각해보아야 합니다. 또한, 일반적인 인터넷 기사의 게재 방법과 인터넷 기사로서 신뢰를 줄 수 있는 방법을 생각해서 표현하는 것이 좋습니다.	지식 기반 사고력 창의적 문제 해결력 윤리적 사고력 표현력

2) 예시답안

2-1. 방법 ①과 방법 ②로 분류할 경우 각 방법의 좋은 점과 나쁜 점을 설명하시오.

구분	방법 ①	방법 ②
좋은 점	숫자나 기호를 사용해 전체 자료를 필요에 따라 내림차순이나 오름차순으로 정리하여 자료를 한눈에 직관적으로 파악하기 쉬움	예쁜 꽃 이름을 사용하여 학생들에게 정서적인 안정감을 제공하고 각 학급의 특성을 반영할 수 있음
나쁜 점	각 학급을 숫자나 기호로만 나타내어 그 학급의 특성을 반영하지 못함	자료를 정렬할 때 특정한 규칙이 없어 자료를 한눈에 파악하기 어렵고, 실제로 학급별로 줄을 설 때도 명확한 순서를 정하기 어려움.

▶ 방법 ①은 추상화 과정을 통한 대표적인 기호 체계인 숫자와 기호를 활용한 경우이고, 방법 ②는 추상화 과정을 거치지 않은 구체적인 한글 낱말을 활용한 경우입니다. 정보의 수집과 분류의 관점에서 두 방법의 좋은 점과 나쁜 점을 생각해보는 문제입니다. 일상생활에서 두 가지 방법을 실행하였을 때 어떤 좋은 점과 나쁜 점이 있을지 생각하면 쉽게 답안을 작성할 수 있습니다.

2-2. 새로운 방법을 만들어 보시오.

학급 이름을 정할 때는 방법 ①처럼 직관적으로 파악하기 쉽고 정렬하기 편하도록 일정한 규칙이 필요하다. 또한 방법 ②의 장점을 반영하여 학급 이름을 부를 때 어감이 좋아 학생들에게 정서적인 안정감을 주고 학급의 개성이나 특성이 드러나면 좋을 것 같다. 이를 바탕으로 새로운 방법을 아래와 같이 만들어 볼 수 있다.

<새로운 방법 - 5학년 금잔화 반, 나팔꽃 반, 데이지 반, 라일락 반, 무궁화 반>

학급 반을 한글 낱말로 하되, 순서를 ㄱ, ㄴ, ㄷ, ㄹ, ㅁ으로 시작하여 ㄱ(금잔화 반), ㄴ(나팔꽃 반), ㄷ(데이지 반), ㄹ(라일락 반), ㅁ(무궁화 반)으로 분류할 수 있다. 부를 때 어감이 좋은 예쁜 우리말 낱말을 사용해서 좋고, 컴퓨터로 문서작업할 때 한글 자음자 순서로 순차 정렬을 할 수 있어 직관적으로 자료를 파악하기도 쉽기 때문이다.

▶ 본 예시답안은 2-1에서 다루었던 방법 ①, 방법 ②의 장점을 재조합하여 새로운 방법을 고안한 것입니다. 직관적이고 순차 정렬이 가능한 다양한 방법을 자신만의 아이디어로 창의적으로 표현하면 좋은 답안이 될 수 있습니다.

3. 나는 전문 사진사이자 인터넷 잡지 기자이다. 식물원에 있는 여러 식물을 관찰하고 사진을 찍은 후 관련 기사를 작성하려고 한다. 사진과 연관된 기사를 작성해 보시오.

f 가 가

식물들의 다양한 모습들, 치열한 자연환경 적응기!

기후별 대표주자, 가문비나무·야자나무·선인장 등 볼거리 가득

푸르름이 짙어지고 싱그러움이 가득한 8월, OO식물원에서는 오는 8월 5일부터 8월 19일까지 2주 동안 식물전시회를 개최합니다. 저마다의 모습으로 척박한 자연환경에서 잘 적응하여 살아온 식물들을 직접 눈으로 관찰하고 체험할 수 있습니다.

OO식물원에서는 기후별로 냉대기후, 온대기후, 열대기후, 사막기후 환경을 유지할 수 있도록 최첨단 온실과 온도조절장치를 설치하여 1천여 종의 식물들을 전시하고 있습니다. 평소 식물에 관심이 많고 도시에서 자라 식물들을 접할 기회가 별로 없었던 어린이들에게는 식물도감에서만 봤던 희귀한 식물들을 볼 소중한 기회가 될 것입니다. 식물도감 밖으로 탈출한 식물들을 미리 만나볼까요?

- 추운 냉대기후에 적응한 가문비나무

<table>
<tr><td>가문비나무
</td><td rowspan="2">냉대기후는 겨울이 길고 추우며, 여름은 짧고 기온이 높아서 여름과 겨울의 온도 차가 아주 큽니다. 가장 추운 달의 평균 기온이 영하 3℃ 아래이고, 가장 따뜻한 달도 평균 기온이 영상 10℃ 이하입니다. 이러한 냉대기후에는 잎이 바늘처럼 생긴 나무라는 뜻의 침엽수림이 형성되는데 그 예로는 가문비나무, 소나무, 전나무 등이 있습니다. 우리나라 북부지방에서 이러한 침엽수림을 볼 수 있습니다.</td><td rowspan="2"></td></tr>
<tr><td>북유럽 침엽수림(타이가)
</td></tr>
</table>

- 햇볕이 뜨거운 열대기후에 적응한 야자나무

야자나무 	열대기후는 날씨 변화가 거의 없고, 일년 내내 덥고 비가 내려 식물이 자라는 데 꼭 필요한 햇빛과 물이 풍부한 곳입니다. '지구의 허파'라고 불리는 아마존도 열대기후에 속합니다. 이곳에선 식물들이 어떻게 살고 있을까요? 열대기후에 사는 야자나무는 키가 40m 이상 되고, 다른 나무들의 간섭 없이 햇빛을 마음껏 받아 넓고 진한 녹색의 잎을 가지고 있습니다. 또한 높은 곳은 바람이 아주 세게 불기 때문에 거친 바람에도 잘 견딜 수 있게 가죽처럼 아주 두꺼운 잎을 갖고 있습니다.	
아마존 		

- 물이 부족한 사막에 적응한 선인장

선인장 	사막은 뜨거운 햇볕이 내리쬐고 강수량이 매우 적어서 물의 증발이 활발하게 일어나 물이 아주 귀한 곳입니다. 선인장은 이런 환경에 잘 적응한 식물입니다. 잎이 있으면 물이 부족한 사막에서 증산작용이 쉽게 일어나 부족한 물을 너무 많이 빼앗기게 됩니다. 그래서 선인장의 잎은 사막에 적응하기 위해 가시처럼 변했습니다. 이런 잎은 물이 빠져나가는 것을 막고 사막에 사는 초식 동물들로부터 자신을 보호할 수 있습니다. 사막에서는 물이 귀하기 때문에 선인장 줄기에 저장해 둔 물을 먹으려는 동물들이 많기 때문입니다.	
사하라 사막 		

아름답고 신비한 식물의 세계가 궁금하면, OO식물원으로 식물체험 여행을 떠나보는 것은 어떨까요? (OO식물원 홈페이지 http://www.OO식물원.co.kr)

인터넷 주니어전자신문 OOO 기자(abcdefg@etnews.com)

▶ 이 문제는 자신이 전문 사진사이자 인터넷 잡지 기자가 되어 식물원에서 관찰한 다양한 식물에 관한 신문기사를 작성해야 합니다. 이 문제에서 주의 깊게 보아야 할 핵심 정보 요소는 '인터넷 신문기사'라는 것입니다. 종이신문의 한계를 뛰어넘어 인터넷 신문 매체에서 구현할 수 있는 다양한 장치(이미지, 사운드, 동영상, 바로가기 링크, 댓글을 통한 쌍방향 피드백, SNS·이메일·블로그로의 기사 공유, 즐겨찾기 등)를 활용하여 그 특징이 잘 나타나게 작성하여야 합니다. 물론 예시답안과 같이 내용을 완벽하게 알고 써야 하는 것은 아니며, 자신이 아는 내용만 작성하여도 좋습니다.

3) 참가자 답안지 살펴보기

<문제2 작성답안>

2문제1

2-1 (좋은 점과 나쁜 점 설명하기)

방법 ①의 좋은 점

➡ 학생들이 자신의 반을 외우기 간편하고, 분반을 할 때에 1, 2, 3, 4, 5 순으로 할 수 있어서 편하다. 또한 숫자순 (1→2→3→4→5) 이니깐 팝스측정 등에서 순서를 매기기 간편하다.

방법 ①의 나쁜 점

➡ 친구들이 1, 2, 3, 4, 5라고 하면 지루하고, 따분하며 흥미가 없어진다. 또한 순서를 정해서 하면 매일 5반만 나중에 활동을 하게 되어서 불공평하다.

방법 ②의 좋은점

➡ 학생들이 지루함을 못 느끼고, 이름만 들어도 향기로운 꽃 이름이니깐 기분이 좋아진다. 또, 학생들의 불만감도 없어진다. (순서대로 하지 않기 때문)

방법 ②의 나쁜점

➡ 무슨 반이 먼저 해야 할지 결정하기가 힘들어진다. 또 다른 학교에게 이름이 신기해서 놀림을 받을 수도 있다.

새로운 방법

➡ 유명한 위인(존경하는 위인)의 반으로 이름을 지정한다.

ex) 갈릴레이, 에디슨, 슈바이처, 파브르, 제인구달 (반)

이유

➡ 이렇게 결정하면 위인이니깐 항상 존경하게 되고, 이름이 자신이 존경하는 사람이면 다른 학교 학생들의 놀림을 받지 못할 것이므로 장·단점을 보완할 수 있기 때문이다.

2

→ 2-1

• 방법 ①을 사용하게 되면 부르기 쉽고 새로운 반이 되었을 때 찾아가기가 쉬울것이다 하지만 1.2.3 반을 사용하게 되면 모든 학교가 다 반 이름이 똑같으니 평범한 반이 될것이다.

• 방법 ②를 사용하게 되면 다른 학교와는 달리 특별한 이름을 써서 조금더 독특할것이다. 하지만 다른 학교와는 다르기 때문에 다른 친구가 몇 반이냐고 물어봤을 때 '은유반 . 진리반' 등으로 말하면 다른 사람이 이상하게 생각할 수도 있다.

→ 2-2

1학년은 진달래(1 ~ 6반) 진달래 1반 - 진달래 2반 ...
2학년은 개나리(1~ 8반) 개나리 1반 - 개나리 2반 ...
3학년은 철쭉(1~5반) 철쭉1반 - 철쭉 2반 - ...
4학년은 장미(1~7반) 장미1반 - 장미 2반 ...
5학년은 국화 (1~10반) 국화1반 - 국화2반
6학년은 민들레 (1~9반) 민들레 1반 - 민들레 2반 ...

으로 표기한다.

↳ 그러면 다른 학교 친구가 몇반이냐고 물어보면 (3반) 이렇게 간단하고 앞에 이름이 들어가면 조금더 독창적인 것이니. 두개를 위와 같이 합치면 될것이다.

<문제 3 작성답안>

3 문제

식물들의 세계 속으로!!

벌레잡이 식물을 아는가? 아니면 독이 있는 식물을 아는가? 취재한 ㅁㅁ 식물원에서는 위와 같은 식물을 모두 볼수있다. 한번, 식물의 세계로 들어가보자.

뾰족뾰족 가시가 일품!! 대왕가시선인장

물을 줄 필요없는(별로) 선인장, 선인장의 서식지는 주로 사막이다. 사막에서 살아가기 위해서는 물이 필요한데, 선인장은 자기의 줄기 속에 수분을 저장해둔다.

광합성은 나의 힘!! 튤립!!

예쁜 미모를 자랑하는 튤립. '예쁘니깐 꽃에서 양분이 생성되겠지'라는 생각은 NO!! 잎에서 광합성을 한다. 광합성을 통해 만들어진 것!! (양분)으로 하루하루를 살아간다.

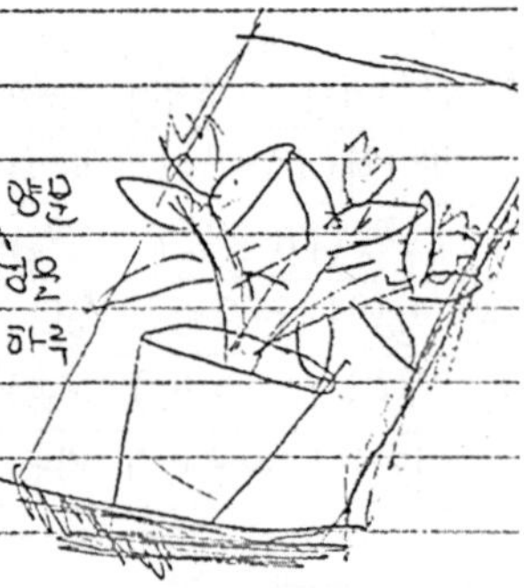

<재미있는 미니 mini 실험>

① 잎(떨어진)을 접시에 놓기!!
② 아이오딘-아이오딘화 K(칼륨) 용액을 뿌리기!!
③ 색깔 변화 관찰하기

주의! 엽록소를 빼낸 후 관찰!!

결과: 청람색으로 바뀐다.

-유예서 기자-

3 !기사의 날짜, 이름(식물원), 장소 등은 지어내서 쓴 것입니다!

〈보람식물원 탐방기〉.

본 기자는 지난 7월 8일(토)에 경기도 과천시에 위치한 보람식물원에 다녀왔다. 그곳에서의 식물 들에 대해 관찰 및 탐구 결과를 소개하려고 한다.

실내에 위치한 식물원은 비닐로 된 문으로 닫혀있었다. 열고 들어가자마자 풀과 나무, 자연의 냄새가 기자를 반겨왔다. 총 4개의 테마 관으로 나뉘어진 보람식물원은 숲(정글)→사막→산→바다의 순서로 관람할 수 있다. 우선 숲 테마관의 모습이다 [사진1] 키가 큰 소나무, 참나무 등이 있었다. 그중에서도 소나무는 자세한 설명이 눈에 띄게 나와있었다. 4년~3년 주기로 잎이 나고 빠져 늘푸른 모습을 하고있는 소나무이다 [사진2]

다음은 사막 테마관이었다 [사진3] 뜨거운 열기와 건조함이 기자를 맞았다. 보통 우리는 '사막'하면 선인장만 떠올릴 것이다. 하지만 예상외로 선인장 외의 식물도 많았다. [사진4] 희귀한 사막 알로에의 모습이다. 실제로 먹을 수는 있으나 당도가 떨어진다고 한다.

3번째 테마관, 산 테마관이다. 강한 바람과 서늘한 날씨를 견뎌내기 위해 이곳 식물은 대게 키가 작고 뿌리가 깊었다. 키가 약 5~10cm인 소나무도 있었다 [사진5] 희귀한 식물이 대부분이었다.

마지막 4번째, 바다 테마관이다. 큰 수조들에서 짭짤한 바다내음이 풍겨왔다. 바다 중에서도 특히 우리 땅 독도의 바다가 잘 나와있다. 기자가 가장 인상깊었던 식물은 '곤봉바다딸기'이다. [사진6] 이 사진에 나와있듯이 특이한 생김새를 하고 있다.

보람식물원으로의 방문은 어른아이 할 것 없이 모두에게 도움이 될 것이다. 7월 여름방학때 한 번 가족과 함께 방문은 어떨까?

-이화인 기자-

[사진-1] 숲테마관 전체적 모습　[사진4] 사막알로에 근접샷
[사진2] 소나무 근접샷　[사진5] 아주 작은 소나무 사진
[사진3] 사막테마관 전체적모습　[사진6] 곤봉바다딸기 근접샷

중학교 1~3학년

제1회 소프트웨어(SW) 사고력 올림피아드(중1~3)

※ 다음 문제에 모두 답하시오.
※ 답은 <답안지>에 작성하시기 바랍니다.
※ 시험 종료 후 <문제지>와 <답안지> 모두 제출하여 주시기 바랍니다.
※ 본 문제들은 창의적인 생각을 자유롭게 기록하면 됩니다.

1 토끼와 거북이가 서로 경주하여 목표지점에 먼저 도달하면 이기는 교육용 게임 소프트웨어를 개발하려고 한다.

1-1. 게임에 등장하는 주인공과 주인공의 역할을 기록하시오.

1-2. 게임 진행에 필요한 다양한 환경을 설정하고 설명하시오.

1-3. 게임을 더 흥미롭게 하는 방법을 기록하시오.

1-4. 다양한 동물들이 등장하는 새로운 게임 시나리오를 작성하시오.

2 사이트에 회원가입 기능을 개발하려고 한다. 가입자가 기본 회원 정보 중에서 전화번호와 이메일을 입력한 후 각각 확인 버튼을 누르면 제대로 입력했는지 확인해 주고자 한다.

2-1. 전화번호의 형식을 정의하고 제대로 입력했는지 확인하는 과정을 기술하시오.

2-2. 이메일의 형식을 정의하고 제대로 입력했는지 확인하는 과정을 기술하시오.

4 산에서 발생할 수 있는 각종 재난 사고에 대응하기 위해서 산의 일정한 지점에 센서를 설치하려고 한다. 어떤 종류의 센서가 필요하며, 이 센서에서 보낸 정보를 바탕으로 각종 재난을 어떻게 감지하고 대처하여야 하는지 설명하시오.

소프트웨어(SW) 사고력 올림피아드 답안지

수험번호	학교명	학년	성명

1) 문제 분석

문제	출제 의도	평가 준거
1-1	'토끼와 거북이' 이야기에 등장하는 인물들의 성격이나 특성을 파악하여야 합니다. 이를 바탕으로 게임에 등장하는 캐릭터의 성격과 역할을 어떻게 설정할지 결정해야 합니다. 이때 캐릭터의 성격이나 특성은 본 이야기의 내용을 고려하여야 합니다.	정보 이해 사고력
1-2	다음으로 창의적 게임 스토리를 만들기 위해 다양한 게임 환경을 생각해야 합니다. 이 역시 본 이야기에서 제공하는 기본적인 배경 요소를 고려하여 설정하면 좋습니다. 그러므로 이야기에서 제공하는 정보 요소를 이해하고 파악하여 답안을 작성할 필요가 있습니다.	정보 이해 사고력
1-3, 4	게임에 흥미를 추가하기 위해 자기만의 생각을 기록하는 문제입니다. 세 가지 동물일 때, 네 가지 동물일 때 게임을 어떻게 구성할 것인지 등을 고민해야 합니다. 자신이 알고 있거나 경험해 본 게임 요소를 기반으로 흥미로운 요소를 추가하고, 게임의 스토리를 자유롭게 상상하여 표현할 수 있습니다. 이때는 1-1, 2와 다르게 주어진 정보를 이해하는 것을 넘어 자기 생각을 창의적으로 표현하는 통합 맥락적인 사고력이 필요합니다.	지식 기반 사고력 통합 맥락적 사고력 창의적 문제 해결력 표현력
2-1, 2	학생들이 일상생활에서 회원 가입할 때 느끼는 소재를 중심으로 출제했습니다. 역시 기본적으로 전화번호와 이메일의 규칙에 대한 정보 이해 사고능력을 측정하는 문제입니다. 전화번호와 이메일의 규칙을 스스로 정의하고 정의한 규칙을 논리적으로 검증할 수 있어야 합니다.	정보 이해 사고력 지식 기반 사고력 표현력
4	재난 사고의 종류를 알아보고 재난 사고를 감지하는 센서 종류를 생각해보는 문제입니다. 센서를 효율적으로 배치하는지, 센서 데이터를 어떻게 취합하여 재난을 판단하고 대처하는지를 평가합니다. 학생이 평소 접한 각종 센서의 종류와 관련 지식을 이용하여 센서 배치와 재난 판단을 논리적으로 표현할 수 있어야 합니다.	정보 이해 사고력 통합 맥락적 사고력 지식 기반 사고력 표현력

2) 예시답안

1-1. 게임에 등장하는 주인공과 주인공의 역할을 기록하시오.

등장인물	방법 ②
거북이	자라의 친구이며 토끼와 대결하는 존재. 토끼와 비교하면 최고 속력은 느리지만, 오르막길에서 최저 속력은 토끼보다 빠르다. 물웅덩이에서 속력이 2배가 된다.
토끼	별주부전에서 지혜를 발휘해 용궁에서 탈출한다. 거북이와 대결하는 존재. 대체로 거북이보다 빠른 편이지만, 체력이 부족하여 중간중간 휴식이 필요하다.
호랑이	게임 중간에 나타나 토끼와 거북이를 방해한다. 부딪히면 토끼와 거북이를 각각 3초간 기절시킨다.
여우	소리를 내어 토끼와 거북이의 속력을 2초간 느리게 한다.

▶ 1-2, 3번 문제와 통합적으로 생각해야 합니다. 게임의 목적과 자신이 원하는 게임의 형태가 무엇인지 생각합니다. 게임의 주인공은 사용자가 선택하는 캐릭터나 아바타가 될 수 있습니다. 게임 환경이 정해지면 선택할 수 있는 캐릭터의 역할도 다양해집니다. 일단 토끼와 거북이가 경주하는 구성을 떠올릴 수 있습니다. 단순한 경주는 흥미와 집중도가 떨어지므로 다채로운 캐릭터나 환경을 고안해야 합니다. 이 답안에서는 경주를 방해하는 호랑이와 여우를 넣어 게임에 참여하는 주인공을 늘렸습니다.

1-2. 게임 진행에 필요한 다양한 환경을 설정하고 설명하시오.

결승전까지 여러 개의 언덕이 있다. 언덕을 오를 때는 속력이 감소한다. 경주로에 코인이 있다. 코인을 먹으면 아이템 레벨 향상에 도움을 준다. 아이템은 바나나, 마술피리, 부스터 등이 있다. 바나나는 상대 경주로에 떨어뜨려 밟으면 방향 조절을 못 하게 한다. 마술피리를 불면 잠이 들어 속도를 올리거나 내리지 못한다. 부스터를 사용하면 최대 속력을 2배까지 끌어올릴 수 있다. 아이템 레벨이 올라가면 재사용 시간이 감소한다.

▶ 앞서 언급한 바와 같이 게임에 몰입할 수 있는 요소를 넣어야 합니다. 본 답안에서는 일반적인 경주 게임에서 자주 사용하는 아이템과 레벨 상승 체계를 넣었습니다. 각 아이템이 어떤 효과를 가지는지 서술하는 것이 좋습니다.

1-3. 게임을 더 흥미 있게 하는 방법을 기록하시오.

① 경주 게임을 하지 않아도 평소에 자기가 선택한 캐릭터를 관리할 수 있다. 여러 의상 아이템으로 자기 캐릭터를 꾸밀 수 있다. 캐릭터마다 '스트레칭'을 하면 본 경주에 앞서 기본 능력치가 향상될 수 있다.

② 게임 중간마다 간이 경기를 실시한다. 복싱, 아이스크림 빨리 먹기, 줄넘기 등의 미니 게임에서 이기면 아이템 레벨 보상을 준다.

③ 경주의 결과를 리플레이할 수 있다. 자신을 포함하여 여러 참가자의 경주를 동시에 제시하여 서로의 실력을 비교할 수 있다.

④ 경주 코스를 여러 갈래로 나눈다. 캐릭터마다 적합한 코스가 다르다.

▶ 마찬가지로 문제를 통합 맥락적으로 분석해야 합니다. 1-1 문제에서 제시한 주인공의 역할과 1-2 문제의 게임 환경이 설정되었다면, 이를 살려 게임에서 어떻게 구현할 것인지 서술하는 것이 좋습니다. 본 답안에서는 경주라는 메인 게임뿐만 아니라 캐릭터 관리, 미니 게임 요소를 추가하였습니다.

1-4. 다양한 동물들이 등장하는 새로운 게임 시나리오를 작성하시오.

별주부전 이야기에서 거북이의 친구 자라는 토끼의 꾀에 속아 넘어갔다. 거북이는 자라의 복수를 위해 토끼에게 정식으로 경주를 신청한다. 경주 날짜가 정해지고, 토끼와 거북이는 달리기 연습과 함께, 자신을 도와줄 동물들을 찾기 시작한다. 친구가 된 동물들은 경주 중간에 일정 시간 토끼와 거북이를 대신하여 뛸 수 있다. 각각의 동물들은 특수한 능력이 있다. (캥거루: 바나나를 밟아도 무시함, 곰: 호랑이와 여우를 무시함, 독수리: 산에 있는 아이템을 발견하여 가져올 수 있음 등) 하지만 호랑이는 토끼와 거북이를 잡아먹을 생각만 하고, 여우는 호랑이와 함께 게임 중간에 나타나 경주를 방해한다.

▶ 이번 문제는 1-1, 2, 3 문제를 모두 작성한 후에 이야기를 만들어도 되고, 본 문제의 답을 떠올린 후에 앞선 문제로 구체화할 수도 있습니다. 창의적 문제해결 사고를 요구하며, 제시된 자료를 특정 문제해결을 위해 활용하는 방법은 매우 다양합니다. 단순히 캐릭터를 조작하는 수준에서 벗어나, 게임을 하는 목적을 생각하면서 이야기를 구상합니다.

2-1. 전화번호의 형식을 정의하고 제대로 입력했는지 확인하는 과정을 기술하시오.

(1) **전화번호의 형식**: 01*-****-****, 070-****-****, 02-****-**** 등 국번, 지역번호와 개인 번호로 이루어져 있다.

(2) **확인하는 과정**: 번호의 형식이 맞게 이루어졌는지 확인하고 휴대전화는 링크를 전송하여 본인 휴대전화가 맞느냐는 질문에 예, 아니오를 선택할 수 있게 하고, 집 전화는 전화를 걸어 본인 전화번호가 맞느냐는 질문에 예, 아니오를 선택할 수 있게 한다.

2-2. 이메일의 형식을 정의하고 제대로 입력했는지 확인하는 과정을 기술하시오.

(1) **이메일의 형식**: 이메일은 '개인 아이디@호스트 주소'로 이루어져 있다.

(2) **확인하는 과정**: 이메일을 제공하는 호스트 주소가 맞는지 확인하고 이메일 주소로 링크를 전송하여 이메일 주소를 확인할 수 있도록 한다.

▶ 2-1, 2 문제의 경우에는 기본적인 분석적 사고 능력이 필요합니다. 즉, 어느 정도 정해진 답이 있는 문제라는 뜻입니다. 일상생활의 경험을 바탕으로 전화번호와 이메일의 형식을 스스로 정의하고 확인하는 과정을 논리적으로 표현하는 것이 포인트입니다.

4. 산에서 발생할 수 있는 각종 재난 사고에 대응하기 위해서 산의 일정한 지점에 센서를 설치하려고 한다. 어떤 종류의 센서가 필요하며, 이 센서에서 보낸 정보를 바탕으로 각종 재난을 어떻게 감지하고 대처하여야 하는지 설명하시오.

(1) **온도/연기 감지 센서**: 일정 온도 이상으로 급격히 온도가 상승하거나 다량의 연기가 감지되면 화재가 발생했음을 알 수 있다. 화재가 감지되면 119에 바로 신고하여 화재 경보를 울리도록 하고 가까운 거리에 있는 사람들에게 재난 문자를 발송한다.

(2) **압력 감지 센서**: 산 아래쪽에 설치하여 산사태 또는 홍수로 인해 많은 압력이 감지되면 사람들이 산에 출입하지 않도록 막는다.

(3) **음성 인식 센서**: '도와주세요'와 같은 도움을 요청하는 음성이 인식되면 즉시 산악구조대와 연결하여 응급 처치 방법을 안내하고 구조대가 센서 위치를 파악하여 출동할 수 있도록 한다.

▶ 산에서 발생하는 재난 사고의 종류를 알아보고 재난 사고를 감지하는 센서 종류를 생각해보아야 합니다. 자신이 알고 있는 센서 관련 지식을 바탕으로 각각의 센서를 어떤 곳에 배치해야 효율적일지, 센서가 보내는 데이터를 어떻게 취합하여 재난에 대처할지 논리적으로 표현해야 합니다. 본 예시답안은 센서를 제시하고 그 센서가 어떤 재난 상황에 활용될 수 있는지를 작성했지만, 재난 상황을 제시하고 각 상황에 필요한 센서를 제시하는 것도 방법이 될 수 있습니다.

3) 참가자 답안지 살펴보기

<문제1 작성답안>

1-1 게임에 등장하는 주인공은 토끼와 거북이, 심판으로 토끼는 속력이 빠르지만 어느 정도 가면 중간에 멈추어서 일정시간 쉬어야 하고 거북이는 느리지만 쉬는 시간이 없이 느린 속도로 갈 수 있다. 심판은 두 캐릭터가 달릴 때 어디 쯤 달리고 있는지 관중들에게 소개하며 승자와 패자를 결정한다.

1-2 게임 진행에 필요한 다양한 환경은 평지, 바다, 산, 우주가 있다. 먼저 평지는 말 그대로 장애물이 없는 평평한 땅이다. 평지에서 중간 지점까지는 달리다가 중간지점에 가면 동력을 이용한 차가 있어 참가자들이 그 구간부터는 동력을 이용한 차를 직접 몸을 가서 움직이게 해야 하고 평지에서 동력을 이용한 차를 타고 가다 내리면 바다가 나오는데 바다에서 갈 때는 두가지 선택이 있다. 한 선택은 바로 작은 배를 타서 저어서 가는 배를 타는 것이고 한 방법은 동력을 이용한 차를 평지 중간 지점에 갔다 놓았다가 다시 와서 모터를 이용한 빠른 보트를 타는 것이 있다. 바다에서 가다보면 산이 나오게 된다. 산 꼭대기인 정상까지 올라가야 하는데 정상까지 올라가기 위해서는 산을 한방향으로 올라가는 것과 둘레를 돌아서 올라 가는 방법이 있는데 일직선으로 갈 경우 10kg인 돌을 운반하며 정상까지 가지고 가야 한다. 마지막 코스인 우주에 가면 중력이 작용하지 않아 그냥 가기가 힘든데 이때 우주선을 타는 것과 그냥 몸을 이동하며 가는 것이 있는데 코스는 거리가 짧고 우주선은 출발하는데 시간이 오래 걸린다. 그리고 나면 다시 지구로 이동하면 지구와 우주 사이에 이동할 때는 우주선을 탈 수 있고 내리게 되면 결승점이 나오게 된다.

1-3 게임을 보다 흥미롭게 하는 방법은 다양한 캐릭터를 설정하고 그 캐릭터마다 각각의 특성과 스킬을 설정하는 것과, 이동수단을 더 많이 개발하여 그 이동수단을 골라 쓸 경우 끝까지 그 이동 수단을 이용하게 하는 규칙을 적용한다. 또 중간에 여러가지 변수를 두어 역전 기회를 만들거나 중간에 동물들이 만나면 승부를 하며 이기면 새로운 이동수단을 주거나 지면 다시 그 코스의 출발점으로 가게 한다.

1-4 등장 인물: 토끼, 거북이, 호랑이, 사자, 다람쥐, 원숭이

코스: 평지 → 바다 → 산 → 우주 → 결승점

승리 방법: 먼저 결승점에 도착해야 한다.

이동수단: 비행기, 배, 차, 우주선, 자전거, 헬리콥터 등

<문제2 작성답안>

2-1, 전화번호 형식을 제대로 입력하였는지 확인하는 방식은 다음과 같다

(1), 전화번호의 앞자리가 현재 유효하는 숫자인가? (유효하면 (2)로) ※예: 010, 032, 070

(2), 전화번호의 뒷자리의 수가 유효한 수인가? (유효한수면 (3)으로)

(3), 사이트 내에 중복된 전화번호가 있나 확인한다 (없으면 (4)로)

(4), 본인의 전화번호가 맞는지 확인하기 위해 해당 전화번호로 인증 문자를 전송한다.

※ 주의사항 ※

(1) 에서의 번호가 현재 사용하지 않는 수이거나 3자리수가 아니면 다시 입력하게 한다.

(2) 전화번호가 개인이 사용할수 없는 공공기관의 번호인지 확인한다. 예를 들어 번호가 학교, 병원, 청와대와 같은 공공기관의 번호라면 가입을 할수없다는 창과 함께 처음으로 돌아간다.

2-2, 이메일을 제대로 입력하였는지 확인하는 방법은 다음과 같다.

(1) 입력 칸에 "@"이가 사용되었는가?

(2) 실제로 유효하는 이메일 주소인가?

(3) 중복된 이메일 주소는 아닌가?

※ 주의사항 ※

(2) 이메일 주소중 "@" 뒤에 오는 문자가 처음 확인된 문자라면 해당 메일주소로 메일을 보내 인증을 하게 한다.

2-1. 전화번호의 형식

전화번호는 010-XXXX-XXXX 와 같이 010으로 시작해서 총 11자리의 숫자로 이루어져 있다. (단, 외국일 경우 010이 아님)

정확하게 입력했는지 확인하기

1) 처음 3개의 숫자가 010 인지 확인한다. (아닐경우 재입력 요청)

2) 010을 포함한 숫자의 개수가 11개인지 확인한다. (아닐경우 재입력 요청)

3) 가입자의 전화번호가 맞는지 인증을 한다. (아닐경우 전화번호를 맞게 입력했는지 확인 요청)

2-2. 이메일의 형식

이메일은 사용자가 정한 주소와 이메일 서비스를 제공하는 도메인의 이름으로 이루어져 있다.

예) △△△△1111@naver.com, □△○□1234@gmail.com 등

입력 확인

1) @문자가 들어갔는지 확인한다.

2) @뒤의 도메인이 실제로 이메일 서비스를 제공하는지 확인한다.

3) 확인 메일을 보내 실제로 존재하는 이메일인지 확인한다.

<문제4 작성답안>

4.센서의 종류와 감지, 대처

센서는 높은곳 2개와 낮은 1곳, 이렇게 한 지점에 세 개와, 산 하나 당 그 면적에 따라 2개에서 5개까지 날아다닐 수 있는 센서도 둬서 총 5~6개의 센서를 하나의 산에 둔다.

센서의 종류는 높은 곳에는 일반 카메라와 열감지 카메라 설치하고 낮은 곳에는 물체가 움직이면 반응하는 센서를 설치한다. 날아다닐 수 있는 카메라는 작은 무인 카메라이다.

높은곳에 있는 일반 카메라는 현재 상황을 그 산이 있는 지역의 경찰서와 소방서로 보내지게 된다. 또 적외선 센서는 산의 온도나 그 산에 있는 사람들의 온도가 여서 그 산의 주변 경찰서와 소방서로 보내지게 된다. 하지만 일반 카메라는 안된다. 열감지 카메라를 24시간 내내 작동하게 된다면 전기가 많이 들어 자원낭비를 하게되기 때문이다. 따라서 영상을 계속 찍지 않고 15분에 1장씩 사진을 찍는 방법이 좋을 것 같다. 일반 카메라는 혹시 15분 사이에 산불이 나서 그 산에 사는 사람이 작은 인명피해를 입을 수도 있기 때문에 일반카메라 한 대 정도 24시간 동안 영상을 찍어야 한다. (영상은 녹화해 두었다가 일이 생기면 본다)

낮은 곳에 있는 카메라는 물체가 움직이면 반응하는 센서를 설치하여 무엇인가 움직인다 싶으면 그 때 높은 곳에 설치한 일반카메라를 켜서 산에 어떤 일이 일어났는지 본다.

마지막으로, 드론 같은 카메라는 카메라들이 미처 발견하지 못한 재난을 찾아내어 그 정보를 경찰서와 소방서로 보낸다.

이렇게 받은 정보들을 받은 주변의 경찰서와 소방서에서 위급해 보이고 인명피해가 날 것 같은 재난들에 출동을 하여 최대한 피해를 줄이면 된다.

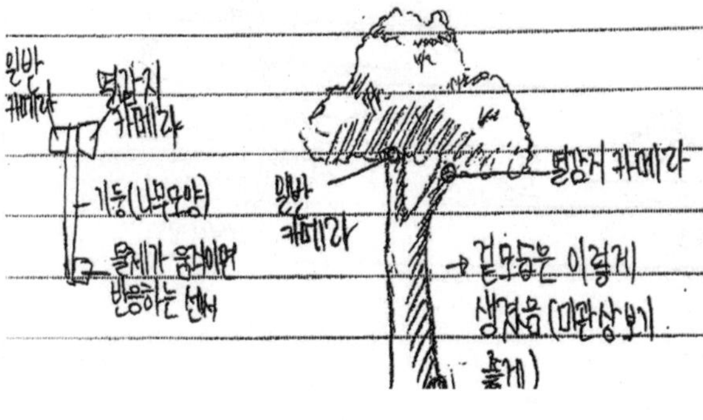

산에서 발생할 수 있는 재해 → 산불, 산사태, 가뭄, 지진.

1) 온도 센서

온도 센서를 설치하여 온도가 기준값을 넘어가면 알림이 간다. 예를 들어, 산불이 났다면 순식간에 온도가 올라가 기준값을 넘어가게 될 것이다. 이 때 온도 변화 시간을 측정하여 비교적 천천히, 하지만 높은 온도로 올라가면 폭염으로 간주하고, 비교적 짧은 시간에 온도가 많이 올라가면 산불로 간주한다. 폭염이 감지되었다면 센서 위에 설치된 스피커를 통해 등산객들에게 빠르게 산을 내려오라는 안내 방송을 한다. 만약 산불이 감지되었다면, 기준값을 처음 넘어간 시간에 장거리 통신장으로 위험 알림 메세지가 온다. 관리자가 그것을 보았다면 미리 준비된 해결 방법으로 산불이 퍼지는 것을 막는다. 소방관에 신고를 하거나 헬기로 물을 분사하여 산불을 끈다. 그런데 만약 메세지를 사람이 보지 못하면 대처를 하지 못할 수 있으므로 20초 내 답이 없을 시 자동으로 스프링클러를 작동시키고 위험 알림 방송을 하여 등산객들의 대피를 유도한다.

2) 가속도 센서

가속도 센서는 충격을 감지하는 센서이다. 만약 산사태가 발생했다면 센서에 그 충격이 감지될 것이다. 충격이 약 15초 이상 반복적으로 지속되면 위험하다고 판단하여 등산객들에게 즉시 안내 방송을 하여 대피를 유도한다. 지진도 마찬가지이다. 나무에 실을 달고 센서를 기둥과 가깝게 연결한다.

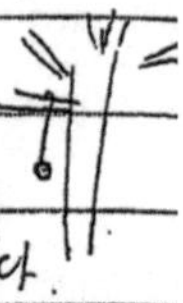

지진이 발생하면 나무가 흔들릴 것이고 동시에 실에 매달린 센서도 흔들릴 것이다. 센서가 나무에 부딪히면 그 충격에 의하여 가속도 센서에 지진이 감지되고 이것이 5회 이상 감지되면 위험을 알린다. 대신 바람에 의해 센서가 흔들리는 일이 없도록 센서 주변을 바람을 막을 수 있는 소재로 감싼다.

3) 열 감지 센서

사람이 들어가면 안 되는 곳, 즉 위험한 곳에 사람이 진입하는 것을 감지한다. 사람으로 추정되는 형태와 온도를 식별하여 그 이미지를 관리자에게 전송한다. 그 이미지가 사람으로 판단이 되면 위험 알림 방송과 함께 안전요원을 즉시 보내어 등산객이 다치지 않도록 한다.

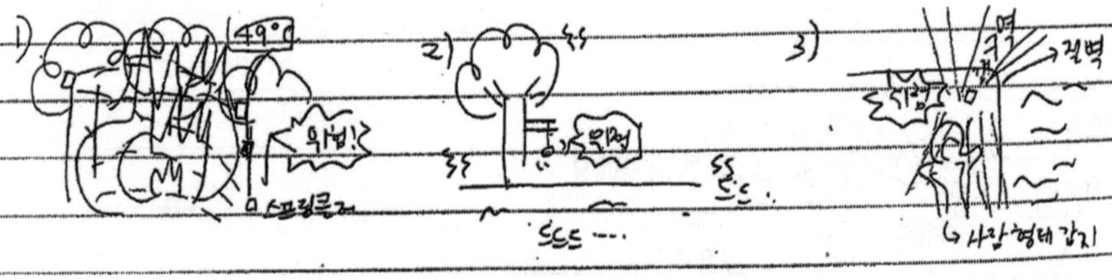

MEMO

2. 2회 대회 기출문제 분석

초등학교 3~4학년

제2회 소프트웨어(SW) 사고력 올림피아드(초3~4)

※ 다음 문제에 모두 답하시오.
※ 답은 <답안지>에 작성하시기 바랍니다.
※ 시험 종료 후 <문제지>와 <답안지> 모두 제출하여 주시기 바랍니다.
※ 본 문제들은 창의적인 생각을 자유롭게 기록하면 됩니다.

2 옛날 사람들은 나라의 급한 일을 전하기 위하여 높은 산에 봉수대를 설치하고 낮에는 연기, 밤에는 횃불을 이용하여 약속한 신호를 전달하였다. 어떻게 약속하는 것이 효과적일지 설명하시오(봉수대 4개가 설치되었을 경우를 생각하고 답하시오).

3 울퉁불퉁한(모양이 둥글지 않은) 피자를 여러 명이 똑같이 나누어 먹으려 한다. 최대한 똑같이 나누는 방법을 기술하시오.

소프트웨어(SW) 사고력 올림피아드 답안지

수험번호	학교명	학년	성명

1) 문제 분석

문제	출제 의도	평가 준거
2	3-1학기 사회 교과 '3. 교통과 통신 수단의 변화'에 실린 내용으로, 학생들에게 비교적 친숙한 내용입니다. 당시의 시대적 배경에 대한 지식을 활용하여 어떻게 효과적으로 상황을 전달할 수 있을지 자기만의 방법을 구성해야 하는 창의적 사고 문제입니다. 따라서 열린 답이 나올 수 있는 문제로, 실제 봉수대의 활용 방법을 서술하는 것도 한 가지 방법이 될 수 있습니다.	**창의적 문제 해결력** **지식 기반 사고력** **표현력**
3	학생의 실생활과 가장 관련 있는 문제로, 누구나 한 번쯤 있었을 법한 상황입니다. 일정하지 않은 모양을 똑같이 분배하는 문제로, 나눔에 대한 정확한 이해가 필요합니다. 배분 방법을 이해할 수 있고, 논리 정연하게 설명할 수 있어야 합니다.	**창의적 문제 해결력** **지식 기반 사고력** **표현력**

2) 예시답안

2. **옛날 사람들은 나라의 급한 일을 전하기 위하여 높은 산에 봉수대를 설치하고 낮에는 연기, 밤에는 횃불을 이용하여 약속한 신호를 전달하였다. 어떻게 약속하는 것이 효과적일지 설명하시오** **(봉수대 4개가 설치되었을 경우를 생각하고 답하시오).**

<봉수대의 연기 수와 위치에 따른 신호> 연기: 낮, 불: 밤		
낮(연기)	밤(횃불)	신호 의미
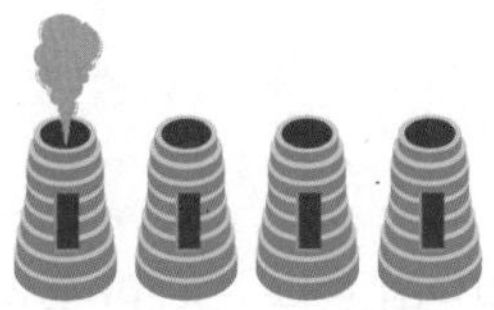	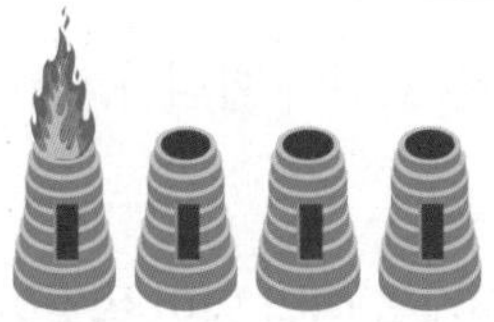	아무 일 없이 평화로울 때
		적이 국경 가까이 왔을 때

		적이 국경을 넘었을 때
	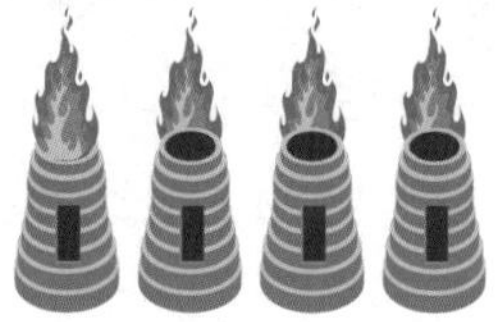	적과 전쟁을 시작할 때
		적의 수가 더 많을 때
	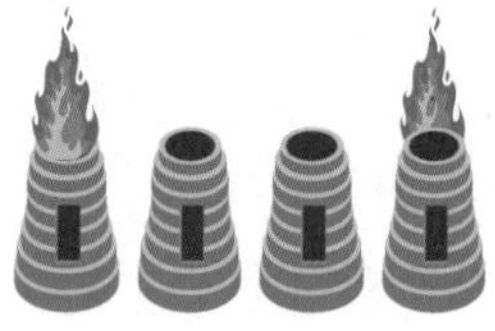	아군이 전멸을 당했을 때

▶ 예시답안은 상황의 심각성에 따라 연기나 횃불의 개수나 형태를 달리했습니다. 정해진 답이 있는 것이 아니며 역발상으로 생각할 수 있습니다. 예를 들면, 상황이 심각할수록 불을 지피기 힘들 것이므로 아예 불을 끄는 방법을 사용할 수도 있습니다. 자기만의 창의적인 아이디어를 목표에 적합하게 표현할 수 있어야 합니다.

3. **울퉁불퉁한**(모양이 둥글지 않은) **피자를 여러 명이 똑같이 나누어 먹으려 한다. 최대한 똑같이 나누는 방법을 기술하시오.**

<방법1> 모눈종이를 이용하는 방법

(1) 모눈 모양으로 피자를 조각내어 나눈다.

(2) 모눈에 전체가 들어간 만큼의 피자를 인원수에 맞게 나눈다.

(3) 모눈이 전체가 차지 않은 피자 조각은 여러 개를 합해 모눈 전체를 채울 수 있도록 만든다.

(4) 모눈에 맞게 조각을 합친 피자는 다시 배분한다.

<방법2> 다양한 방법

피자의 무게를 재어 인원수에 맞게 무게를 나누어 그 무게만큼 배분한다.

차례대로 반씩 나누게 한 뒤, 역순으로 나눠 피자를 선택하도록 한다.

토핑을 모두 분리한 다음 똑같이 나누고, 빵을 다시 반죽하여 다시 나눈다.

▶ 비슷한 유형의 문제가 출제될 때는 <방법1>과 같이 한 가지 방법을 구체적으로 설명할 수도 있고, <방법2>와 같이 다양한 방법을 개조식으로 나열할 수도 있습니다. 또 다른 방법으로 인원수를 구체적으로 정해놓지 않은 상태에서 해결 방법을 생각한 <방법1, 2>와 달리 임의로 인원수를 정하고 인원수에 따라 다양한 방법으로 나누는 방법도 생각해 볼 수 있습니다.

3) 참가자 답안지 살펴보기

<문제2 작성답안>

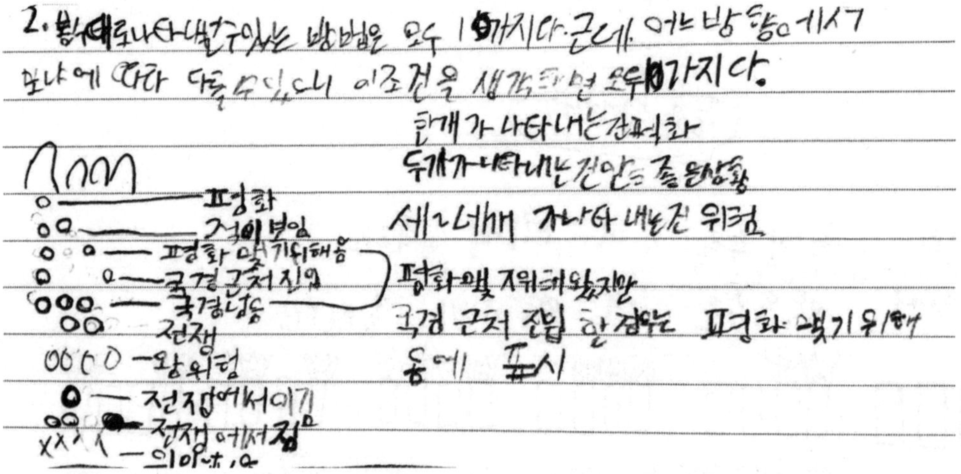

2-1

(일단 봉수대 4개가 있다)

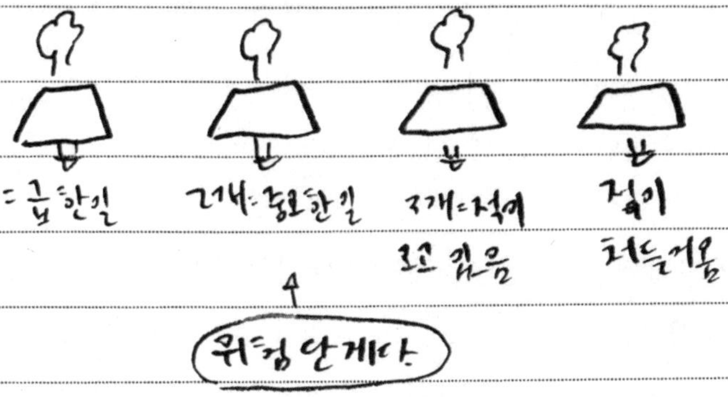

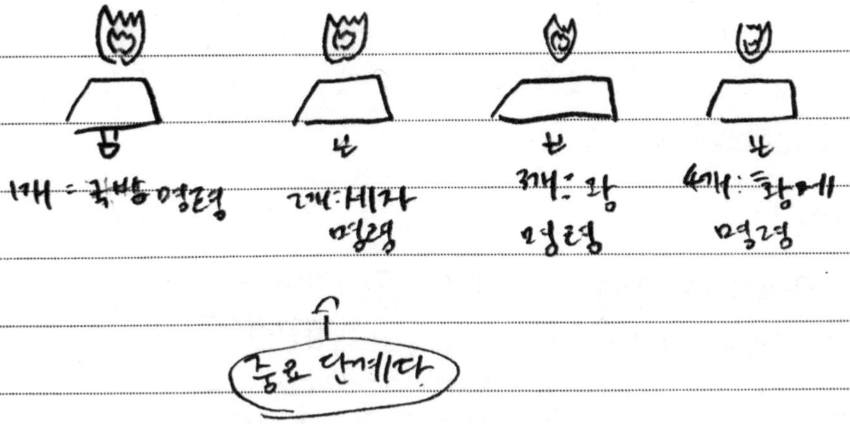

그리고 급할수록 더 세게 올리고,
급하지 않을수록 더 약하게 올린다.

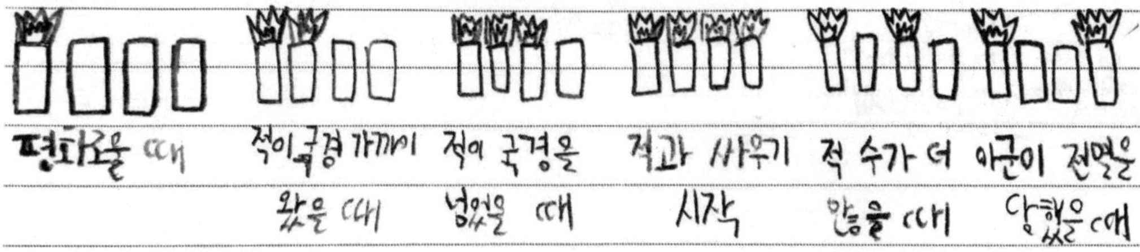

<문제3 작성답안>

3 둥글지 않은 피자를 나누는 방법을 지금 부터 소개하겠습니다.

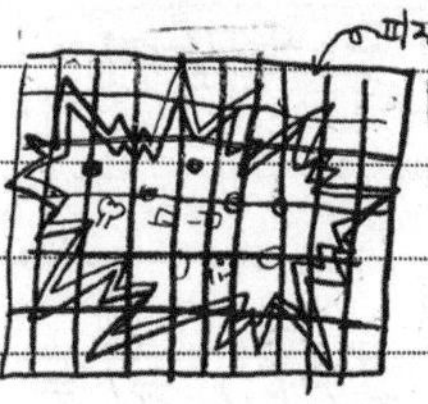

먼저, 이 피자를 칼로 찍어 나올 수 있는 만큼의 크기의 모눈칼을 준비 합니다.
그리고 난 다음, 테두리는 빼고 모눈에 들어간 만큼의 칸만 빼낸 뒤에 사람수 만큼 동등하게 나누어 줍니다.
그리고, 나머지 걸 테두리는 삼각형이여서 붙이면 사각형이 될 수 있습니다. 그래서 비슷한 모양끼리 모아, 나누어 준 다음에 나머지는 버리면 동등하게 나누어서 먹을 수 있습니다.

3. 울퉁불퉁한 피자를 최대한 똑같이 나누기

step1: 먼저 피자를 이렇게 자른다

피자

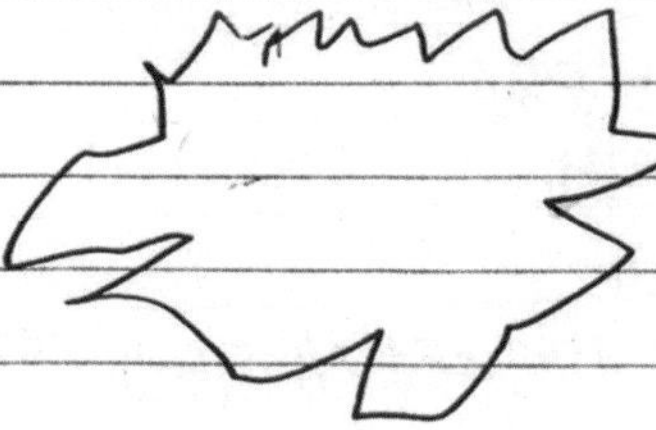

step2: step1 에서 했던 잘린 구모양 피자를 나누고 남은 것을 모은다
step3: step2 에서 모은 나머지를 뭉쳐서 step1로 가서 반복한다

3

정삼각형 모양 피자

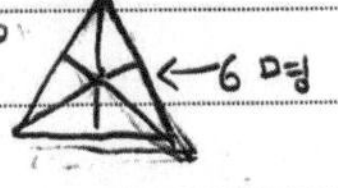

정육각형 모양 피자

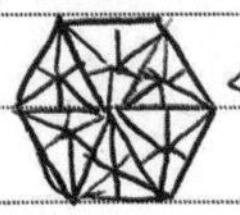

정사각형 모양 피자

조각수: → 4 → 16 → 64 → 256 → 1024 → · · ·

위의 조각 수 처럼 정사각형 모양 피자는 끝 없이 아무리 사람 수가 많아도 똑같이 정확하게 나눌 수 있다

3. • 무게를 재서 똑같이 되게 해서 나눠 주는 방법
• 만약 반으로 접었을 때 대칭이 되면 그 것을 여러 똑같은 조각으로 잘라 나누는 방법
• 피자를 잘라서 토핑을 다 빼낸 다음 토핑을 똑같이 나누는 방법
• 울퉁불퉁한 면을 잘라서 나누는 방법
• 피자를 자로 재서 똑같이 나누는 방법
• 피자집 주인 아주머니를 불러서 똑같이 나눠 달라고 하는 방법
• 모양이 둥글지 않으면 세모나 네모 등의 모양일 수 있기 때문에, 그러할 때는 ½이나 ¼조각 씩 (잘라서) 먹는 방법
• 피자의 빵 말고 토핑만 나눠먹는 방법
• 동그란 틀에 피자를 넣은 상태로 베어서 나눠먹는 방법

3. 1. 무게를 재서 똑같이 [illegible]다.
2. 무게중심을 포함된 선을 그으면 반을 나눌 수 있다.
3. 공으로 굴리고서 반쪽 하나가 되면 잘라서 먹는다.
4. 압력을 가하면 원모양이 된다. 그때 나눠 먹는다
5. 진공상태로 만들으면 옆으로 퍼진다. 그러면 자연스럽게 원에 가까운 모양이 된다.
6. [illegible]이 없으니 피자 안에 공기를 넣으면 구 모양이 된다. 그때 잘라서 먹는다.
7. 작은 원의 부피를 단위로 정하고서 나눈다.
8. 똑같이 생긴 피자 [illegible]개를 더 시킨다

MEMO

초등학교 5~6학년

제2회 소프트웨어(SW) 사고력 올림피아드(초5~6)

※ 다음 문제에 모두 답하시오.
※ 답은 <답안지>에 작성하시기 바랍니다.
※ 시험 종료 후 <문제지>와 <답안지> 모두 제출하여 주시기 바랍니다.
※ 본 문제들은 창의적인 생각을 자유롭게 기록하면 됩니다.

[2] 학생들을 대상으로 온라인 게임 중독인지를 진단하고자 한다. 해마다 진단할 경우, 효과적인 방법을 기술하시오.

[3] 학생들의 진로를 추천해주는 소프트웨어를 개발하고자 한다.

3-1. 어떻게 만들지 설계하시오.

3-2. 소프트웨어에서 개인에게 적합한 직업을 추천하는 방법을 기술하시오.

[4] 아마존 쇼핑몰에서는 아동들을 위한 크리스마스 특가 선물로 10달러 장난감을 포장 로봇을 이용하여 65536개의 선물을 자동 포장하였다. 그런데, 포장이 완료된 후에 보니 장난감이 5개 남아 있었고 포장된 선물은 65536개로 정확하였다. 즉, 이 중에 5개는 장난감이 없이 포장된 것이다. 이미 32768개의 선물은 배송을 시작하였고 나머지 32768개의 선물이 남아있다고 가정할 때 이 문제를 해결하기 위한 방안을 기술하시오.

소프트웨어(SW) 사고력 올림피아드 답안지

수험번호	학교명	학년	성명

1) 문제 분석

문제	출제 의도	평가 준거
2	정보통신기술의 발달에 따라 정보통신윤리도 생각해봐야 합니다. 요즘 인터넷 또는 스마트폰 중독은 심각한 사회문제가 되고 있습니다. 이와 같은 문제에 대해 생각해봄으로써 학생이 정보통신윤리에 좀 더 관심을 갖고, 창의적으로 해결해보길 기대하는 문제입니다. 이 문제를 해결하려면 기존의 인터넷·스마트폰 중독 검사 방법을 알고 있어야 하며, 이에 대한 문제점을 보완할 수 있는 창의적인 방법을 기술할 수 있어야 합니다.	**지식 기반 사고력 창의적 문제 해결력 윤리적 사고력 표현력**
3-1	학생들의 진로 교육에 관심이 높아지고 있는 요즘의 사회 모습이 반영된 문제입니다. 학생들의 알맞은 진로 선택을 돕는 소프트웨어의 설계를 묻는 문제로 학생들의 통합적이고 맥락적인 사고 능력이 필요합니다. 또한, 자기 생각을 명확하게 표현하는 능력도 중요합니다.	**통합 맥락적 사고력 표현력**
3-2	진로 추천 소프트웨어의 핵심 아이디어를 묻는 문제입니다. 기존에 알고 있는 지식이 무엇인지, 그리고 그것을 어떻게 활용하는지와 이를 통해 창의적으로 문제를 해결하는 능력을 평가하는 문제입니다.	**지식 기반 사고력 창의적 문제 해결력**
4	세계적인 쇼핑몰인 아마존의 자동화 시스템에서 발생할 수 있는 문제 상황을 가정하였습니다. 자세한 상황 설정에 따른 학생들의 정보 이해 사고, 컴퓨터 과학의 탐색(검색) 알고리즘에 대한 이해와 함께 어려운 문제 상황에서 창의적이고 논리적인 문제 해결 방법을 평가하는 문제입니다.	**정보 이해 사고력 창의적 문제 해결력 통합 맥락적 사고력**

2) 예시답안

2. 학생들을 대상으로 온라인 게임 중독인지를 진단하고자 한다. 해마다 진단할 경우, 효과적인 방법을 기술하시오.

학생들을 대상으로 하는 온라인 중독 검사의 경우 해마다 같은 문제로 진단한다는 점이 가장 큰 맹점이다. 한번 중독 판정을 받은 학생의 경우 이미 경험한 문제이므로 다음 해에는 실제 중독이라고 하더라도 중독에 빠지지 않은 것처럼 위장할 수 있다. 그러므로 반복되는 문제를 이용한 검사보다는 실제 컴퓨터 이용시간과 이용하는 애플리케이션에 대한 빈도를 파악하는 방법이 효과적일 것이다. 예를 들어 요즘에는 컴퓨터 게임보다 스마트폰 게임을 더 많이 하므로 스마트폰에 프로그램 이용시간 검사 애플리케이션을 기본으로 설치하고, 이를 통해 정보를 수집하여 게임 중독 여부를 진단하는 것이다. 이러한 정보는 일, 주, 월 단위로 분석한 후에 보호자에게 제공하며, 온라인 중독이 의심되면 추가 검사 또는 조치 방안을 함께 제공한다. 또한, 전체적인 국가 통계는 통신사의 자료 집계로 온라인 중독 정도를 파악할 수 있을 것이다.

▶ 이 문제에서는 기존의 온라인 중독 진단 방법의 문제점을 찾아 이를 해결하는 방안을 제시하는 것이 핵심입니다. 단순히 새로운 방법을 찾아 여러 가지로 제시하는 방법도 좋지만, 현재의 방법에서 보완해야 할 점을 실제적이고 활용 가능한 방법으로 제시할 필요가 있습니다. 예시답안에서는 애플리케이션을 활용한 방법을 제시하였는데, 이미 이와 같은 애플리케이션들이 있으므로 기존의 애플리케이션에서의 문제점을 보완하는 방법(기본 설치 및 사용시간 자동 집계)을 함께 제시하였습니다.

3-1. 학생들의 진로를 추천해주는 소프트웨어를 어떻게 만들지 설계하시오.

학생진로를 추천해주는 소프트웨어의 구성은 다음과 같다. 기초 정보 입력→진로 적성 검사(3가지)→관련된 직업 추천의 순서이다.

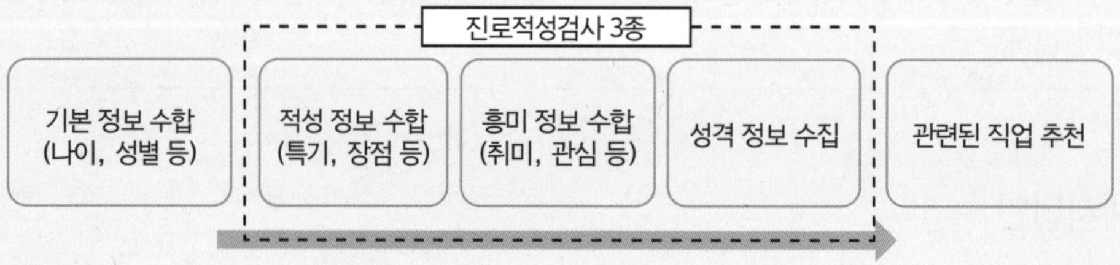

▶ 3-1 문제는 전체 프로그램에 대한 구상 아이디어를 작성하는 것입니다. 학생 진로 추천시스템이라는 소프트웨어의 전체적인 구조 설계이므로, 어떻게 추천할 것인지에 대한 방법적 측면보다 예시답안과 같이 어떤 절차로 추천하는지 절차적 측면과 전체 아이디어를 기술하는 것이 좋습니다. 이때 전체 구조를 그림이나 표 등으로 도식화하여 표현하는 것이 효과적입니다.

3-2. 소프트웨어에서 개인에게 적합한 직업을 추천하는 방법을 기술하시오.

3-1 문제의 직업 추천 소프트웨어가 개인에게 적합한 직업을 추천하는 방법은 가운데 부분의 진로적성검사 3종이 중요한 역할을 한다. 진로적성검사 3종은 이미 공인된 검사지들을 이용해서 적성 및 흥미, 성격 등에 따라 기존 직업 중 어울리는 직업에 대한 추천 결과를 제공한다. 추가로 관련된 직업 중에서 사용자가 직접 선택하게 하거나 추천 직업 중 원하는 것이 없다면 추가 입력하게 한 후 이를 기존 데이터에 누적해서 좀 더 정확한 추천 시스템을 만들 수 있다.

▶ 3-2 문제에서 질문하려는 것은 진로 추천 시스템의 핵심 아이디어입니다. 3-1에서 시스템(소프트웨어)의 전체 구조를 물었다면 3-2에서는 실제 어떤 방법으로 추천할 것인지 논리적이면서도 창의적인 아이디어를 요구하는 것입니다. 예시답안에서는 기존의 추천 시스템에서 활용되는 빅데이터 기반의 인공지능 기술과 공인된 검사지를 활용한 추천 시스템에 대해 기술하였습니다.

4. 아마존 쇼핑몰에서는 아동들을 위한 크리스마스 특가 선물로 10달러 장난감을 포장 로봇을 이용하여 65536개의 선물을 자동 포장하였다. 그런데, 포장이 완료된 후에 보니 장난감이 5개 남아 있었고 포장된 선물은 65536개로 정확하였다. 즉, 이 중에 5개는 장난감이 없이 포장된 것이다. 이미 32768개의 선물은 배송을 시작하였고 나머지 32768개의 선물이 남아있다고 가정할 때 이 문제를 해결하기 위한 방안을 기술하시오.

이 문제의 해결 방안을 제시하기에 앞서 '포장된 장난감은 공산품이므로 중량이 같다.'는 전제를 둔다. 다음으로 배송이 시작된 32768개의 선물과 아직 배송되지 않은 32768개의 선물에 대한 해결방안이 각기 다르다.

(1) 배송되지 않은 32768개의 선물의 경우

배송 전의 상품은 장난감이 없이 포장된 상품을 점검하여 확인할 필요가 있다. 방법은 두 가지가 있는데 첫 번째 방법은 32768개의 상품의 무게를 하나하나 확인하는 것이다. 두 번째 방법은 남은 상품을 반으로 나누어서 무게를 비교하는 것이다. 예를 들어 상품 하나의 무게가 1kg이라고 할 때 둘로 나누면 양쪽의 무게는 16384kg으로 같아야 한다. 만약 양쪽의 무게가 다르면 적은 쪽을 확인하면 된다. 예를 들어 한 쪽이 16379kg이라면 5kg이 적으므로 다시 반으로 나눠 무게를 비교하면 된다. 이와 같은 방식으로 계속해서 반으로 나눠 무게를 비교하다 보면 비교적 적은 횟수 만에 불량상품을 찾아낼 가능성이 크다.

(2) 배송이 시작된 32768개의 선물의 경우

배송이 시작된 32768개의 선물의 경우 일반적인 방법으로 공지를 해서 불량상품을 교환해주는 방법이 있다. 공정상의 문제가 있었음을 전체 구매자에게 안내한 후 불량상품은 교환이나 환불 조치한다. 다만, 이때도 문제가 발생할 수 있는데, 불량상품이 아닌 데도 상품을 뺀 다음 교환을 요청하는 블랙컨슈머가 있을 수 있다. 이를 방지하기 위해서 제품을 받은 후 무게를 측정하고 무게가 1kg이 되지 않으면 포장을 뜯지 않도록 하여 교환할 수 있도록 한다. 이 경우 특별히 추가 선물을 제공하는 것도 좋은 방법일 것이다.

▶ 4번 문제는 학생들의 문제 해결력을 확인하는 문제입니다. 그러므로 다양한 해결 방법과 함께 창의적인 문제 해결 방안을 제시할 필요가 있습니다.

예시답안에서는 컴퓨터 과학에 기반한 방법과 함께 더 창의적인 방안을 제시하였습니다. 컴퓨터 과학에서 탐색의 방법으로 순차 탐색과 이진탐색이 있습니다. 순차 탐색은 처음부터 끝까지 하나씩 탐색하는 것이고, 이진탐색은 반으로 나누어 비교하는 방법입니다. 32768이라는 숫자는 2를 15번 곱한 숫자이기 때문에 원리대로라면 15번만 비교하면 내용물이 없는 선물을 찾을 수 있습니다. 하지만, 잘못 포장된 선물이 5개여서 조금 더 걸릴 수 있습니다. 그래도 32768개의 상품을 모두 확인하는 것보다는 좋은 방법입니다.

다음으로 배송된 상품의 경우 확인이 어려우므로 공지를 통해 교환하는 방법을 제시하였는데, 이때도 단순히 방법의 제시에 그치는 것이 아니라 방법이 갖는 단점을 발견하여 이를 최소화하는 방법을 함께 제시해서 창의적이면서도 효과적인 방법을 제시하고자 했습니다.

다시 이야기하지만 문제 해결 문제는 다양하고 창의적인 해결 방법을 제시하는 것이 중요합니다. 물론 예시답안과 같이 답안을 작성해도 좋겠지만 여러분이 생각하는 더욱 창의적인 아이디어가 있다면 자유롭게 쓰면 됩니다. 소프트웨어 사고력 올림피아드는 정답이 정해진 대회가 아니니까요.

3) 참가자 답안지 살펴보기

<문제2 작성답안>

(2) 각 게임 회사들 마다 게임을시작할때마다 게임횟수, 시간을 기록한다. (법 같은것을 만든다) 나중에, 그 자료를 설문조사에 성별, 나이 등에 대입 하고, 보내면, 회사에서 처리해서 알려주면 좋을것같다. 또, 또래아이들보다 게임을 많이할경우, 게임의 심한정도등을 다시 설명한다.

장점: 게임 시간이나 횟수, 게임시기 등을 올바르게 입력하므로 그 값이 확실하다. (믿을만하다.) 또한, 또래의 아이들과 비교하므로 다른 사람들과의 평균을 비교할수 있다. 게임시간, 게임횟수를 기록하므로 게임시간을 줄이려고 노력할것이다.

또, 해마다 진단하므로, 전년과 비교해서 얼마나 좋아졌는지 알 수 있다.

2. 평범한 한 초등학생의 일상을 게임으로 만든다. 즉, 설문조사를 더욱 재미있게 만드는 것이다. 게임에 대한 다양한 상황이 주인공에게 닥치며, 학교에서 교육을 받으며 "나는 하루에 세 시간 이상 게임을 하나??"라고 스스로 질문하는 주인공에게 플레이어가 답을 해 주듯 상황으로 표현해 어려운 질문도 플레이어가 생각해 볼 수 있도록 한다.

예: 어! 엄마가 집에 없네. 여기 편지가 있구나. 한번 읽어 볼까? → 편지의 대부분이 알 수 없는 글씨로 되어있고 가려져 있는 박스가 편지에 몇개 있다. 커서가 움직이며 박스에 도달할 때 클릭하는 미니게임으로, 클릭을 하면 박스가 알아볼 수 있는 단어로 바뀐다. 이부 모든 박스를 다 열면 편지의 전체 내용을 볼 수가 있다.

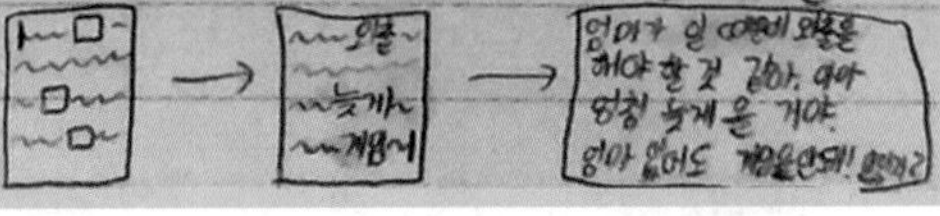

<문제3 작성답안>

<3>

3-1

사이트의 이름: "학생 진로 조사"

초/중/고 등학교 학생들을 나누어서 각각 다른 버튼을 눌러서 접속하는 시스템이다.

사이트 접속 → [초등학생용] [중학생용] [고등학생용] 중 자신에 맞는 버튼 클릭하여 접속하기 → 질문에 답하기 (총 5~10문항)

②

설문조사나 면담 등의 방법은 학생이 자신이 중독으로 인지되기 싫은 등의 이유로 거짓말을 할 수 있기 때문에 일반적인 방법은 되지 않는다고 생각한다. 그래서 컴퓨터 또는 핸드폰에다가 게임을 할 때마다 게임플레이 시간을 저장시켜놓고 전국적으로 온라인 게임 실태조사를 할 때는 게임플레이 시간을 컴퓨터나 핸드폰에 정보를 인쇄해서 내도록 하게 하고 인쇄된 정보가 인증이 되면 게임앱을 푼다. 인증이 되기 전까지는 게임을 못하게 잠근다.

3-2

초등학생, 중학생, 고등학생의 타입이 다 다를 것이고, 초등학생, 중학생, 고등학생들 중에서도 학생들이 여러 가지 타입으로 나뉘기 때문에 각 타입들의 행동, 성격, 습관 등을 분석하고, 1~2개의 문제로 압축한다. 두 번째 문제로, 학생들이 좋아하는 것, 취미, 지금의 꿈을 서술형으로 서술하는 문제를 만든다. * 좋아하는 것은 구체적으로 쓰라고 문제에 쓰고, 자신의 평소 마음은 어떠한지도 서술하라고 문제를 만든다.
이렇게 작성된 문제들을 분석해서, 제일 적합한 직업을 써주고, 지금의 꿈과 학생의 관련성을 그래프로 보여 준다.

* 모든 직업에 관한 자료를 모으고, 분석한다 (처음에.)
* 학생에게 맞는 직업 1~5순위를 그래프로 나타내 주고, 각 직업에 관한 내용을 써준다.
* 학생이 지금 현재 되고 싶은 꿈에 대해 자신과 꿈의 관련성, 꿈에 대한 정보를 나타내 준다.

<문제4 작성답안>

④(첫번째 방법)
일단 32768개의 10달러 장난감은 배송을 시작하였고 32768개는
아직 남아있다고 하였는데 그 5개를 찾기위해 나머지 32768개 중 찾을
려면 일일이 사람이 손으로 풀어서 찾기 때문에 시간도 걸리고 다시
재포장하는데 돈은 2배로 든다. 그리고 설사 했다고 해도 배송을 시작한
32768개에 장난감 5개 안 들어가있는 상자 있을 수 있기 때문에
나는 나머지 32768개의 선물도 다 배송을 한 후 상자에 장난
감이 없다는 문의가 들어오면 사과편지와 약간 보상과 함께 다시
장난감 5개를 보내면 된다 생각한다. 두번째 방법도 있다. 배송을
시작한 32768개의 장난감은 다시 회수한 후 총 65536개의 상자를
저울에 올려서 무게가 적은 상자 5개를 찾아내서 장난감 5개
를 다시 집어넣으면된다. 만약 300g(장난감의 무게)+200g(상자의 무
게)=500g일 때 만약 저울에 올렸을 때 200g인 상자가 나왔을 때는
상자의 무게만 나오는데 그 얘기는 장난감이 비어 있다는 얘기가 되기
때문에 그 상자에 다시 장난감을 넣으면 된다. 근데 만약 두번째
방법으로 했다면 다시 회수를 해야하기 때문에 많은 고객에게서 항의가
와서 회사 이미지 안좋아진다 생각하기 때문에 항의가 적을 것 같은 첫번째 방법이 좋은 방법이다.

④ 65536개의 선물중에서 찾는것은 힘들다. 따라서, 일단 판매를 한 후에 5개의 불량품을 찾는것이 좋다.

1) 자동로봇이 기록을 하고 있다면, 그 기록중 몇번째 선물에 로봇을 넣지 않았는지 알수있다. 그러면, 각 로봇에 표시번호가 있을것이므로 아마존에서 판매한것을 찾고, 개인의 집으로가서 교환하면편하다.

2) 자동로봇이 기록이 되지 않으면

이런 경우 최선의방법은 인터넷 조사를 하는것이다. 32768명의 구매한사람들을 찾아야 하므로 아마존 쇼핑몰에서 인터넷조사 게시판을 만들어 불량품을 산 사람을 찾으면 된다. 또, 32768개의 팔지않은 상품들을 열어 불량품을 산사람의 수와 팔지 않았는데, 불량품이 있는수를 더하여 5개가 되는지 확인할 수도 있다.

2-1) 불량품과 정품의 차이가 있으면, (2) 확인할때

이런경우에는 2)에서 32768개의 팔지않은 상품에는 찾기가 편리하다. 기업에서 무게를 재서 불량품이 있는지 확인하면 된다. 이때,

i) 불량품들의 무게, 질량이 같으면

큰저울위에 올려서 무게를 확인하면 정품 □개, 불량품 □개라는 것을 알수있다. (아마존회사에서)

ii) 불량품 마다 무게가 다르면

그 방법이 소용이없다. 다른 방법으로찾아야한다. 하지만, 회사에서 불량품이 있는지없는지는 대략 짐작이 가능하다.

3) 그외

블랙아웃이나 회사에 일이 생겼을 때 불량품이 생길 확률이 더 커지므로 그런경우는 없었는지 회사는 검토, 확인해야한다. 또, 만약 불량품을 가진사람이 나오면, 그사람들에게 사과문자를 보내고 돈을 지급하거나 환불을 해주어서 소비자가 이상한 일을 또다시 경험하지 않도록 만들어야 할것이다. 또, 아직 판매하지 않았던 32768개의 상품중 불량품이 나오면 그상품을 버려야 한다. 또, 회사 측에서는 기계가 왜 오류가 발생했는지 알아내야 한다.

MEMO

제2회 소프트웨어(SW) 사고력 올림피아드(중1~3)

※ 다음 문제에 모두 답하시오.
※ 답은 <답안지>에 작성하시기 바랍니다.
※ 시험 종료 후 <문제지>와 <답안지> 모두 제출하여 주시기 바랍니다.
※ 본 문제들은 창의적인 생각을 자유롭게 기록하면 됩니다.

2 사람이 직접 재난현장에 투입될 경우 위험하거나 시간이 너무 많이 소요되어 비효율적인 경우를 대비하여 재난구조 로봇을 개발하고자 한다.

2-1. 어떠한 용도의 로봇을 개발할지 설명하시오.

2-2. 로봇의 모양, 어떠한 센서와 기능이 필요한지 설명하시오.

3 무인 자동차란 인간의 운전 없이 자동으로 주행할 수 있는 자동차이다. 만일 모든 자동차가 무인 자동차로 대체된다면 무인 자동차로 이루어진 미래의 도로 형태와 도로교통 신호 체계를 제안하시오.

4 다음과 같은 바둑판에 흰 돌과 검은 돌을 이용한 새로운 방식의 게임을 개발하시오.

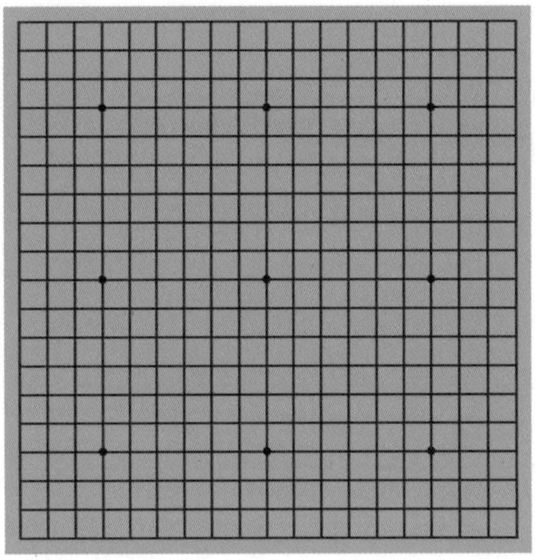

소프트웨어(SW) 사고력 올림피아드 답안지

수험번호	학교명	학년	성명

1) 문제 분석

문제	출제 의도	평가 준거
2-1	일상생활에서 직접 경험해보았거나 매체로 접한 다양한 재난 상황을 돌아보고 재난 현장에서 활용할 수 있는 로봇은 어떤 것들이 있을지 구상해보는 문제입니다. 재난은 태풍, 지진 등과 같은 자연 재난, 방사능누출 사고 등의 사회 재난 등 그 종류가 다양합니다. 재난이라는 문제 상황을 로봇을 활용하여 어떻게 해결할지 생각해보는 접근이 필요합니다.	창의적 문제 해결력 지식 기반 사고력 통합 맥락적 사고력 표현력
2-2	2-1에서 구상한 로봇에 필요한 센서와 기능, 생김새를 설명하고 그 필요성을 서술하는 문제입니다. 목적과 용도를 고려하여 그에 맞는 생김새와 센서, 기능을 로봇에 적용하는 통합 맥락적 사고가 필요한 문제입니다.	정보 이해 사고력 지식 기반 사고력 통합 맥락적 사고력
3	모든 자동차가 무인 자동차로 대체되었을 때 변화될 전반적인 도로 시스템의 변화를 예측해보는 문제입니다. 무인 자동차와 현재의 자동차의 차이점을 생각해보고 그것이 도로 형태나 신호체계에 어떤 영향을 미칠지 창의적으로 생각해보고, 자기 생각을 뒷받침할 근거를 논리적으로 제시하여야 합니다.	창의적 문제 해결력 통합 맥락적 사고력 표현력
4	바둑, 오목 등으로 많이 경험해보고 다뤄봤던 바둑판과 흰색 돌, 검은색 돌로 새로운 방식의 게임을 개발하는 문제입니다. 보드게임을 변형한 방식의 게임일 수도 있고, 단순히 도구로서 위의 물체를 활용하는 게임일 수도 있습니다. 또한 게임의 방식뿐 아니라 게임을 하는 사람의 수나 불공정한 규칙 등 기존 게임에서 다양한 변형이 이루어질 수 있습니다.	창의적 문제 해결력 통합 맥락적 사고력 표현력

2) 예시답안

2-1. 어떠한 용도의 로봇을 개발할지 설명하시오.

인간을 투입하기 어려운 재난 상황인 쓰나미, 산사태, 홍수, 화재 등을 대비하는 재난 구조 로봇을 개발할 것이다. 이 로봇은 재난 상황에서 구조할 사람의 위치를 찾거나 도움을 주고 직접 구하는 역할을 수행할 수 있다.

▶ 이 문제에서는 기존의 재난 대처 방식에서 어려움을 찾아 이를 로봇을 활용하여 해결하는 방안을 제시해야 합니다. 인간을 투입하기 어려운 재난 상황을 생각해보고 그 상황에서 어떤 용도로 로봇을 활용할지 고민해보고 답안을 작성해야 합니다.

2-2. 로봇의 모양, 어떠한 센서와 기능이 필요한지 설명하시오.

(1) **지진해일**: 물에서 잘 움직여야 하므로 유선형으로 제작해야 한다. 방수 카메라를 활용하여 사람을 찾고 사람을 발견하면 다가가서 구명보트를 제공한다. 구조대가 로봇의 위치를 알 수 있도록 GPS가 필요하고 적외선 센서를 활용하여 사람의 위치를 파악할 수 있어야 한다. 또한, LED를 활용하면 재난을 당한 사람이나 구조대가 로봇의 위치를 쉽게 파악할 수 있을 것이다.

(2) **화재**: 드론 형태로 만들어서 화재가 어느 위치에서 발생했는지 알아내고 화재 현장에 빠르게 투입될 수 있도록 한다. GPS와 적외선 센서로 생존자를 찾아 구조본부에 위치를 보내고 마이크와 스피커로 생존자와 구조본부가 연락할 수 있게 한다.

▶ 각각의 재난 상황에 대처하려면 어떤 모양의 로봇이 효과적일지, 필요한 센서와 기능은 무엇일지 고민하여 답안을 작성해야 합니다. 이 문제에서는 창의적으로 남들이 생각하지 못한 모양을 생각해내는 것도 좋지만 실제 재난 상황에서 효율적으로 활용할 수 있는 로봇의 형태를 제시하는 것이 중요합니다. 또한, 학생이 알고 있는 센서와 그 기능을 기반으로 상황에 맞게 재난 대처 로봇에 관해 논리적으로 표현하는 능력이 필요합니다.

3. 무인 자동차란 인간의 운전 없이 자동으로 주행할 수 있는 자동차이다. 만일 모든 자동차가 무인 자동차로 대체된다면 무인 자동차로 이루어진 미래의 도로 형태와 도로교통 신호 체계를 제안하시오.

(1) **미래의 도로 형태**: 무인 자동차는 스스로 환경에 맞게 속도를 제어할 수 있으므로 과속 단속 카메라나 제한 속도 표지판이 사라질 것이다. 도로 아래에 센서를 두어 사고가 발생하면 사고 발생 위치를 안내한다. 또한, 무인 자동차는 더 빠르고 효율적인 길을 스스로 찾을 수 있으므로 많은 차선이 필요하지 않을 것이므로 차선을 모두 점선이 아닌 실선으로 만들어 오류를 방지한다.

(2) **도로교통 신호 체계**: 인공지능 신호등이 개발된다. 각 신호등은 도로 교통 상황에 맞게 신호등을 조절하여 도로에 있는 차량이 가장 효율적으로 운행할 수 있는 환경을 제공한다. 또한, 구급차, 대중교통 등이 다른 차보다 먼저 지나갈 수 있도록 신호 체계를 조절한다.

▶ 미래의 도로 형태와 도로교통 신호 체계에 대한 창의적인 사고가 필요한 문제입니다. 본 예시답안에서는 과속 단속 카메라나 제한 속도 표지판, 차선이 사라진다거나 신호등이 스스로 신호를 조절한다는 등의 창의적인 생각을 설명하였습니다. 이때, 그러한 답안을 생각해낸 논리적인 이유도 함께 제시하였습니다. 이처럼 창의적인 사고뿐만 아니라 이를 논리적으로 표현할 수 있어야 합니다.

4. **다음과 같은 바둑판에 흰 돌과 검은 돌을 이용한 새로운 방식의 게임을 개발하시오.**

땅차지하기 게임을 제안하고자 한다. 바둑과 유사하지만 간단하게 즐길 수 있도록 하였다. 규칙은 다음과 같다. 한정된 돌의 개수로 더 많은 공간을 차지하면 이기는 게임이다. 자신의 공간은 같은 색 돌로만 둘러싸여야 한다.

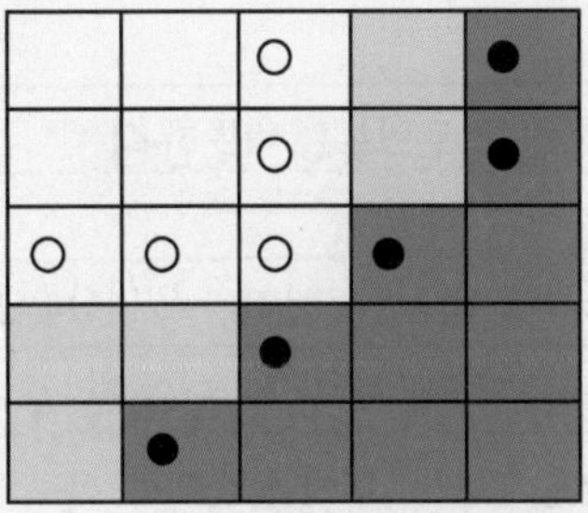

흰색 돌이 차지한 부분: 9칸

검은색 돌이 차지한 부분: 11칸

따라서 검은색 돌 승

▶ 바둑판, 검은 돌과 흰 돌로 새로운 게임을 제안하는 문제입니다. 위의 예시답안과 같이 기존의 게임 규칙을 단순화할 수 있고 다른 게임의 규칙을 변형하거나 아예 새로운 게임을 만들 수 있습니다.

3) 참가자 답안지 살펴보기

<문제2 작성답안>

|2| <2-1>

인간이 투입되기 어려운 재난 조건은 쓰나미, 홍수, 불 화재가 있다. 화재에는 인간이 방화복으로 투입되기에 쓰나미나 홍수에 투입되는 로봇이 필요할것 같다.

- 쓰나미·홍수 구조 로봇 -

<2-2>

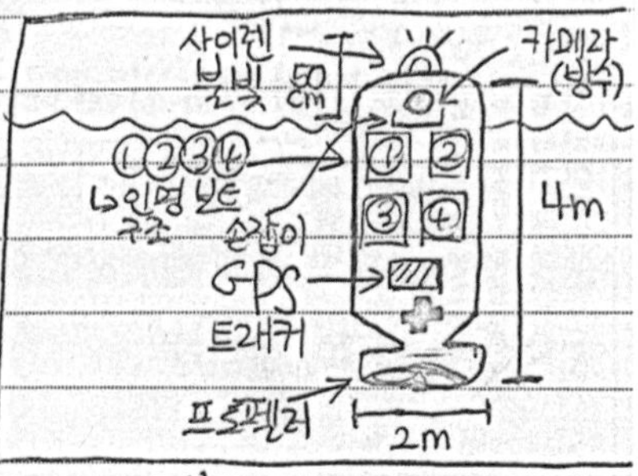

로봇은 물에서 잘 움직이어야 한다.
로봇은 방수 카메라로 주변을 둘러보고 안면인식으로 구조 센터에 신분을 보내고 사람에게 다가가 ①, ②, ③, ④ 보트 중에 하나를 펼쳐 놓고 간다. 사람은 보트를 이용해 위험에서 나온다. GPS 트래커는 사람에게 보트를 줄수 없는 상황에서 사람에게 주는 것이다. 로봇은 길이가 4m로 위에 50cm는 사람이 포착하기 쉽게 올라가 있다. 사이렌과 불빛으로 로봇을 보기쉽다. 로봇은 기본적으로 자동이지만 상황에 따라 구조 센터에서 조종할 수도 있다.
로봇은 둥근 원기둥 모양으로 재료는 철이다. 음성 센서로 소리침을 들을수 있고 얼굴 센서로 사람을 구별할 수도 있다. 보트는 고무 재질이다. 로봇에 있는 손잡이는 사람이 잡을수 있다.

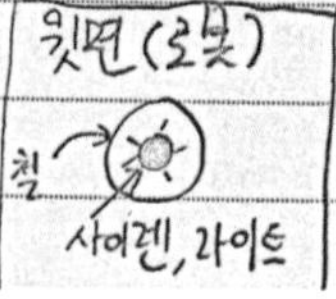

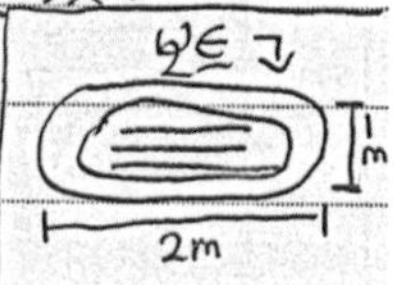

2-1 화재가 나면 최대한 신속하고 안전하게 사람을 구하고, 불을 끄는 로봇을 개발한다

2-2. 이 로봇이 갖추어야할 기능들을 정리하자면 1, 계단과 턱을 자유자재로 넘어가야 한다, 2. 사람을 인식하여 우선순위로 구조해야 한다. 3. 자신과 사람들을 최대한 안전하게 구조해야한다. 로 정리 할 수 있다 첫번째 이동문제는 기술이 발전하여 이족보행으로 해결할수 있을 것이다. (최근에 로봇이 공중제비를 도는 영상을 보았다.) 이때 로봇안에 안을 볼수 있는 카메라와 무게중심을 맞추는 센서가 필요할 것이다. 이때, 카메라에 사람이 잡히면 우선순위로 구조하며 불을 끈다. 불길이 심해져 로봇이 가열되는 일을 막기위해 냉각장치를 만든다 그리고 구조되는 사람이 질식하지않게 깨끗한 공기를 줄 수 있는 마스크가 있어야 한다. 물론, 불을 끄는 것도 임무이기 때문에, 호스를 움직여 불을 진압하게 하여야 한다 이러한 기능을 가진 재난 구조로봇의 전체적인 모양을 설명하자면 외형은 사람과 비슷하게 되어 있고 등에는 공기 탱크, 안쪽 몸에는 냉각장치가 있다. 구조자를 들어 구조할때 구조자가 화상을 입지 않게 팔에도 적당한 온도를 유지하는 온도센서와 함께 냉각장치를 만든다. 이때 사람의 얼굴을 파악하여 공기 마스크를 갖다댄다. 목은 자유자재로 돌아가며 눈에는 카메라가 있다.

<문제3 작성답안>

3

무인자동차는 바닥에 있는 흰선과 노란색 선을 카메라로 인식하며 주행한다.
또, GPS로 도로 교통 상황을 파악해 운전을 할 수가 있다. 무인 자동차는
서로 다른 무인 자동차와 신호와 정보를 주고받을 수가 있다.
①도로에는 노란색 선, 하얀색 선이 있어야 한다.
② 무인 자동차들은 서로 정보를 주고 받기 때문에 사거리에서는 자동차들끼리 어떤
자동차가 어디로 먼저가는지 정해 신호등이 따로 필요없다.
③ 도로는 무인 자동차의 제동거리를 줄이는 재료로 만든다.
④도로는 흰색과 노란색이 잘 보이는 검은색으로 한다.

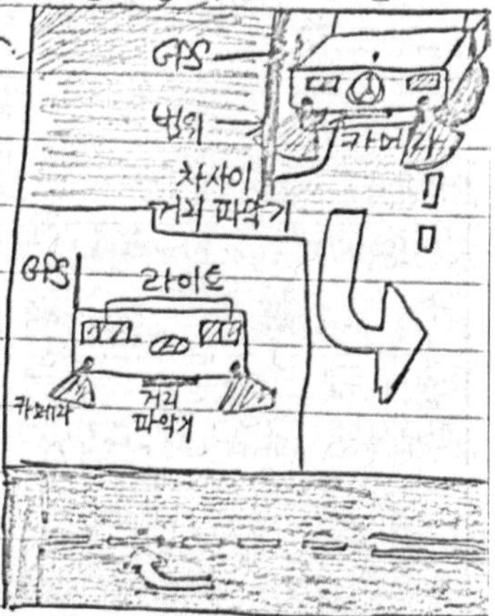

도로: 검은색으로 아스팔트와 콘크리트를 섞은 재료로 만든다.
도로에는 현재와 같은 신호가 그려져있다. 흰색과
노란색은 밤에도 카메라가 인식하게 형광 페인트로
칠한다.

도로 신호 체계는 일단 경찰차나 병원차를 우선 주행으로
한다. 그리고 사거리에서는 시계 방향으로 직진차 우선, 또 시계 방향으로 U턴, 자회전을
한다. 신호등은 따라 필요없다. 있다면 흰색에 비추어져 차에 인식불가능으로 사고가 나
설치를 자제 한다.

4

① 오-바둑 <Five-GO>

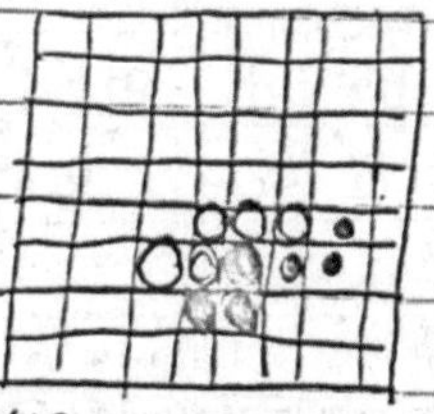

플레이어1, 플레이어2로 두명이 같이하는 게임이다.
각 플레이어는 바둑돌 100개씩 가진다.
바둑돌 최대 다섯개로 평면도형 하나를 만들어 놓을 수 있다. (1~5개)
도형들은 서로 이어져있어야 한다. (단, 검은색은 검은색끼리 하얀색은
하얀색 끼리 이어져야 한다)
각 플레이어는 상대 플레이어의 바둑돌을 감싸서 그 안 상대의 바둑돌을 제거한 수
있다. 바둑돌이 없으면 게임이 끝난다. 바둑돌이 0개가 아닌 사람이 승한다.
- 바둑돌은 한정되있어 배분을 잘해야 한다.
- 바둑과 같지만, 생각이 더 요구되는 게임이다.
- 때에 따른 개수 사용이 게임의 승부를 결정할 수 있어 바둑돌을 잘 써야 이길수있다
- 상황 파악을 잘하고 상대방의 무엇을 할지 더 생각하게 하고, 경우의 수가 더 많아
더 어려울수 있다.

③ 무인 자동차로 이뤄진 미래의 도로형태 / 신호 체계.

미래의 도로 형태
미래의 도로는 오른 쪽과 같이 화살표로 쉽게 자신이 가고 있는 방향을 확인 할 수 있는 것이고, 만약을 대비하여 수동모드로 전환해도 쉽게 주행이 가능하도록 만들 것이다.

미래의 교통 체계는 무인 자동차이기에 현재보다 완화되기도, 복잡해지기도 할 것이다.
우선, 현재의 교통체계는 매우 잘되어 있음을 알 수 있다.
그러나 교통사고는 지금 이시간에도 발생하고 있고, 이는 대부분 신호무시 / 과속 / 음주 등 운전자의 과실이 크다.
그런데 무인 자동차는 기계적 결함이 아닌 이상 신호무시 / 과속 / 음주 / 졸음 운전으로 사고가 일어나지 않을 것이다.
그로 미래의 교통 체계는 현재와 동일하되, 모든 자동차들은 사고를 자회사의 긴급 신고 센터와 연결이 되어야 하고, 의무적으로 GPS를 달아 인공위성에서 총괄을 해야 할 것이다.
그렇지 않으면 깨끗한 물에서 장어 한마리가 물을 흐뜨려 놓아 흙탕물이 되듯이 한 자동차의 사고로 정리 되어 있던 무인 자동 차들을 빼도 박도 못하고 봉변을 당하고 말 것이다.

<문제4 작성답안>

4 바둑판과 흰돌 검은돌을 이용하여 「땅차지하기」와 「검은 돌 잡기」 게임을 구상해 보았다.
「땅차지하기」 게임 ①플레이어들이 서로 돌 색깔 고르기 ②먼저 하는 플레이어1은 자신의 돌을 원하는 칸 안에 둔다 ②플레이어2도 자신의 돌을 원하는 칸 안에 둔다.
③서로 번갈아 가며 돌을 둔다. (이때 자신의 돌이 둘러싸고 있는 부분은 자신의 것이 된다)
④더 이상 돌 곳이 없으면 게임을 종료한다 ⑤더 많은 땅을 가진 플레이어가 우승한다.

「검은돌 잡기」 게임 ①술래와 잡는 사람을 정한다 ②술래는 검은색 돌을 잡고, 잡는사람(흰색)은 흰돌을 잡는다 ③술래는 가운데 잡는사람은 가장자리에서 시작한다. (이때 흰돌의 가장자리는 잡는 사람이 정하고 다신 돌아올 수 없으며 이동도 되지 않는다.) ④술래가 검은돌을 이용하여 앞, 뒤, 왼쪽, 오른쪽으로 이동한다 (대각선 X) ⑤잡는 사람도 앞, 뒤 왼쪽 오른쪽으로 이동하지만 검은 돌이 이동한 횟수 만큼 이동한다. 예) 검은돌 3번 앞 → 흰돌 3번 이동
⑥검은돌이 흰돌과 3~5칸 정도로 가깝게 되면 술래와 잡는사람은 가위바위보를 하여 (잡는사람이 이길 때까지) 잡는사람이 가위로 이기면 + 하나의 흰돌 O 바위로 이기면 + 두개의 흰돌 OO 보자기로 이기면 + 세개의 흰돌 OOO을 사용할 수 있다
⑦잡는 사람은 검은 돌이 이동한 횟수를 흰돌에게 분배할 수도 몰아줄 수도 있다.
⑧검은 돌이 잡히거나 갇히면 게임이 끝나지만 만약 검은돌이 30~50번 이상 이동했다가 처음 자리로 오면 (흰돌의 승리는) 검은돌이 승리하게 된다.
∴ 검은 돌의 혜택은 서술하지 않았으니 술래와 잡는사람 합의에 만들어서 적용할 수 있다.

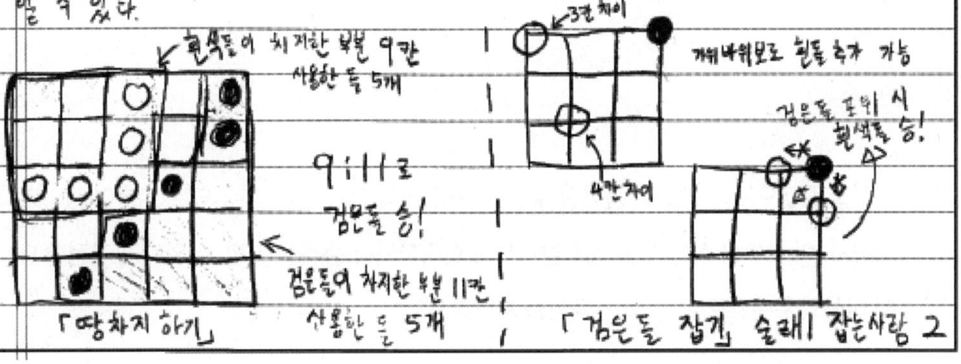

3. 3회 대회 기출문제 분석

초등학교 3~4학년

제3회 소프트웨어(SW) 사고력 올림피아드(초3~4)

※ 다음 문제에 모두 답하시오.
※ 답은 <답안지>에 작성하시기 바랍니다.
※ 시험 종료 후 <문제지>와 <답안지> 모두 제출하여 주시기 바랍니다.
※ 본 문제들은 창의적인 생각을 자유롭게 기록하면 됩니다.

3 현진이네 학교는 전교생(전체 10개 반이며, 각 반은 각각 50명씩이라고 가정)에게 동일한 학용품을 지급하였다, 지급한 학용품은 학생당 연필 8자루, 지우개 2개, 가위 1개, 자 1개, 볼펜 4자루이다. 각각의 학용품에는 이름을 쓸 수 없고 0~9 사이의 숫자 네 자리만 적을 수 있는 칸이 있을 때, 네 자리 숫자만 보고 누구의 어떤 학용품인지를 빠르게 찾는 방법을 제시하시오.

4 자신을 중심으로 사방으로 움직일 수는 있으나 오직 전방만을 볼 수 있는 로봇이 있다고 가정하자. 이 로봇은 전방의 물체를 감지하여 접촉하거나 충격을 가할 수 있다고 가정할 때, 2대 이상의 로봇으로 할 수 있는 게임을 제안하시오.

소프트웨어(SW) 사고력 올림피아드 답안지

수험번호	학교명	학년	성명

1) 문제 분석

문제	출제 의도	평가 준거
3	네 자리 수를 활용하여 식별 가능한 수를 만드는 컴퓨터 정보처리 사고력이 필요한 문제입니다. 네 자리 수만으로 많은 정보를 담을 수 있는 방법을 생각해야 합니다. 독창적인 아이디어로 주어진 문제를 해결해야 한다는 점에서 창의적 문제해결 사고가 필요합니다.	정보 이해 사고력 창의적 문제 해결력 지식 기반 사고력
4	로봇의 기능상 한계점과 해결 방안을 생각해 볼 수 있는 문제입니다. 로봇의 추세와 작동 방법에 대한 지식을 기반으로 해결할 수 있으며, 제한된 상황에서의 독창적인 아이디어를 평가하는 문제입니다.	지식 기반 사고력, 창의적 문제 해결력 윤리적 사고력 표현력

2) 예시답안

3. 현진이네 학교는 전교생(전체 10개 반이며, 각 반은 각각 50명씩이라고 가정)에게 동일한 학용품을 지급하였다, 지급한 학용품은 학생당 연필 8자루, 지우개 2개, 가위 1개, 자 1개, 볼펜 4자루이다. 각각의 학용품에는 이름을 쓸 수 없고 0~9 사이의 숫자 네 자리만 적을 수 있는 칸이 있을 때, 네 자리 숫자만 보고 누구의 어떤 학용품인지를 빠르게 찾는 방법을 제시하시오.

방법1 <규칙 만들기>

* 주어진 조건: 10개 반, 50명, 학용품 총 16개, 네 자리 숫자

① ② ③ ④		
<정보>	<규칙>	<숫자로 나타내기>
①: 반 ②: 학용품 표시 ③: 번호 앞자리 ④: 번호 뒷자리	* 규칙1. 2개 반씩 묶는다. (한 반 총 100명) 1, 2/3, 4/5, 6/7, 8/9, 10 * 규칙2. 학용품을 두 종류로 나눈다. - 연필 8자루, 지우개 2개 - 가위 1개, 자 1개, 볼펜 4자루	* 반(①): 학용품이 무엇인지에 따라 홀수 또는 짝수로 1, 2반: 1반 또는 2반 3, 4반: 3반 또는 4반 5, 6반: 5반 또는 6반 7, 8반: 7반 또는 8반 9, 10반: 9반 또는 0반

	* 규칙3. 학용품을 홀수, 짝수로 표시한다. - 연필 8자루, 지우개 2개: 반(①)을 홀수로 표시 - 가위 1개, 자 1개, 볼펜 4자루: 반(①)을 짝수로 표시	* 학용품(②): ①이 홀수 - 연필 8자루 순서대로 1, 2, 3, 4, 5, 6, 7, 8 - 지우개 2개 순서대로 9, 0 ①이 짝수 - 가위 1개: 1 - 자 1개: 2 - 볼펜 4자루: 3, 4, 5, 6 * 번호 앞자리, 뒷자리(③④) - 100명씩 묶었으므로, 1번, 2번, 3번 … 99번, 100번: 01, 02, 03 … 99, 00

예시1) 3반, 7번째 연필, 37번 (☞ 3737)

- 7번째 연필이므로 '규칙3'에 따라 ①번에는 3을 표시
- 7번째 연필이므로 ②에는 7을 표시
- 37번이므로 ③④에는 각각 3, 7 표시

예시2) 10반, 1번째 자, 25번 (☞ 0275)

- 1번째 자이므로 '규칙3'에 따라 ①번에는 0을 표시
- 1번째 자이므로 ②에는 2를 표시
- 25번이므로 ③④에는 각각 7, 5표시(두 반을 합하여 100명으로 구성, 앞 반인 9반 학생 50명에 이어서 25번째이므로 50+25=75)

방법2 <규칙 만들기>

① ② ③ ④	
<정보>	<숫자로 나타내기>
①: 반 ②: 학용품 표시 ③: 번호 앞자리 ④: 번호 뒷자리	* 반(①): 순서대로 1, 2, 3, 4, 5, 6, 7, 8, 9, 0 * 학용품(②): 연필-1, 지우개-2, 가위-3, 자-4, 볼펜-5 * 번호 앞자리, 뒷자리(③④) - 01, 02, 03, … 50

▶ 암호문과 비슷한 문제로, 3~4학년 학생들에게 다소 난도가 높을 수 있습니다. 첫 번째 예시답안은 모든 학용품을 구분한 답안으로 더 어렵고 복잡한 풀이이고, 두 번째 예시답안은 학용품 종류만 구분하여 풀이한 것으로 간단하게 나타내었습니다. 실제 문제 출제를 했을 때 학용품을 각각 구분하는 수준까지 문제를 해결하기에는 무리가 있어 보입니다. 학용품을 각각 구분하지 않고 종류까지 구분하는 선에서 그쳐도 됩니다. 다만 일관성 있고, 학용품이 겹치거나 빠지는 경우가 없도록 구성해야 합니다.

4. 자신을 중심으로 사방으로 움직일 수는 있으나 오직 전방만을 볼 수 있는 로봇이 있다고 가정하자. 이 로봇은 전방의 물체를 감지하여 접촉하거나 충격을 가할 수 있다고 가정할 때, 2대 이상의 로봇으로 할 수 있는 게임을 제안하시오.

- 로봇 4대를 이용한다. 2대는 도망가고 나머지 2대는 공격한다. 만약 공격하는 로봇이 도망가는 로봇을 5분 동안 잡지 못하면 체력을 감소한다. 공격하는 팀의 체력이 0이 되면 게임을 종료한다. 만약 도망가는 팀을 잡으면 체력이 올라가며, 다음 단계로 넘어간다. 단계가 올라갈수록 도망가는 로봇의 속도가 빨라지고 공격하는 로봇의 공격도 더 강해진다.
- **격투 게임**: 로봇이 집게 등으로 찌르거나 눌러서 로봇이 넘어지면 지는 게임
- **축구게임**: 공격수, 수비수를 정하고 축구하기
- **색칠 게임**: 2대의 로봇이 정해진 명령에 따라 협력하여 색칠을 하는 게임

▶ 이 문제는 구체적인 명령이 필요한 로봇의 움직임과 센서를 활용한 게임을 생각해보아야 합니다. 문제를 해결하려면 우선 조건을 잘 살펴야 합니다. 문제에서는 로봇이 전방만 볼 수 있고, 사방으로 움직일 수 있으며, 물체를 감지하여 접촉 및 충격을 가할 수 있다고 하였습니다. 또한 2대 이상을 이용하도록 하였습니다. 이와 같은 조건에 맞춰 생각해볼 수 있는 게임은 2대 이상의 로봇이 경쟁하거나 협력하는 게임입니다. 예시답안에서는 이와 같은 조건을 고려하여 흔히 생각할 수 있는 술래잡기 게임이나 격투, 축구게임 등을 제시하였습니다. 또한, 반드시 경쟁 요소만 포함할 필요는 없으며 협력 요소가 포함된 게임을 생각해보는 것도 좋습니다. 주어진 조건으로 다양하고 창의적으로 문제를 해결하려는 노력이 필요합니다.

3) 참가자 답안지 살펴보기

<문제3 작성답안>

3. 전교생이 10개 반, 50명 (각각)

방법: ①|②|③|④

①번에는 학년을 적는다.

②번에는 반을 적는다.

③, ④번에는 번호를 적는다. → 번호가 한자리수이면 앞에 (③번에) "0"을 쓴다.

→ 반이 10반이면 다른 반과 겹치지 않게 "0"을 쓴다.

예시: 6학년 10반 30번 => 6030 (↑ 10반이라는 의미)

예시: 3학년 10반 19번 => 3019

예시: 4학년 2반 48번 => 4248

예시 5학년 10반 2번 => 5002

3. □□□□라고 칸이 있으면 첫 번째 칸에 숫자를 적는데, 연필은 0, 지우개는 1, 가위는 2, 자는 3, 볼펜은 4라고 합니다.
(예: 연필: ⓪□□□, 지우개: ①□□□, 가위: ②□□□, 자: ③□□□, 볼펜: ④□□□)
그리고 두 번째 칸에는 자신의 키번호를 적고, 세 번째와 네 번째에는 출석번호를 적습니다.(출석번호가 한 자리일 때는 앞에 0을 씁니다.
(예: 키번호가 5번이고 출석번호가 41인 사람의 연필: ⓪⑤④①

<문제4 작성답안>

4. 나는 사방으로 움직이지만 전방만을 볼수 있는 로봇, 전방의 물체에 접촉하는 로봇 2대로 쎄쎄쎄 게임을 만들수가 있다. 그 이유는 어느 정도 가까이 있는 두 로봇이 진짜 사람처럼 쎄쎄쎄를 하게 시스템을 주입해서 다른 로봇을 접촉하듯이 서로의 손을 쎄쎄쎄에 알맞게 때리면 2대의 로봇을 쎄쎄쎄 놀이를 하게 만들수 있다. 그리고 이것을 이용해 게임을 만들자면 어느 주인의 로봇이 쎄쎄쎄에서 실수를 먼저 하는지 보고 (주인의 주입 실력 테스트, 결정) 그것으로 기능(코딩) 비교 게임을 할 수가 있다. (여자용) 또 2대로는 한사람이 2대를 가지고 있어서 농구 게임을 할수있다. 가까이 가면 상대 로봇에게 충격을 줄수 있듯이 몸 사용도 하고 공도 뺏어서 빼는 농구를 해서 로봇 축구 대회 같은 세계 로봇 농구 대회, 로봇 농구게임을 만들 수가 있다 (남자용).
※ 추신: 남자용, 여자용의 구분은 성별이 아니라 남자, 여자의 적성에 맞는 게임 표시 입니다.

4. 이 게임은 상대편 깃발을 뺏어 이기는 게임이다. 다. 로봇은 10×10 칸인 게임판 안에서만 작동하고, 게임판 밖은 나갈 수 없다. 게임 판에는 여러 장애물들이 있고 장애물에 부딪치면 체력이 감소된다. 체력은 게임판에 다 나와있다. 로봇은 장애물을 피해 상대편 깃발을 뽑아 내 깃발이 있는 곳으로 오면 이긴다. 그리고 상대편 로봇의 체력이 0이어도 이긴다.

<알고리즘>

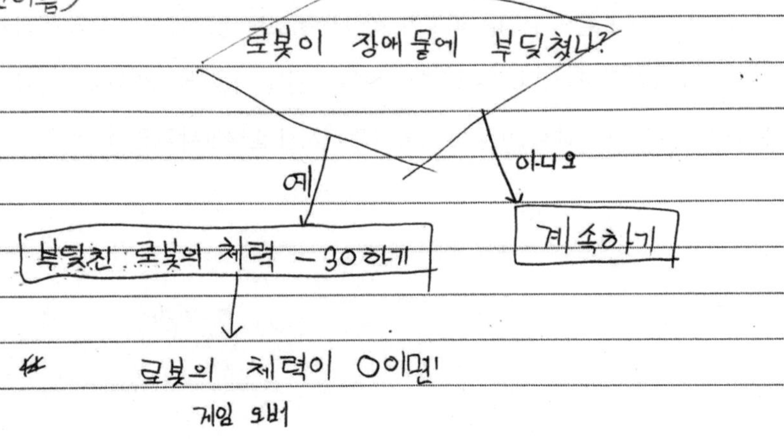

제3회 소프트웨어(SW) 사고력 올림피아드(초5~6)

※ 다음 문제에 모두 답하시오.
※ 답은 <답안지>에 작성하시기 바랍니다.
※ 시험 종료 후 <문제지>와 <답안지> 모두 제출하여 주시기 바랍니다.
※ 본 문제들은 창의적인 생각을 자유롭게 기록하면 됩니다.

1 아래와 같이 제시된 한글 자음, 모음, 숫자를 이용하여 나만의 암호 방법을 만들어 보시오.

<한글>

ㄱ	ㄴ	ㄷ	ㄹ	ㅁ	ㅂ	ㅅ	ㅇ	ㅈ	ㅊ	ㅋ	ㅌ	ㅍ	ㅎ	ㅏ	ㅑ	ㅓ	ㅕ	ㅗ	ㅛ	ㅜ	ㅠ	ㅡ	ㅣ

<숫자>

0~99까지의 숫자

2 다수의 드론이 있으며, 그중 하나의 리더(선도) 드론만 다른 드론에 명령을 내릴 수 있고, 나머지 드론은 오직 리더 드론의 명령을 따르며, 비상상황 또는 명령에 대한 응답 등의 메시지를 리더 드론에만 보고할 수 있다고 가정하자. 이들 드론을 이용하여 공중에서 다양한 모양을 최대한 많이 연출하려고 할 때, 어떠한 명령과 메시지가 필요한지 제안하시오.

3 다수의 드론이 있으며, 그중 하나의 리더(선도) 드론만 다른 드론에 명령을 내릴 수 있고, 나머지 드론은 오직 리더 드론의 명령을 따르며, 비상상황 또는 명령에 대한 응답 등의 메시지를 리더 드론에만 보고할 수 있다고 가정하자. 이들 드론을 이용하여 공중에서 다양한 모양을 최대한 많이 연출하려고 할 때, 어떠한 명령과 메시지가 필요한지 제안하시오.

4 다음은 신문기사의 일부분이다. 기사를 읽고 물음에 답하시오.

유튜브 사용 시간 2년 새 3배 증가…'카톡·네이버' 주춤

국내 유튜브 사용시간이 최근 2년 새 3배 이상 늘었다는 조사 결과가 나왔다.
앱 사용 분석 기관인 와이즈앱은 7일 유튜브·카카오톡·네이버·페이스북 등 한국 내 사용시간이 긴 모바일 앱 4종의 최근 2년 소비 시간 추이를 발표했다.
국내 유튜브 사용시간은 2016년 3월 총 79억분으로 당시 카카오톡(189억분)이나 네이버(109억분)보다 적었다. 그러나 올해 2월 257억분으로 치솟으면서 1위를 차지했다. 2년 만에 월 사용시간이 3배 이상 증가한 것이다.
반면, 카카오톡과 네이버의 올해 2월 총 사용시간은 각각 179억분과 126억분으로 2년 전과 비교해 큰 변화가 없었다. 또한, 페이스북 사용시간은 42억분으로 2년 전 49억분에서 소폭 감소했다. 이번 조사는 국내 안드로이드폰 사용자들을 표본 조사해 통계 추정한 것이다. 아이폰 사용자 실적은 반영되지 않았다.

출처: 전자신문 2018.03.07.

4-1. 유튜브 사용시간이 급격히 증가한 까닭은 무엇일까?

4-2. 앞으로 10년 후 앱 사용시간에 대한 통계를 다시 조사한다고 가정할 때, 사람들이 가장 많이 사용할 것이라고 생각하는 앱을 1위부터 3위까지 쓰고, 그렇게 생각한 이유를 설명하시오.

소프트웨어(SW) 사고력 올림피아드 답안지

수험번호	학교명	학년	성명

1) 문제 분석

문제	출제 의도	평가 준거
1	정보를 잘 활용하는 것도 중요하지만, 지정된 정보를 보호하는 것은 더욱 중요합니다. 암호화는 이와 관련된 문제로 생각할 수 있습니다. 암호화와 복호화(해석) 방법에 대한 기존의 지식과 주어진 정보를 이용해 자신만의 암호화 방법을 제시할 수 있어야 합니다.	정보 이해 사고력 지식 기반 사고력 창의적 문제 해결력 표현력
2	2018 평창동계올림픽에서 선보인 드론 쇼와 관련한 문제입니다. 인텔 드론 그룹에서 주도한 드론 쇼는 컴퓨터 한 대와 조종사 한 명으로 진행하였는데 이를 통해 리더 드론과 나머지 드론들에 대한 명령이나 메시지 체계가 어떻게 구성되어 있을지 생각해보고 이를 단순화하여 답안으로 작성할 수 있어야 합니다.	지식 기반 사고력 창의적 문제 해결력 정보 이해 사고력 통합 맥락적 사고력
3	진법 체계에 대한 문제입니다. 주어진 자료로 10개의 손가락이 있는 사람들은 10진법을 사용한다는 단서를 참고하여 14개의 손가락이 있는 섬나라 사람들의 수 체계에 대해 생각해보고, 그것이 생활에 미치는 영향을 기술하면 됩니다.	정보 이해 사고력 지식 기반 사고력 창의적 문제 해결력 표현력
4-1	신문기사의 자료를 활용하여 현재 사회의 모습을 제시하고, 이러한 사회 경향의 원인을 소프트웨어와 관련하여 생각해보도록 하는 문제입니다. 동영상이라는 매체를 중심으로 하는 유튜브가 다른 앱(페이스북, 카카오톡, 네이버 등)에 비해 어떤 장점이 있는지 생각하여 답안을 작성할 수 있습니다.	정보 이해 사고력 지식 기반 사고력
4-2	현재를 기반으로 미래의 모습을 예측하는 문제입니다. 현재의 상황을 바탕으로 달라질 미래의 모습을 예측해보고 이를 논리적으로 설명하면 됩니다. 또한 제시된 자료 이외의 내용을 창의적으로 생각하여 추가 답안을 작성할 수도 있습니다.	통합 맥락적 사고력 창의적 문제 해결력

2) 예시답안

1. 한글 자음, 모음, 숫자를 이용하여 나만의 암호 방법을 만들어 보시오.

<방법 1> 첫 번째 방법은 암호화 키와 복호화(해석) 키를 대응시키는 방법이다.

한글 자음과 모음을 합하면 총 24(자음 14, 모음 10)자이다. 숫자는 0부터 99까지 활용할 수 있으므로 총 100개의 숫자가 있다. 이를 이용해서 암호를 만들 수 있는데 첫 번째 방법은 한글 자음과 숫자를 1 대 1로 대응하는 방법이다. 이를 표로 나타내면 다음과 같다.

한글	ㄱ	ㄴ	ㄷ	ㄹ	ㅁ	ㅂ	ㅅ	ㅇ	ㅈ	ㅊ	ㅋ	ㅌ	ㅍ	ㅎ	ㅏ	ㅑ	ㅓ	ㅕ	ㅗ	ㅛ	ㅜ	ㅠ	ㅡ	ㅣ	.
숫자	1	2	3	4	5	6	7	8	9	10	11	12	13	14	15	16	17	18	19	20	21	22	23	24	.

간단히 설명하면 'ㄱ'부터 'ㅣ'까지 숫자에 대응시키는 것이다. 이때 겹치는 숫자는 구분을 위해 '.'을 추가한다.

예를 들어 방법1로 '7.19.13.23.12.23.8.21.17.24.7.15.1.19.4.18.1'이라는 암호를 만들었다면 위의 표에 대조하면서 암호를 해독하면 '소프트웨어 사고력'이 된다.

<방법2> 다음 방법은 암호화하는 키와 해석(복호화)하는 키를 달리하는 방법이다.

방법1과 마찬가지로 만드는 사람은 암호화된 표로 메시지를 전달할 수 있다. 전달하는 과정에서 프로그래밍으로 해석 키에 맞춰 암호가 자동 변환되도록 한다. 암호를 전달받은 사람은 자신이 가진 복호화 키에 맞춰 암호를 해석할 수 있다. 방법2의 과정은 다음과 같다.

초기 암호화: 7.19.13.23.12.23.8.21.17.24.7.15.1.19.4.18.1(소프트웨어 사고력)

↓

프로그램 내 (받는 사람의 해석 키) 재암호화

한글	ㄱ	ㄴ	ㄷ	ㄹ	ㅁ	ㅂ	ㅅ	ㅇ	ㅈ	ㅊ	ㅋ	ㅌ	ㅍ	ㅎ	ㅏ	ㅑ	ㅓ	ㅕ	ㅗ	ㅛ	ㅜ	ㅠ	ㅡ	ㅣ	.
숫자	23	22	21	20	19	18	17	16	15	14	13	12	11	10	9	8	7	6	5	4	3	2	1	0	.

↓

재암호화된 결과: 17.5.11.1.12.1.16.3.7.0.16.7.17.9.23.5.20.6.23

↓

해석(복호화) 키를 이용해 해석 '소프트웨어 사고력'

이때 해석 키는 사람마다 다르게 가지게 하여 보안을 더욱 강화할 수 있다.

▶ 암호화에 대한 문제입니다. 주어진 조건(한글과 숫자)을 이용하여 암호화 방법에 대해서 규칙성이 있는 자신만의 암호를 만들면 됩니다. 예시답안은 컴퓨터 과학에서 제시하는 암호화 방법으로 대칭형 암호화 비대칭형 암호 개념을 적용하여 작성하였습니다. 방법1의 경우 많

은 학생이 실제 답안으로 작성한 방법입니다. 한 가지만 제시하기보다 두 가지 이상 제시해서 유창성을 나타낼 수 있습니다.

2. **드론을 이용하여 공중에서 다양한 모양을 최대한 많이 연출하려고 할 때, 어떠한 명령과 메시지가 필요한지 제안하시오.**

리더 드론과 나머지 드론 간의 통신으로 다양한 모양을 연출할 수 있다. 이를 위해서는 리더 드론과 나머지 드론들이 서로 보낼 수 있는 명령이나 메시지가 필요하다.

<리더 드론에 필요한 명령>

① 리더 드론은 자신이 기준 좌표(0,0,0)가 되거나 특정 드론을 기준 좌표로 설정하고, 이에 따라 나머지 드론들에 각각의 좌표를 전송할 수 있어야 한다.

② 만약 다른 드론으로부터 명령 수행 불가 메시지가 수신되면 그 드론의 위치를 수정하거나, 전체 드론을 명령을 수행할 수 있는 넓은 공간으로 이동하게 하는 명령이 필요하다.

③ 고장 난 드론이 발생하면 이를 강제 종료시킬 수 있는 강제 종료 명령이 필요하다.

④ 나머지 드론으로부터 일정량 이상의 작동 불가 메시지를 받으면 리더 드론을 제어할 수 있는 사용자에게 오류 메시지를 보낼 수 있어야 한다.

<나머지 드론에 필요한 기능>

① 리더 드론으로부터 부여받은 좌표로 이동한 후 리더 드론에 위치 이동 성공이라는 메시지를 보낼 수 있어야 한다.

② 반대로 부여받는 좌표로 이동이 불가한 경우 '이동 불가'와 같은 메시지를 보낼 수 있어야 한다.

③ 드론의 시스템 상황을 실시간으로 리더 드론에 보고할 수 있어야 한다. 예를 들어 고장으로 인한 작동 불가 시 '작동 불가' 등의 메시지를 보낼 수 있다.

④ 다양한 상황에 대해 확인 요청 메시지를 보낼 수 있어야 한다. 일정한 대수 이상의 드론으로부터 확인 요청 메시지를 받은 리더 드론은 전체 제어를 변경할 수 있다.

이와 같은 명령과 메시지가 가능하면 각 모양에 대한 좌표는 사전 프로그래밍으로 얼마든지 다양한 모양을 연출할 수 있을 것이다.

▶ 2018 동계평창올림픽에서 선보인 환상적인 드론 쇼와 관련해서 생각해 볼 수 있는 문제입니다. 주어진 정보 요소는 리더 드론과 나머지 드론이라는 대상이고, 각 드론의 역할에 따라 보낼 수 있는 명령이나 메시지가 달라지게 됩니다. 예시답안에서는 리더 드론을 중심으로 필요한 명령을 생각해 기술하였고, 나머지 드론의 경우에는 리더 드론의 명령에 따른 수행 가능/불가능, 시스템 상태 등에 대한 메시지를 전달을 생각하여 기술하였습니다. 이 문제의 경우 자신이 프로그래머라면 어떻게 드론을 프로그래밍할 것인지 생각하여 답안을 작성하면 좋습니다.

3. **어느 섬나라의 깊은 밀림에서 살고 있는 어떤 부족**(실제로는 확인되지 않은 상상의 부족임)**은 한 손에 일곱 개의 손가락을 갖고 있고 두 손을 합하면 모두 14개의 손가락을 갖고 있다고 한다. 이 부족이 외부의 세계와 교류하지 않고, 자기들끼리 셈을 하고, 돈을 사용하는데 편리하도록 스스로 생활해왔다면, 어떠한 모습을 예상할 수 있는지 설명하시오.**

문제에서 제시하는 것처럼 사람은 손가락이 10개여서 10진수를 기본으로 사용하는 것일지 모른다. 그러므로 섬나라 사람들의 손가락이 14개라면 아마도 14진수나 그 절반인 7진수를 사용할 가능성이 크다. 여기에서는 복잡한 14진수 대신에 7진수를 사용한다고 가정하고 섬나라 사람들의 생활 모습을 예상해 본다.
우선 10진수를 사용하는 우리가 0, 1, 2, 3, 4, 5, 6, 7, 8, 9 숫자를 사용하는 것처럼 섬나라 사람들은 0, 1, 2, 3, 4, 5, 6의 숫자만 사용하고 있을 것이다. 다시 말하면 7이라는 숫자는 사용하지 않는 것이다. 이 나라에서는 6 다음의 수는 7이 아닌 10이다. 왜냐하면 이 나라에서 사용하는 숫자는 0, 1, 2, 3, 4, 5, 6이기 때문이다.
이런 7진법 사용에 따른 영향은 생활 곳곳에 나타나게 된다. 먼저 화폐의 경우를 생각해보면 10진법을 사용하는 경우 1원, 10원, 100원, 1000원 등 기준단위가 10으로 사용되지만 7진법을 사용하는 경우에는 10은 7원을 의미하고, 100원은 70원을 의미하므로 화폐의 기본 단위도 7원, 70원, 700원, 7000원 등이 될 것이다. 또한 보통 한 묶음을 표시할 때도 10개가 아닌 7개가 기본으로 사용될 것이다. 그리고 나이도 6살 다음이 10살이 되는 재미있는 경우가 생길 것이다. 이처럼 우리 생활 속에서 10이라는 기준단위가 이 섬나라에서는 대부분 7(이 나라에서는 10)로 바뀌어 사용될 것이다.

▶ 이 문제는 진법 체계에 대한 수학적 이해 정도를 묻고 있습니다. 단순히 손가락이 7개인 나라 사람들에 관한 내용만 제시되었다면 다른 여러 방향으로 생각해 볼 수 있겠지만 추가로 현재 10진법을 사용하는 것이 손가락 개수와 관련이 있다고 제시하므로 손가락 개수에 따른 진법의 적용을 잘 이해하고 있는지 묻는 것으로 판단하여 답안을 작성하여야 합니다. 손가락이 14개이므로 14진법을 생각할 수 있지만 복잡하니까 예시답안에서는 그 절반인 7진법을 사용하는 것을 예시로 하여 답안을 작성하였습니다. 참고로 컴퓨터는 2진법을 사용합니다. 0과 1만 이용하여 정보를 표시한다는 뜻입니다.

4-1. 유튜브 사용시간이 급격히 증가한 까닭은 무엇일까?

유튜브는 SVS(Social Video Service)의 한 종류로 여러 가지 정보를 동영상으로 공유하는 서비스이다. 최근 들어 유튜브 사용시간이 급격히 증가한 데는 여러 가지 이유가 있지만, 그중에서도 '검색, 풍부한 데이터, 크리에이터'라는 세 가지가 유튜브 사용시간 증가에 영향을 끼쳤다고 생각한다.

첫째는 검색의 편리성이다. 과거 검색의 대명사라고 하면 네이버의 지식in 서비스나 구글링을 통한 검색이 먼저 떠올랐다. 하지만 지금은 검색도 네이버보다 유튜브를 더 많이 활용하게 되었다. 왜냐하면 정보에 대한 기록방식이 기존의 텍스트에서 동영상으로 이동하기 시작했기 때문이다. 유튜브에서 '~하는 법'이라고 검색하면 딱딱한 텍스트가 아닌 영상으로 더 자세하게 설명한다. 특히 궁금한 것이 많은 10대의 특성과 텍스트보다 동영상에 익숙하다는 특성이 함께 어우러져 유튜브가 네이버를 앞선 검색의 대명사가 된 것이다.

둘째는 풍부한 데이터양이다. 스마트폰을 이용해서 고화질의 사진이나 동영상 기록이 가능해져서 정보의 기록이 동영상이라는 포맷으로 이동하면서 더욱 많은 양의 데이터가 동영상 포맷으로 누적되기 시작했다. 이러한 정보는 쉽게 공유되고 재생산되면서 더욱 풍부한 데이터베이스를 갖추게 되었다. 이러한 풍부한 데이터베이스는 더 많은 사람이 유튜브를 신뢰하고 이용하게 하는 원인이 되었다.

셋째는 크리에이터(브이로거)들의 활약이다. 과거와 달리 방송이 공중파 방송에만 머물러 있지 않다. 공중파보다는 인터넷 방송이 더욱 많은 관심을 받고 화제가 되기도 한다. 이는 다양한 크리에이터들이 등장했기 때문이다. 커다란 방송사가 아닌 소규모 또는 개인 콘텐츠를 만들어 공유할 수 있는 플랫폼을 유튜브로 구현할 수 있어서 많은 크리에이터들이 양산되었다. 이러한 다양성이 존재하는 유튜브에 사람들의 관심이 높아질 수밖에 없고 이는 공중파 광고에만 의존하던 광고주들을 유튜브 등으로 이동하게 한다. 곧 '좋은 방송=수익 창출'이라는 공식이 성립하면서 더욱 이용자가 많아질 수밖에 없는 것이다.

▶ 이 문제에서는 신문기사를 제시하고, 신문기사에 나타난 현상의 원인을 생각해보도록 하고 있습니다. 신문기사의 주요 내용은 유튜브 이용시간의 증가이고 이 원인을 자기가 아는 지식과 생각을 기반으로 까닭을 제시하면 됩니다. 예시답안의 경우 마치 논술문처럼 작성되었는데, 실제 답안을 작성할 때는 간단하게 더 많은 이유(5~6가지)를 들어 설명하는 것도 좋은 방법입니다. 물론 이유를 뒷받침하는 근거를 함께 제시하는 것도 필요합니다.

4-2. 앞으로 10년 후 앱 사용시간에 대한 통계를 다시 조사한다고 가정할 때, 사람들이 가장 많이 사용할 것으로 생각하는 앱을 1위부터 3위까지 쓰고, 그렇게 생각하는 이유를 설명하시오.

위 질문에 답하기 위해서는 먼저 현재 상위에 들어 있는 유튜브, 카카오톡, 네이버, 페이스북의 특징과 장단점을 생각해볼 필요가 있다.

구분	1위 유튜브	2위 페이스북	3위 카카오톡	4위 네이버
특징	영상을 통한 소통 및 수익 창출	문자와 이미지, 영상 등으로 소통	즉각적인 소통	다양한 정보 제공
장점	정보이용, 호기심 유발, 대리 만족	더 발달된 소통방식(영상+문자)	손쉽고 빠르게 소통. 데이터양 적음	빅데이터 정보
단점	유해정보 차단 어려움. 데이터양 많음	카카오톡에 비해 빠르지 않음	발달된 교류 및 공유 불가	재생산 속도 느림 너무 많은 정보와 서비스

위의 표를 정리해보면 순위는 1위 유튜브, 2위는 페이스북, 3위는 카카오톡이 될 것으로 예상한다. 그 이유는 유튜브의 경우 4-1에서 설명한 것과 같이 정보 기록의 방법이 동영상으로 많은 부분 이동하였기 때문에 앞으로 더욱 많은 데이터가 누적될 것이며 수익 창출까지 가능해

서 더욱 많은 사람이 많은 시간을 사용하게 될 것이다. 다음으로 유튜브와 카카오톡의 중간 형태인 페이스북의 경우는 그 활용도 면에서 현재와 비슷한 추세를 보일 것으로 생각된다. 하지만 유튜브와 달리 빠른 재생산에 의한 콘텐츠 확장에 어려움이 있다고 생각된다. 다음으로 카카오톡의 경우에는 많은 사람이 사용하지만, 그 사용시간 면에서는 즉각적인 메시지라는 한계를 뛰어넘기 힘들 것 같아 3위로 생각하였다. 네이버의 경우는 다양한 정보를 제공하는 포털로서 역할이 개개의 특화된 서비스를 제공하는 앱을 따라오는 게 쉽지 않을 것 같아서 순위에서 배제하였다.

하지만 현재 존재하지 않는 앱이 1~3위를 차지할 가능성도 배제할 수는 없다. 유튜브의 사용자가 급속히 늘어난 데에는 사람들의 기호에 따른 것도 있지만 지속적인 기술 개발에 따른 것이라는 점을 잊어서는 안 된다.

▶ 4-1의 확장된 문제로 생각할 수 있습니다. 4-1에서 유튜브의 사용시간 증가 원인을 생각해보았다면 4-2에서는 앞으로 변화될 모습을 현재를 기반으로 예측해보도록 하는 것입니다. 학생들의 통합 맥락적이고 창의적 문제 해결 사고로 답안을 작성할 수 있습니다. 답안을 작성하는 방식은 크게 두 가지로 생각해볼 수 있습니다. 첫째는 기본 자료를 비교, 분석하여 이를 통해 순위를 다시 매기는 방법이고, 둘째는 새로운 시각에서 접근하여 새로운 앱을 제시하여 순위를 매기는 방법입니다. 예시답안의 경우에는 첫 번째 방식으로 앞서 제시된 4가지 앱을 비교하여 미래 순위를 예측하였습니다. 하지만 학생들의 창의적인 사고를 통해 기존의 앱이 아닌 전혀 새로운 앱에 대한 아이디어를 제시하는 것도 좋은 방법입니다.

3) 참가자 답안지 살펴보기

<문제1 작성답안>

문제 1.

(방법 1)

한글 자음, 모음을 합하면 총 28개의 글자가 된다. 숫자들은 0부터 99까지 활용할 수 있으므로 총 100가지의 숫자가 된다. 28×3 = 84이므로, 무 1은 ㄱ을, 2는 ㄴ을, 3은 ㄷ을, 4는 ㄹ을, 5는 ㅁ을 의미하는 식의 암호를 만들 수 있다. 한 가지 단점은, ㄱ을 1과 29와 58을 의미하는 등의 중복이 생길 수 있다는 것이다. ✓

<방법 1을 활용하여 내가 만든 암호>: 7 17 8 21 4 29 20 38 26 58 3 15 28 = 서울교육대

(ㅅ ㅓ ㅇ ㅜ ㄹ ㄱ ㅛ ㅇ ㅠ ㄱ ㄷ ㅏ ㅣ)

(방법 2)

이 방법은 컴퓨터의 암호라고도 할 수 있겠다. 0부터 5까지 만의 숫자를 이용하니 암호를 나타낼 수 있다. 0~5까지에 서로 각자 다른 모음 6가지를 매긴다.
0=ㅏ, 1=ㅓ, 2=ㅗ, 3=ㅜ, 4=ㅡ, 5=ㅣ. 이렇게 매기고 난 다음, 자음과 숫자를 합성하여 암호를 만든다. 00은 ㅑ, 11은 ㅕ, 22는 ㅛ, 33은 ㅠ, 45=ㅢ, 05=ㅐ, 15=ㅔ. 이처럼 6가지의 숫자를 활용해 모든 모음을 만들 수 있다.

<방법 2를 활용하여 내가 만든 암호>: ㅅ2 ㅍ4 ㅌ4 ㅇ(처음 0임.) 315 01 = 소프트웨어

(소 프 트 웨 어)

(1번) 암호를 만들기 위해서는 암호화 키와 복호화 키가 필요하다.
각 문자에 해당하는 값을 지정해 암호를 만들고 그에 따라 복화화를 하는 방식이 있고(1), 암호화 키와 복호화 키를 다르게 하는 방법(2)이 있다. 이중 나는 1을 선택하겠다. 모든 문자에 값을 다 일일이 적는 것은 비효율적인 방법으로, 규칙을 이용하겠다.

*암호를 부여하는 순서	*암호 부여 규칙 (
영어 → 숫자 → 한글	• 영어는 한글로 암호화한다. A, B, C… 순서대로
(특수기호 제외)	ㄱ, ㄴ, ㄷ … ㅏ, ㅑ, ㅓ … 를 부여하고, 영어가 더
*암호 활용	많을 경우 가, 나, 다… 로 부여한다.
고리 123	• 숫자는 이웃하는 두 숫자의 위치를 바꾼다.
↳ ASDX 213	1234 → 2143 (숫자가 홀수면 남긴다.) 123 → 213
꼬리 1234	• 한글은 영어로 암호화한다.
↳ AB S D X 2143	ㄱ, ㄴ, ㄷ… ㅏ, ㅑ, ㅓ … 순서대로 A, B, C…를 부여한다.
	쌍ㄱ, ㄷ, … 은 AB, CD, … 와 같은 순서로 부여한다.

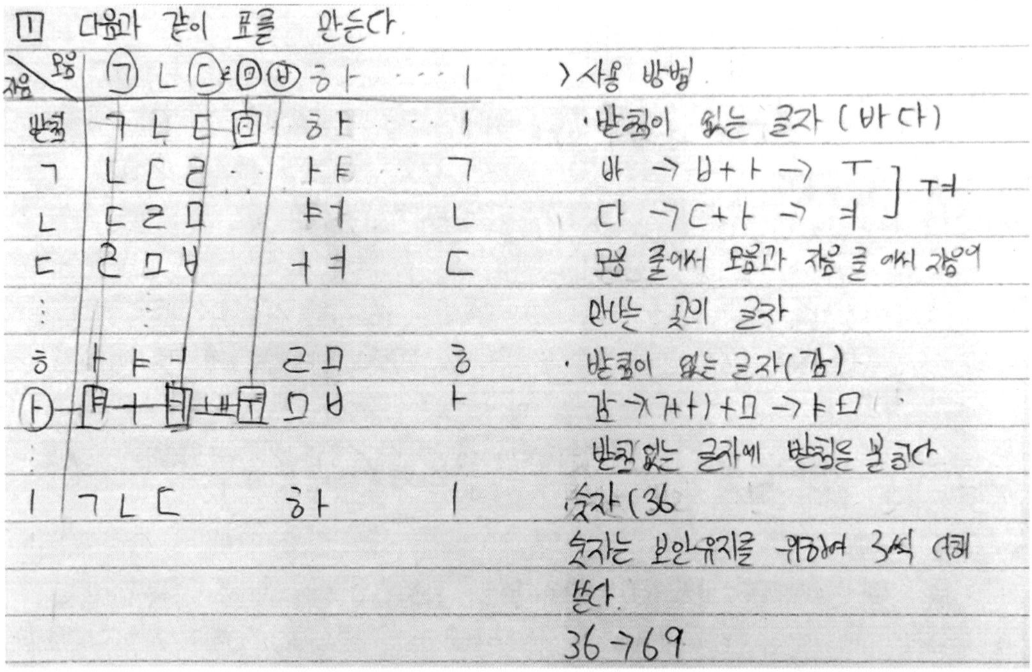

1 다음과 같이 표를 만든다.

자음＼모음	ㄱ ㄴ ㄷ ㄹ ㅁ ㅂ	ㅎ ㅏ ···	ㅣ
받침	ㄱ ㄴ ㄷ ㅁ	ㅎ ㅏ ···	ㅣ
ㄱ	ㄴ ㄷ ㄹ ··	ㅏ ㅑ ··	ㄱ
ㄴ	ㄷ ㄹ ㅁ	ㅕ ㅓ	ㄴ
ㄷ	ㄹ ㅁ ㅂ	ㅓ ㅕ	ㄷ
⋮	⋮		
ㅎ	ㅏ ㅑ ㅓ	ㄹ ㅁ	ㅎ
ㅏ	ㅒ ㅓ ㅕ ㅛ ㅠ	ㅁ ㅂ	ㅏ
⋮			
ㅣ	ㄱ ㄴ ㄷ	하	ㅣ

> 사용 방법

· 받침이 없는 글자 (바 다)

바 → ㅂ+ㅏ → ㅜ

다 → ㄷ+ㅏ → ㅕ] ㅜㅕ

모음 줄에서 모음과 자음 줄에서 자음이 만나는 곳의 글자

· 받침이 있는 글자(감)

감 → (가+ㅏ)+ㅁ → ㅑㅁ

받침 없는 글자에 받침을 붙인다

숫자(36

숫자는 보안유지를 위하여 3씩 더해 쓴다.

36 → 69

<문제2 작성답안>

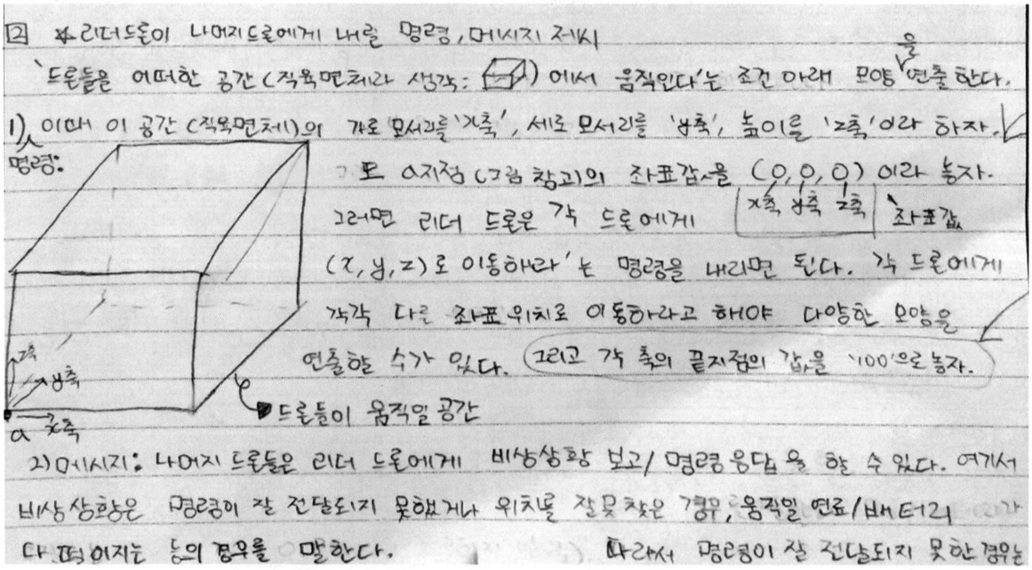

2 ※리더드론이 나머지드론에게 내릴 명령, 메시지 제시

'드론들은 어떠한 공간(직육면체라 생각: □)에서 움직인다'는 조건 아래 모양을 연출한다.

1) 이때 이 공간(직육면체)의 가로 모서리를 'x축', 세로 모서리를 'y축', 높이를 'z축'이라 하자.

명령: 또 a지점(그림 참고)의 좌표값을 (0, 0, 0)이라 놓자. 그러면 리더 드론은 각 드론에게 '(x, y, z)로 이동하라'는 명령을 내리면 된다. (x축 y축 z축 좌표값) 각 드론에게 각각 다른 좌표위치로 이동하라고 해야 다양한 모양을 연출할 수가 있다. 그리고 각 축의 끝지점의 값을 '100'으로 놓자.

2) 메시지: 나머지 드론들은 리더 드론에게 비상상황 보고/명령응답을 할 수 있다. 여기서 비상상황은 명령이 잘 전달되지 못했거나 위치를 잘못 찾은 경우, 움직일 연료/배터리가 다 떨어지는 등의 경우를 말한다. 따라서 명령이 잘 전달되지 못한 경우는

'명령 에러'라는 메시지를, 위치를 제대로 찾지 못한 경우는 '위치 에러'라는 메시지를 리더 드론에게 전달한다.

↳ 리더 드론이 비상상황 보고를 받았을 경우

두번째로 '위치 에러'를 받으면 리더 드론이 직접 문제 드론에게 가 위치를 잡아주면 나머지 드론에게 혼란이 올 수도 있으므로,

먼저 '명령 에러'메세지를 받으면 명령을 다시 보낸다. 이때 한 드론에게만 보낼 수 있다면 명령을 받지 못한 드론(문제드론)에게만 명령을 다시 보내고, 한 드론에게만 보낼 수 없다면 (명령을 받지 못한 드론(문제드론)에게 갈 명령이 다른 드론들에게도 똑같이 가서) 나머지 드론에게 혼란이 올 수 있으므로 전체에게 처음 보낸 명령을 다시 보낸다.

리더 드론이 문제 드론 인근의 드론에게 위치를 조정해달라는 내용의 명령을 보내면 그 드론들이 문제 드론의 위치를 조정해 준다. 마지막으로 연료가 떨어진 경우는 리더 드론이 해결할 수 없으므로 문제 드론은 리더 드론에게 보고만 하고 지상에 내려와 앉아 쉬고, 충전한다.

(2번) 드론을 모양을 나타내기 위해 자리시키는 것은 매우 어렵다 그래서 리더 드론을 빠르게 위치 좌표를 보내야 하고 다른 드론은 오류가 없는지 확인을 해 메시지를 보내야한다

리더드론에게 필요한 명령 | ① 각 드론들에게 ~~x, y, z~~ 좌표를 보내어 자리에 위치하도록 만들어야 한다

② 만일 다른 드론이 장애물이 있어 갈 수 있다 등의 오류를 보내왔을때는 그 드론을 다른 곳에 위치시키거나 전체 드론이 함께 넓은 공간으로 이동하도록, 전체 이동 명령이 필요하다

③ 한 드론이 고장이 나서 다른 드론과 부딪히고 있다면 오류 드론을 강제 중지시킬 '강제 종료' 명령이 필요하다

④ 비가 오거나 강한 바람이 불 때에는 모든 작업을 중지하고 기지로 돌아와야 한다 따라서 그 시간의 기상 상태를 확인하고 동작을 취할지, 복귀할 지 정하는 명령이 필요하다

나머지 드론에게 필요한 메시지 | ① 자신이 입력받은 좌표에 장애물 등이 있어 가지 못할 때에는 '위치 불가'와 같은 메시지를 보내야한다

② 만일 시스템 오류로 인해 드론이 제어가 불가할 시 드론은 '제어불가'와 같은 메세지를 보내야한다

③ 기상 악화로 인해 작업이 어려울시 '기상 악화, 확인 바람'과 같은 메세지를 보내 명령을 기다려야 한다

<문제3 작성답안>

[3] 이 부족들은 아마도 1~17까지의 숫자만 사용할것이다. 그래서 개수를 셀때 1, 2, 3, 4, 5, 6, 7, 11, 12, 13, 14, 15, 16, 17, 21 순으로 셀것이다. 그래서 덧셈을 하면 2+7=9가 아닌 2 이후에 7번째 수인 12가 된다. 돈은 1원과 7원이 있을것이다. 1원은 우리나라 돈으로 100원을, 7원은 우리나라 돈으로 1000원을 나타낸다. 거리로 나가 보면 도로는 7개 있을것이다. 그리고 상품들의 개수는 각각 7개, 14개, 21개 씩 … 70개씩 판매 할것이다. 왜냐하면 우리에게 10=7, 20=14 … 이기 때문에 우리의 10개씩 낱개포장이 그들에게는 13개이기 때문에 불편할것이다. 그래서 아마도 그 부족들은 상품의 낱개포장 개수가 7개씩 일것이다. 그리고 날짜를 정하는데도 어려움이 있을 것이다. 그 부족은 해가 떠있을때와 달이 떠있을 때를 각각 7개로 나눈다. 그리고 그들에게 하루는 17시간 일것이고 1시간의 단위도 우리와 다를 것이다. 1시간은 77분, 1분은 77초 일것이다. 나이를 정할때는 조금 다르다. 처음 태어나면 1살, 2살, 3살 순으로 가다가 11세에 초등 학교에 입학한다. 그리고 초등학교는 모두 7년 다니고, 중학교 2년, 고등학교 3년, 대학교 2년으로 총 17년 학교에 다닌다.

[3] ☆ 양손에 각각 7개의 손가락이 있는 부족이 살아가는 모습 예상!

가) 사람은 보통 한 손에 5개의 손가락을 가지고 있기 때문에 숫자를 표현 시 10개를 기본 단위로 사용한 것이 오늘날 10진수의 기원이라고 한다. 그러므로 이 부족은 한 손에 손가락 7개, 총 14개를 가지고 있으므로 14진수를 쓸 것이라고 예상된다.

<14진수의 방식>

· · · · $\overline{14^4}$ $\overline{14^3}$ $\overline{14^2}$ $\overline{14}$ $\overline{1}$ (14⁴의 자리, 14³의 자리, 14²의 자리, 14의 자리, 1의 자리) 식으로 되고, 각 자리수는 0/1/2/3/4/5/6/7/8/9/10/11/12/13으로만 표현한다. 그리고, 이 14진수를 10진수로 고치기 위해서는 (□의 자리의 자릿수가 △일 때) □×△를 한다. 즉, 14진수로 62라는 수가 있을 시, 그 수를 10진수로 바꾸면 2×1+6×14=2+84=86 이 되는 것이다.

이 부족은 이러한 14진수를 사용해 돈을 사용하고, 셈을 했을 것이다.

문제 3.

우리는 (모든 수학 계산은 아니지만.) 수학 계산이나 돈 계산을 할 때 주로
10진법을 쓴다. 특히 돈 계산에서는 우리나라 화폐의 기본이 되는
100원, 1000원, 10000원 등은 10의 거듭제곱으로 나타내며 심지어 500원,
5000원, 50000원도 $500=10^2 \times 5$ 등으로 10과 5만을 사용해 나타낼
수 있다. 문제 상황에 나와 있듯이 우리가 10을 활용하는 이유는 손 양쪽
의 손가락 개수의 합이 10개가 되어, (예전에는 손가락으로 계산을 했으므로) 서
라고 할 수 있다. 그러나 문제 상황에 나와 있는 부족은 양 손 손가락이 7개,
7개씩 총 합이 14개 이므로 14진수를 활용할 것이다. 곧, 10원은 14원이
라는 가치가 될 것이고, 우리의 100원 = 10^2는 $14^2=196$원이 될 것이다. 우리의
1000원 = 10^3은 14^3, 10000원 = 10^4는 14^4가 될 것이다. 또한 우리의 500원은 $14^2 \times 7$ (7을 곱해주는
이유는 $10 \div 2 = 5$이니깐 500원을 만들 때 5를 곱해주었으니깐 여기에서도 $14 \div 2 = 7$
을 곱해주어야 하기 때문에) 이 될 것이다. 곧, 우리의 500원은 우리 화폐로 따지
면 1372원이 된다. 또한 수학에서 만일 $\frac{320}{140}$을 약분할 때도, 우리는 0을
지우지만, (문제 3)의 부족은 12로 나누어 떨어지는 숫자를 그 약분하는 숫자
에다가 바꿀 것이다. 단위의 면적 개념도 바뀔 것이다. 우리는 현재 $100m^2=1a$,
$100a=1ha$, $100ha=1km^2$인데, 이 부족은 $196m^2$ = ($196m^2$인 이유는 $100m^2$도 $10m \times 10m^2$
이니깐 $14m \times 14m^2$를 했기 때문) $1a$, $196a=1ha$, $196ha=1km^2$로 바뀔 것이다.
(추신: 내가 아는 바에 의하면), 보통 우리나라 초등학생들 시험지는 각 문제당
5점을 배당하는데, 이 부족은 각 문제당 7점 ($10 \div 2=5$, $14 \div 2=7$이므로)을 배
정하고, 만점은 196점이 될 것이다. (우리는 $10 \times 10=100$점 만점이고, 이 부족은 14×14
$=196$점 만점이 될 수 있어서.)

<문제4 작성답안>

4번

4-1 :

최근 소셜네트워크라는 개념이 도입되며 오프라인이 아닌 온라인에 사람들을 만나는 경우가 훨씬 많아지고 있다 하지만 소셜네트워크라는 개념만으로는 카카오톡과 페이스북도 포함되기 때문에 이것만으로는 유튜브가 인기를 끄는 이유를 설명하기 어렵다 그렇다면 인기의 이유는 무엇일까?

① 이제 사람들은 메시지와 짧은 영상만으로는 질렸다

먼저 카카오톡과 페이스북의 공통점을 말하자면 모두 간단한 메시지와 짧은 영상만으로 소통을 한다는 것이다 하지만 이런 기능은 유튜브의 영상댓글로 보완했다 유튜브의 특별한 점은 바로 자신의 아이디어를 직접 다수의 사람들, 그것도 안면도 없는 사람들에게 까지 공개하며 많은 호응을 얻는다는 것이다

② 영상을 만든 사람들은 수익 창출이 가능하다

내가 내 아이디어를 다른 사람과 공유하여 즐거움을 느끼는데 돈까지 벌 수 있다면 그것은 아마 최고라고 생각 될 것이다 요즘 아이들의 꿈 중 유튜버가 많은 것이 이 이유이다

③ 다양한 정보를 빠르고, 정확하고, 효율적으로 얻을 수 있다

유튜브는 네이버에 못지 않게 어마어마한 양의 데이터들을 가지고 있다 단순한 텍스트 정보보다는 더 쉽게 보고, 들으며 얻을 수 있는 영상정보가 인기를 끄니 유튜브가 사람들에게 인기를 끄는 것은 당연하다

④ 시너지 효과가 난다

이미 수많은 사람들이 유튜브를 사용하고 있게 되며 유튜브를 통해 소통하고, 경험하고, 유행이 전파된다 이것때문에 유튜브를 하지 않거나 모르면 내가 소외된다는 사람들이 생겨 이용시간이 더 커진다

5) 빅데이터의 중요성

아무리 겉이 번지르르해도 알맹이, 즉 데이터가 없다면 그것은 얼마안가 인기를 끌지 못할것이다 유튜브에는 나에게 이익이되는 정보가 무수히 많으며, 이 사실을 알고있는 이용자가 많다 데이터가 많으면 더 많은 이용자들이 오고, 이용자들이 더 많은 정보를 만드는 좋은 순환이 이루어지고 있는 것이다

⑥ 대리만족

유튜브 영상에서는 내가 하기 어렵거나 할 수 없는 것들을 해서 이용자를 끌어드리는 술책이 숨겨져있다 영상을 보며 얻는 호기심과 대리만족, 신기함이 이용자를 끌어드리는 것이다

4-2 :

이것을 알기 위해 가장먼저 유튜브, 카톡, 네이버, 페이스북의 특징과 장단점을 알아보자

-	유튜브	페이스북	네이버	카카오톡
특징	영상을 통해 소통 및 수익창출	짧은 문자와 영상으로 소통	정보제공 포털 사이트	문자를 이용해 소통
장점	대리만족, 호기심유발, 정보 이용 등	더 발달된 소통 방식 영상+문자	빅데이터 정보	손쉽고 빠르게 소통
단점	유해정보 차단이 어려움.	카톡보다 빠르게 교류불가	정보의 한계	발달된 교류 불가

위의 정리표를 보았을 때, 1위는 유튜브, 2위는 페이스북, 3위는 카톡이라 예상한다

- 유튜브는 앞서 말한 선순환(빅데이터 → 이용자 → 빅데이터)가 계속 진행됨에 따라 앞으로 몇 십년간은 계속해서 상용화가 될 것으로 추측한다 또한 고차원적으로 발달된 교류형식으로 인기가 식지 않을 것이다
- 페이스북은 현재와 비슷한 추세를 유지할 것이다 유튜브와 카톡을 합친 영상+문자 기능으로 인기가 유지될 것 같지만, 유튜브와 같은 빅데이터 면에서 빈약하다
- 카카오톡은 단순한 문자를 주고받는 것에 그친 소통방식으로 인해 현재보다 사용시간이 줄 것이다 그럼에도 완전히 소외되지 않는 이유는 '즉각적인 소통'이라는 장점이다
- 네이버가 4위를 차지 한 까닭은 바로 '단방향 소통'이다 사람과 사람 사이의 교류가 아니라 포털사이트와 사람의 교류이기 때문에 인기가 줄어들 것이다 또한 데이터 면에서도 현재 우월한 수준이 아니기 때문에 뒤처질 가능성이 높다

유튜브는 앞으로 많은 사람들에게 인기를 끌 것이며 미래의 핵심 앱이 될 것이라고 추측된다

④ 우선 급격히 증가한 까닭은 크게 네 가지로 나눌 수 있다.
첫째, 나이 제한.
페이스북은 만 14세부터(맞나? 잘 모르겠지만...) 가입할 수 있으나, 유튜브는 아무리 선정적이고 잔인한 영상이라도 나이 제한 없이 볼 수 있다.(그렇기 때문에 유튜브가 문제가 많기도 하다.)
둘째, 다양한 주제의 영상들.
유튜브는 여러 가지의 매우 다양한 영상들이 있다. 어린이들을 위한 장난감 영상이나, 요즘 유행하는 액체괴물 영상, 그냥 일상을 보여주는 영상, 심지어는 위에서 말했듯 불건전한 영상 등 엄청난 종류의 영상들이 있다. 봐도 봐도 끝이 없는 엄청난 개수의 영상들 때문에 사람들이, 특히 혼자 사는 사람이 정말 급격하게 많이 보는 것이다.
셋째, 누구나 참여 가능.
유튜브는 남녀노소 관계 없이 누구나 보거나 영상을 만들어 올릴 수 있다. 요즘은 어린이들이 하는 키즈 크리에이터가 뜨고 있을 정도이다.
넷째, 정보 공유·수집 및 아이디어나 제품 광고.
유튜브로 인해 엄청난 열풍을 불러일으키고 있는 '액체 괴물' 등 유튜브는 광고나 정보 수집 용도로도 매우 뛰어나다.
하지만 10년 뒤 통계를 다시 조사할 때는 달라질 것이다.
1위: 페이스북, 2위: 플레이 스토어, 3위: 카카오톡일 것 같다.
페이스북이 1위인 까닭: 페이스북은 나이 제한이 있지만 지금도 몰래 부모님 계정으로 들어가는 어린이들이 많으니, 10년 뒤에는 더 심해질 것이다. 페이스북으로 유튜브 영상을 불법으로 공유할 것이고, 또 페이스북은 유튜브와 같이 댓글 기능도 있으니 가능성이 크다.
플레이 스토어가 2위인 까닭: 플레이 스토어는 현재 유튜브 영상을 불법으로 퍼와 만든 앱도 있고, 여러 가지 게임이 많기 때문이다.
카카오톡이 3위인 까닭: 카카오톡으로 대화해 실제 대화를 대신할 것이기 때문이다. 지금도 실제 대화가 아닌 카카오톡으로 대화하는 사람들이 있으니 가능성이 있다.

MEMO

중학교 1~3학년

제3회 소프트웨어(SW) 사고력 올림피아드(중1~3)

※ 다음 문제에 모두 답하시오.

※ 답은 <답안지>에 작성하시기 바랍니다.

※ 시험 종료 후 <문제지>와 <답안지> 모두 제출하여 주시기 바랍니다.

※ 본 문제들은 창의적인 생각을 자유롭게 기록하면 됩니다.

3 음식물 쓰레기를 줄이면 처리비용이 줄어들어 경제적 이득을 가져온다. 음식물 쓰레기를 줄이기 위해 학교에서는 정해진 메뉴를 학생들에게 공지하고, 모든 학생으로부터 정해진 메뉴에 따른 선호도와 먹는 양 등의 정보를 받아서 점심에서 만들 전체 음식량을 결정하고자 한다. 모든 학생의 식사가 부족하지 않으면서 동시에 음식물 쓰레기를 최소화하는 최적의 알고리즘(방법)을 제안하시오.

4 어느 자동차 회사에서는 자율주행 기능을 차량에 탑재시켜, 운전자가 쉴 수 있는 자율주행 모드로 주행할 수 있게 하려고 한다. 이 자율주행 기능은 운전자의 운전습관을 그대로 반영하면서 동시에 안전하게 운행하는 데 목적이 있다. 운전자의 과거 운전습관을 기록한 데이터를 분석하여 운행 모드를 결정한다고 했을 때, 어떤 데이터를 기록해야 하며, 운전자의 운전습관과 안전 상황이 충돌하는 경우가 발생할 때 과거 데이터에 기초하여 어떤 결정을 내려야 하는지 논리적으로 주장하시오.

소프트웨어(SW) 사고력 올림피아드 답안지

수험번호	학교명	학년	성명

1) 문제 분석

문제	출제 의도	평가 준거
3	학생들이 학교생활에서 경험하는 소재를 중심으로 출제한 문제입니다. 생활 속에서 경험해 본 음식물 쓰레기를 줄이기 위해 할 수 있는 일에 대한 지식을 기반으로 이를 학교 급식이라는 상황에 적용할 수 있는 통합 맥락적 사고와 창의적인 사고를 바탕으로 최적의 알고리즘을 제안해야 합니다.	창의적 문제 해결력 통합 맥락적 사고력 표현력
4	자율주행 자동차에 대한 문제입니다. 운전자의 운전습관을 그대로 반영하는 자율주행 자동차가 기록해야 할 운전자의 운전습관에 대해 고민해보고 안전 문제와 관련하여 자율주행 자동차가 내려야 할 결정에 대해 자신이 가지고 있는 지식을 기반으로 통합 맥락적인 사고를 통해 논리적으로 표현해야 합니다.	지식 기반 사고력 정보 이해 사고력 통합 맥락적 사고력 표현력

2) 예시답안

3. 학생들의 식사가 부족하지 않으면서 동시에 음식물 쓰레기를 최소화하는 최적의 알고리즘(방법)을 제안하시오.

인터넷 사이트에서 학생들에게 한 달 식단표를 제공하여 매우 만족, 만족, 보통, 나쁨, 매우 나쁨을 표시하도록 한다. 학생들이 표시한 것을 바탕으로 매우 만족은 500g, 만족은 400g, 보통은 300g, 나쁨은 200g, 매우 나쁨은 100g과 같이 성장기에 맞는 영양소를 섭취할 수 있는 선에서 급식의 양을 조절한다. 학생들이 급식의 양을 정할 때는 열량, 영양소 섭취량 등을 자세하게 표현하여 자신이 얼마나 먹어야 적절할지 스스로 판단할 수 있게 한다. 학생들의 설문을 확인하여 그 양만큼 급식 메뉴를 조리한다. 이와 같은 방법을 활용하면 음식물 쓰레기의 양을 최소화하면서 학생들도 자신에게 맞는 적절한 양의 식사를 할 수 있을 것이다.

▶ 본 문제에서는 일상생활에서 활용할 수 있는 최적의 알고리즘을 제안해야 합니다. 학생들에게 정해진 메뉴를 공지하면서 정보를 받을 수 있는 방법을 자신만의 창의적인 생각을 바탕으로 논리적으로 답안을 작성해야 합니다. 답안을 작성할 때 알고리즘을 도식화하여 표현하는 것도 좋은 방법이 될 수 있습니다.

4. **운전자의 과거 운전습관을 기록한 데이터를 분석하여 운행 모드를 결정한다고 했을 때, 어떤 데이터를 기록해야 하며, 운전자의 운전습관과 안전 상황이 충돌하는 경우 과거 데이터에 기초하여 어떤 결정을 내려야 하는지 논리적으로 주장하시오.**

운전자의 과거 운전습관을 분석하여 데이터를 기록한다면 주로 주행하는 장소, 차선을 변경하는 빈도, 비상상황이 발생했을 때 대처 방안, 주행 속도 등을 기록해야 할 것이다. 주로 주행하는 장소는 운전자의 출퇴근길 등 많이 다니는 곳, 차선 변경 빈도는 일정 거리당 차선을 변경하는 횟수, 비상상황이 발생했을 때 대처 방안은 교통사고가 발생한 도로에서 정체가 발생했을 때 돌아가는지, 기다리는지 또는 갑자기 앞에 장애물이 나타났을 때 어떻게 대처하는지, 주행 속도는 일정 속도로 다니도록 제한된 도로에서 어느 정도의 속도로 운행하는지 파악한다. 이처럼 운전자의 운전습관과 관련된 데이터를 기록하되 안전사고가 발생하지 않도록 법적으로 위반되지 않는 데이터만 기록하고 그런데도 문제가 발생한다면 법적으로 위반되지 않는 선에서 운전자의 운전습관에 최대한 맞게 조절하는 능력을 AI가 갖추어야 한다고 생각한다.

▶ 자율주행 자동차에 대한 문제입니다. 예시답안은 운전자의 운전습관을 어떻게 기록할지 설명하면서 안전사고가 발생하지 않도록 법적으로 위반되지 않는 운전습관만 기록해야 한다고 제안하고 있습니다. 자율주행 자동차가 운행할 때 꼭 필요한 운전자의 운전습관은 무엇인지, 안전사고가 발생하는 원인과 관련된 운전자의 운전습관이 무엇인지 자기가 알고 있는 지식을 기반으로 자율주행 자동차가 내려야 할 결정에 관한 답안을 작성하면 됩니다. 실제 답안을 작성할 때는 기록해야 할 운전습관과 내려야 할 결정을 개조식으로 정리하여 표현하는 것도 좋은 방법입니다. 단, 답안에 대한 논리적인 근거도 꼭 작성해야 합니다.

3) 참가자 답안지 살펴보기

<문제3 작성답안>

3 급식은 학생들이 학교에서 생활을 할때 매우 중요시 한다. 그러므로 학생들에게 먼서 알린다, 음식을 쓰레기를 줄이면 돈이 늘어 급식의 맛이더 좋아진다. 라고 하면 학생들은 일심동체로 동의 할것이다. 그럼 방법을 찾으면 된다. 그럼내가 생각한 방법이 급식 앱이다. 왜냐, 그래야 아침부터 고생하시는 급식 아줌마들이 편하기 때문이다. 내가 만든앱은 그 전날 밤 앱에 들어가 설문 조사를 한다. 로그인은 몇반 누구학생 인지로 하고 학교고유번호로 가입을 한다. 고유번호는 다시 주지않고(실행첫날 제외) 다른사람들에게 알리지 못하게 한다. 그래야 싫어하는 친구 급식 양을 늘리거나 줄이지 못한다. 내일 급식메뉴와 시간표를 보여줌으로써 체육을 하면 힘드니까 더 많이 먹을 수 있는지를 고민 시킨다. 그래서 선택 가지는 3가지 이다. 많이, 중간, 적게. 급식은 영향을 위해서 안받는건 없다. 또 특수반찬 예를 들어 새우튀김 같은 것은 2개 1개, 없음으로 나눈다. 특수반찬은 건강에 안 좋은게 있을 수도 있으니 그렇게 만든다. 이렇게 만든다 하면 불만이 두가지 있을것이다. 폰과 알러지 이다. 폰이 없는 사람은 할 수 없다고 하는데 괜찮다. 엄마폰을 쓰면 된다. 또 엄마가 일을 하신다. 그럼 집전화로 어떻게 해달라 한다. 그리고 알러지, 알러지는 앱제일 처음 "알러지가 있는 음식 있으세요?"라고 해 일일히 고르게 한다. 제일 첫번째 줄과 같게 약간은 힘든면이 있겠지만 계속하면 익숙해지고 학생들은 급식이 제일 중요해 다 참가 할려고 할거다. 이렇게 약간의 돈을 들여 앱을 만들어 음식물 쓰레기를 줄이면 급식의 맛과 질이 늘어 학생들이 좋아하고 버릴게 줄어 급식아줌마 들과 경제적 손실이 없어서 좋은 선생님. 이렇게 모두가 학교에서 급식으로 행복해 질 수 있다.

3. let, 급식의 양이 500g 정도라고 하자. (밥 반찬 포함)

한달 시간 표를 주어 매우 만족, 만족, 보통, 나쁨, 매우나쁨을 체크 시킨다.

ex) 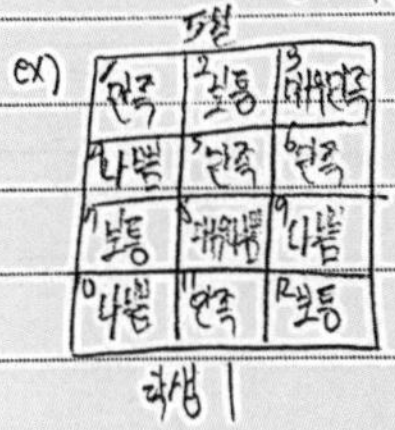

과 같이 설문을 조사시킨다.

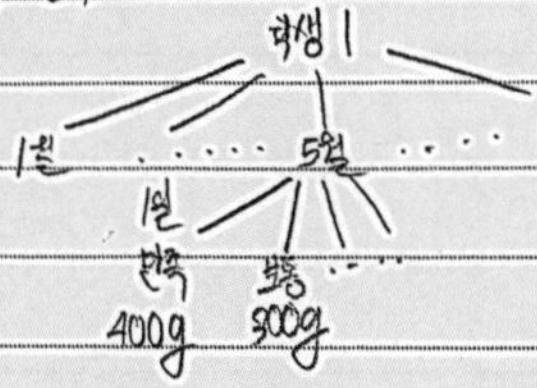

각 학생마다 매일 3개하여서 매우만족은 500g, 만족은 400g, 보통은 300g, 나쁨은 200g, 매우나쁨은 100g을 준다.

※단, 성장기에는 영양소 섭취가 중요하므로 먹지 않는다는 질병등 제외 최소라 한다.

이 알고리즘은 자신이 인터넷에서 메뉴를 보고 정하므로 원하는 양을 고를 수 있다. 원하는 양이 있는 만큼 제작하여 가체가 되지 않는다. 또한 사람마다 먹는 양이 다르다. 선택할 수 있어야 버리지 않는다. 자신이 먹을양 만큼만 주기 때문에 버릴 일이 없다. 추가 배식은 먹고 받을 수 있지만 버리게 되면 음식물 쓰레기가 되어 경제적부담이 커진다. 인터넷에서는 kcal, g 등 자세히 표시할 수 있어서 고를 때 신중하게 선택할 수 있다. 하루 섭취량도 같이 표기하여 양당 섭취량을 그래프로 보여주면 얼마나 먹어야 적절하고 약 몇인분까지 고려할 수 있는 알고리즘이 될 것이다. 더 먹는량에 관심이 가게 되고 먹을 양을 매일 다르게 가능하여 음식취향까지 존중할 수 있다. 그렇게 되면 음식물 쓰레기의 양은 줄어들게 될 것이다.

<문제4 작성답안>

[4]

어느 자동차 회사에서 개발된 자율주행기능 차량이 운전자가 쉴 수 있도록 그 운전자의 운전 습관을 분석하여 반영하면서 동시에 안전하게 운행하려 한다. 먼저, 요즘 5G로 어느 회사에서 도로 실험을 분석하여 자동차가 자동으로 그에 알맞게 달릴 수 있도록 이번 문제와 비슷한 자율주행 기능의 자동차를 개발하고 있다. 이미 몇번의 실험이 시행되었고, 개인적으로 자율주행자동차가 평범하게 도로를 달릴 날이 얼마 지나지 않아 올것이라 생각한다. 자율주행기능이 되면서 가장 걱정되는 점은 안전과 오류이다. 이 시스템의 오류로 인해 사고가 일어난다면 그것은 아마도 작은 충돌 사고가 아닌 여러대, 몇 십, 몇백대 의 충돌에 이어 폭발사고까지 일어날 수 있다. 이런 오류를 막기 위해서라면 일단 자동차에 앞, 뒤, 양옆, 사각지대 까지도 인식할 수 있는 센서를 달아 만약 자신의 차량이 아닌 다른 차량에 오류가 나도 충돌사고를 피할 수 있도록 오류난 차량을 피할 수 있는 기능이 탑재되어야 한다. 그리고 그 자율주행 차량이 기록해야 하는 데이터에는 물론 자신의 차 주인의 평균 속도, 핸들 꺾는 각도 까지도 분석하고 기록해야 하며 내 생각에는 주인이 자주 다니는 도로도 기록되면 좋을 것 같다. 그 도로의 지형과 현재 교통 상황 등을 파악하면서 달리면 안전히 달릴 수 있을 것이기 때문이다. 그리고 만약 운전자의 과거 습관과 안전상황이 충돌하는 경우 자동차는 과거 대처 방법 데이터 등에 기초하여 최대한 운전자의 안전에 초점을 놔야할 것이다. 그래야만 안전성이 보장되기 때문이다. 그리고 사고가 났을 시 즉시 119 에 연락이 갈 수 있는 기능도 있으면 더 안전할 것 같다.

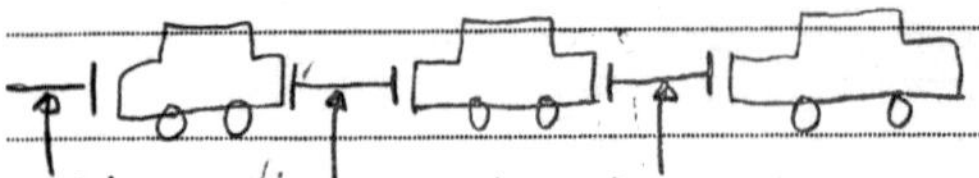

(앞 뒤 간격 1m 이상 유지)

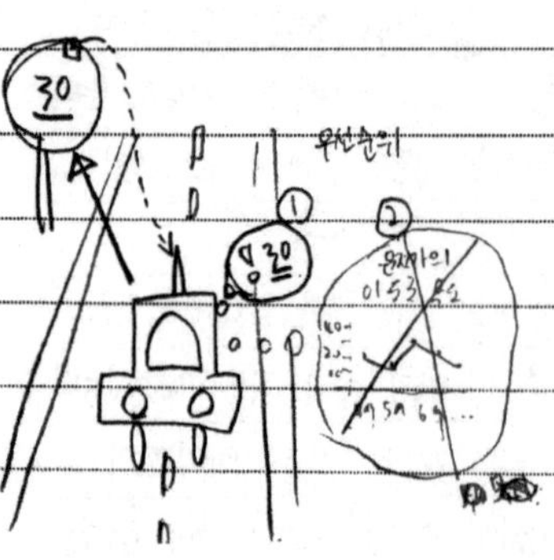

④ 운전자의 과거 운전습관의 데이터 중 어떤 데이터를 기록해야 하며, 운전자의 운전습관과 안전 상황이 충돌하는 경우가 발생할 때 어떠한 결정을 내려야 할까?

자율주행자동차에서는 수많은 변수가 필요하다. 최근에 일어난 우버택시 사고에서 자율주행모드의 차량이 횡단보도를 건너려던 보행자와 부딪힌 사고가 있었다. 이러한 사고를 막기위하여 자율주행자동차에 현재보다 더 많이 변수를 입력해야 한다.

이 자율주행자동차가 기록하는 과거 운전습관은 과거 평소의 운전습관을 기록해야 한다. 이 데이터는 일반적으로 거의 데이터가 유사하므로 크게 주목할 부분은 아니다. 더 중요한 것은 과거 운전습관 중 사고가 있거나 부도덕하고 문제점이 제시됐던 (ex) 과속, 교통위반 등) 데이터를 기록해야 한다. 운전자의 운전습관과 안전상황이 충돌하는 경우가 발생할 수 있다. 이때 과거 운전습관 중 사고가 있거나 부도덕하고 문제점이 제시됐던 데이터를 기초하여 안전상황이 충돌할시 이를 예방할 수 있는 다른 데이터를 만들며 (이 자료는 안전한 데이터를 사용) 실제 상황이 일어났을 시에는 이 때의 데이터를 기록하고 이 운전모드를 보완하고 분석해야 한다. 미래 사회에서는 지금보다 더욱 많은 자율주행차량이 생기고 도로 위를 주행할 것이다. 그 만큼 도로 위 안전에 대해 안전성을 확인하고 다시 재검토해야 하며, 자율주행차량의 데이터는 ① 평소 운전습관의 데이터, ② 운전습관에서 문제점이 있는 데이터, ③ ②의 데이터를 분석하고 보완한 데이터 ④ ①②③의 데이터로 운전 ⑤ ④의 데이터를 분석하고 보완한 데이터 … 반복 했을 시 기도 사고가 일어났던 데이터를 기초 하여 기록하고 분석하면 안전한 자율주행차량의 주행을 하자

(이 자율주행자동차도 끊임없이 분석하고 보완하여 더 나은 운행모드를 결정할 수 있다) → 그림설명

4. 4회 대회 기출문제 분석

초등학교 3~4학년

제4회 소프트웨어(SW) 사고력 올림피아드(초3~4)

※ 다음 문제에 모두 답하시오.
※ 답은 <답안지>에 작성하시기 바랍니다.
※ 시험 종료 후 <문제지>와 <답안지> 모두 제출하여 주시기 바랍니다.
※ 본 문제들은 창의적인 생각을 자유롭게 기록하면 됩니다.

1 영수는 학급 반장으로 지난 1년 동안 학급 친구들로부터 학생들이 각자 학교에서나 여행지에서 촬영한 사진과 동영상을 모두 수집하여 컴퓨터에 동일한 폴더에 보관하고자 한다. 이때 컴퓨터에 저장한 학생들의 사진과 동영상을 누구나 쉽게 찾을 수 있도록 하길 원한다. 어떠한 방식으로 저장하면 누구나 쉽게 필요한 자료를 찾을 수 있을지 효과적인 방법을 기술하시오.

3 생활 속에서 자주 볼 수 있는 기기 중에 음료수, 과자, 1회용품 등을 구매할 수 있는 자동판매기가 있다. 이러한 자동판매기의 작동 순서를 설명하시오.

소프트웨어(SW) 사고력 올림피아드 답안지

수험번호	학교명	학년	성명

1) 문제 분석

문제	출제 의도	평가 준거
1	여러 데이터 중에서 원하는 데이터를 찾는 방법인 탐색 알고리즘과 관련된 문제입니다. 누구나 쉽게 찾을 수 있도록 쉬우면서 창의적인 방법으로 문제를 해결해야 합니다. 이야기에서 제공하는 정보들에 주의하며 답안을 작성해야 합니다.	**정보 이해 사고력** **창의적 문제 해결력**
3	자동판매기가 작동하는 알고리즘을 떠올리는 문제입니다. 정보 이해 사고를 바탕으로 자동판매기가 정상적으로 작동하기 위한 단계들을 설정하고, 이를 이해하기 쉽게 표현해야 합니다.	**정보 이해 사고력** **표현력**

2) 예시답안

1. 어떠한 방식으로 저장하면 누구나 쉽게 필요한 자료를 찾을 수 있을지 효과적인 방법을 기술하시오.

학급 친구들이 촬영한 사진과 동영상의 파일명을 다음과 같이 네 부분으로 나누어 저장한다. 이때, 네 부분의 사이는 '_' 기호를 사용하여 구분한다.(예: 00_00_00_00) 먼저, 촬영한 학생의 출석번호를 가장 먼저 기입한다. 예를 들어, 12번 학생의 사진이면 파일명은 12로 시작한다. 다음으로, 사진과 동영상을 분류한다. 사진은 숫자 0으로 표기하고, 동영상은 숫자 1로 표기한다. 그다음은 장소를 구분한다. 학교는 SC로 표기하고, 여행지의 경우 국가 코드로 구분한다. 예를 들어, 미국에서 촬영한 사진이라면 US로 표기한다. 마지막으로, 수집된 순서로 번호를 저장한다. 즉, 12번 학생의 사진이 미국에서 3번째로 촬영한 사진이면 12_0_US_3으로 저장한다.

▶ 파일명을 정하는 규칙을 설정하기 위한 문제입니다. 예시답안에서는 파일명에 대한 규칙을 네 가지로 설정하였습니다. 이 외에도 친구들이 수집한 사진이나 동영상을 분류하는 방법을 찾아 정리할 수도 있습니다.

3. **생활 속에서 자주 볼 수 있는 기기 중에 음료수, 과자, 1회용품 등을 구매할 수 있는 자동판매기가 있다. 이러한 자동판매기의 작동 순서를 설명하시오.**

자동판매기의 작동 순서는 다음과 같습니다. ① 전원이 켜지면 현재 자동판매기 내에 있는 물건들의 수량을 파악하여 판매 가능 여부에 따라 메뉴를 선택할 수 있는 버튼이 켜집니다. ② 사용자가 원하는 물건의 버튼을 누르면 사전에 입력된 물건의 가격이 화면에 출력됩니다. ③ 사용자가 지폐 또는 동전을 넣으면 자동판매기에 입금된 금액이 화면에 출력됩니다. ④ 사용자가 넣은 금액과 물건의 가격을 비교합니다. 사용자가 물건의 가격보다 많은 금액을 냈다면 잔액을 출금하고 다음으로 넘어갑니다. 사용자가 물건의 가격보다 적은 금액을 냈다면, 사용자가 금액을 더 넣을 때까지 기다립니다. 이때, 오랜 시간 동안 입금되지 않으면 사용자가 낸 금액을 모두 환불하고 처음 화면으로 돌아갑니다. 사용자가 물건 가격과 같은 금액을 내면 다음으로 넘어갑니다. ⑤ 사용자가 선택한 물건을 사용자에게 제공합니다.

▶ 자동판매기의 작동 순서를 정리하여 설명하는 문제입니다. 자동판매기를 사용했던 경험을 떠올리며 작동 순서를 순차적으로 서술해야 합니다. 자동판매기가 정상적으로 작동하는데 필요한 조건들을 구분하여 설명하면 좋습니다. 자동판매기의 작동 알고리즘을 순서도나 그림으로 제시할 수도 있습니다.

3) 참가자 답안지 살펴보기

<문제1 작성답안>

1번.

일단 한학급에 반이 8반까지 있다고 가정하자.
그럼 한 개의 폴더에 '1반' 부터 '8반' 까지의 새로운 폴더들을 저장한다. 그후, '1반' 폴더에 '남자' 와 '여자'라는 폴더를 새로 저장하고, '2반', '3반', ... '8반' 까지도 이 과정을 반복한다.
그리고 반별로는 항상 '출석번호' 라는것이 존재한다. 출석번호는 남학생과 여학생의 이름을 가나다 순으로 정렬해 번호를 붙인 것이다. 그래서 '1반' 폴더 안에 저장되어 있는 '남자' 폴더를 클릭 한다면, 남자들의 이름이 출석번호 순(즉 가나다 순)으로 정렬돼 나온다. 그리고 그중 하나를 클릭했을 때, 또 거기 안에 '사진', '동영상' 이라는 2개의 파일이 학생별로 저장되어 있다. '사진'을 클릭 하면 그 학생이 찍은 사진들이 찍은 날짜순으로(만약 같으면 가나다 순으로) 정렬되어 나오고, '동영상'을 클릭하면 그 학생이 찍은 (촬영한) 동영상들이 같은 방법으로 정렬돼 나온다.
이 방법을 이용하면 학생들의 파일을 쉽게 찾을 수 있을 것 같다.

1번 문제

◇ 기준 - 파일

저는 큰상자에 항상 작은 상자를 넣는데 힌트를 얻었습니다. 큰 상자(가장 중심된 폴더) 안에 작은상자(영상과 관련된 파일)을 차례대로 넣으면 찾는 사람이 최소한의 정보를 가지고 있더라 하더라도 쉽게 찾는 사람이 원하는 미디어를 찾을 수 있기 때문입니다.

◇ 정리

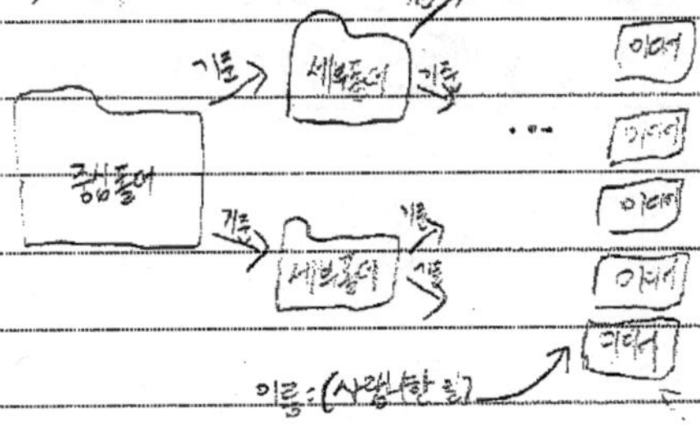

◇ 미디어의 기준

일단 파일의 구조가 잡혔기 때문에 미디어를 찾는 것을 고려해야 합니다. 저는 이 미디어의 찾는 기준이 될 미디어의 '이름'을 정하는 데에 바코드의 원리를 응용하였습니다.

- 원리

(관련된 사람)-(한 일)
<이름의 구조>

미디어의 이름은 총 2개의 정보로 이루어 지는데, 첫번째 정보는 미디어에 "관련된 사람"이고, 두번째 정보는 "한 일"이 담겨져 있습니다. 따로 시간과 장소를 넣지 않은 이유는 시간과 장소는 폴더의 기준이 될 수 있고, 미디어의 이름에 넣는다 하더라도 너무 이름이 복잡해지기 때문입니다.

<문제3 작성답안>

3번.

먼저 자판기를 겉모습으로만 봤을 때 원리는 이렇다.

①원하는 물건에 알맞는 금액을 넣는다.

② 원하는 물건 밑에 있는 버튼을 누른다.

③ 물건이 나온다.

하지만 동전을 넣는 순간부터 물건이 나올 때 까지 자판기 속에서는 많은 일이 일어난다.

예를 들어 500원 짜리 물건을 산다고 가정해보자.

(1) 500원을 넣었을 경우

자판기 속에서는 2개의 "방어벽"이 있다. 1차와 2차 방어벽 모두 금액을 확인하거나 위조 돈을 감별하는 일을 한다. 500원을 넣었으니 동전은 1차와 2차 모두 가볍게 통과 한다. 그러면 자판기 밖에서는 500원으로 살 수 있는 모든 물건의 버튼이 깜박거린다. 그중 하나를 클릭하면 물건이 나온다.

(2) 500원이 아닌 다른 금액이나 위조 화폐를 넣었을 경우

① 다른 금액

다른 금액을 넣을 경우(예)100원) 1차는 통과할수도 있고 못할 수도 있다. 왜냐하면 500원처럼 속에서 들어가는 동전도 있기 때문이다. 하지만 이런 동전들은 2차에서 모두 잡혀 반환구로 나오거나 100원으로 살수 있는 버튼만 깜박거린다.

② 위조 화폐

위조 화폐를 넣을 경우 1차는 통과할수도 있고, 못할수도 있다. 하지만 통과할 확률이 더 높다. 왜냐하면 위조 500원이긴 하지만 어쨌든 500원이니 그렇다. 하지만 역시 이런 동전들도 2차에서 잡혀 반환구로 나온다.

3번 문제

◇알고리즘

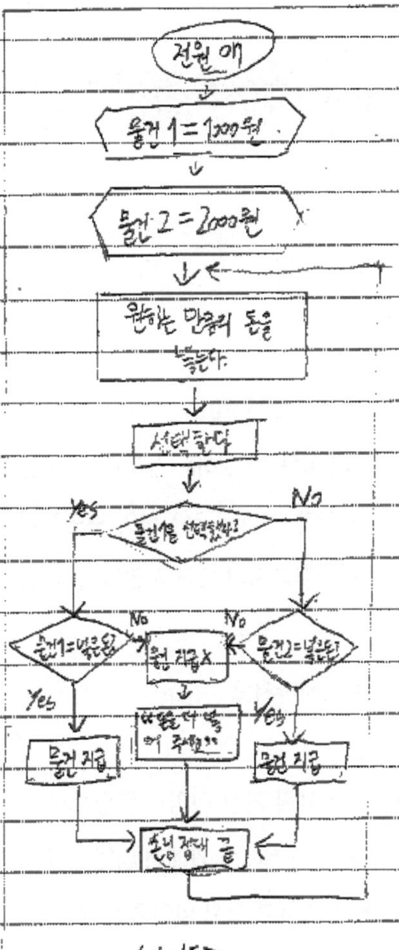

<순서도>

-과정-

1) 먼저 가장 중요한 물건을 세팅하고 가격을 책정합니다.

2) 사용자에게 돈을 넣어달라고 알립니다.

3) 사용자는 돈을 넣고, 원하는 물건을 선택합니다.

4) 어떤 물건을 선택했는지 판단합니다.

5-1) 물건 1(가격)을 선택하였다면, 그에 맞는 돈을 넣었는지 확인합니다

6-1-1) 만약 맞는 돈을 넣었다면 물건을 지급하고 손님접대를 마칩니다.

6-1-2) 만약 맞는 돈을 넣지 않았다면 이 사실을 사용자에게 알리고 손님 접대를 마칩니다.

5-2) 물건 2(가격)을 선택했다면 그에 맞는 돈이 들어왔는지 판단합니다.

6-2-1) 만약 맞게 넣었다면 물건지급 후 손님접대를 마칩니다.

6-2-2) 만약 맞게 넣지 못했다면 사용자에게 알리고 손님접대를 마칩니다.

7) (2)로 돌아갑니다.

◇기계의 모습

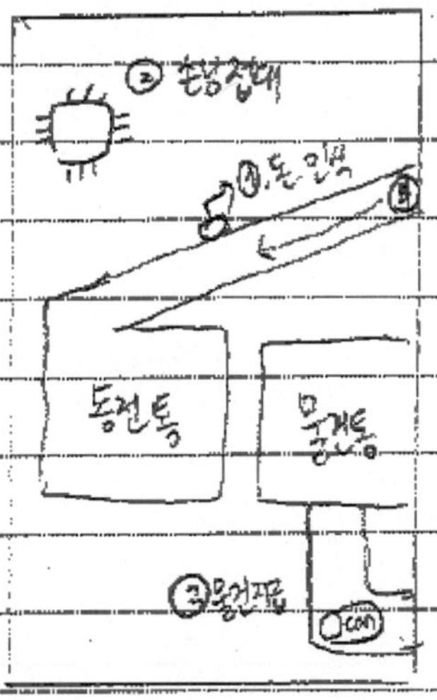

초등학교 5~6학년

제4회 소프트웨어(SW) 사고력 올림피아드(초5~6)

※ 다음 문제에 모두 답하시오.
※ 답은 <답안지>에 작성하시기 바랍니다.
※ 시험 종료 후 <문제지>와 <답안지> 모두 제출하여 주시기 바랍니다.
※ 본 문제들은 창의적인 생각을 자유롭게 기록하면 됩니다.

1 브레이크가 고장 난 자율주행 자동차가 무단횡단을 하는 4명의 보행자(노인 여성 2명, 노인 남성 1명, 남성 1명)를 발견하고 도덕적 결정(moral decision)을 해야 하는 상황이다. 자율주행 자동차에는 한 가족(어른 2명, 아이 2명)이 탑승하고 있다. 그대로 직진하면 보행자가 모두 죽게 된다. 만일 방향을 틀면 콘크리트 장벽에 충돌하여 일가족이 모두 사망할 수도 있는 난처한 상황에 빠진다.
본인의 상상력을 발휘하여 이러한 문제를 해결하는 방안을 제시하시오.

2 증강현실(Augmented Reality)은 현실의 이미지나 배경에 3차원 가상 이미지를 겹쳐서 하나의 영상으로 보여주는 기술이다. 포켓몬고 게임이나 스포츠 등 일상생활에서 다양하게 이용하고 있다. 가정에서 발생할 수 있는 다양한 안전사고를 탐지하고 즉시 알려줄 수 있는 스마트폰용 증강현실 소프트웨어를 설계하시오.

4 다음 글을 읽고 물음에 답하시오.

IT를 활용해 독거노인의 건강을 챙겨주는 텔레케어 산업이 날로 커지고 있다. 유럽에서 태동한 복지사업이다. 국내에서는 정부, 민간 주도로 산업이 커지고 있다. 유럽은 내년까지 텔레케어 장비가 1900만 세트 넘게 팔릴 전망이다. 현재 영국에서만 독거노인 170만 명이 사용한다. 텔레케어 역사는 60년에 이른다.

[출처] 전자신문 'IT를 활용한 복지사업 텔레케어 아시나요?'

4-1. 독거노인을 위한 다양한 IT 텔레케어 서비스를 생각해 내고 이를 이용하여 생활하는 시나리오를 서술하시오.

4-2. 새로운 IT 텔레케어 장비를 제안하고 어떻게 사용하는지 설명하시오.

소프트웨어(SW) 사고력 올림피아드 답안지

수험번호	학교명	학년	성명

1) 문제 분석

문제	출제 의도	평가 준거
1	자율주행 자동차의 도덕적 딜레마와 관련된 문제입니다. 기존의 보행자와 운전자 중 선택을 요구하는 문제가 아닌 모두를 살릴 방법을 고민해보아야 합니다. 문제를 해결하는 방법을 창의적으로 떠올리고 이를 윤리적인 측면에서 고려해야 합니다.	**창의적 문제 해결력** **윤리적 사고력**
2	증강현실 기술을 사용하여 가정의 안전사고를 예방할 수 있는 소프트웨어를 만드는 문제입니다. 현실과 가상의 이미지를 안전사고와 어떻게 연결할지 고민하여 소프트웨어를 설계해야 합니다. 증강현실 기술에 대한 정보 이해 사고를 기반으로 실용적이고 효과적인 방법으로 문제를 해결하는 창의적인 사고가 필요합니다.	**정보 이해 사고력** **창의적 문제 해결력**
4-1	독거노인을 위한 IT 텔레케어 서비스를 생각하는 문제입니다. 기존에 알고 있는 과학, 공학, 기술적 지식을 기반으로 시스템적인 맥락에서 문제를 해결하기 위해 지식 기반 사고와 통합 맥락적 사고가 필요합니다.	**지식 기반 사고력** **통합 맥락적 사고력** **윤리적 사고력**
4-2	기존의 텔레케어 장비를 떠올리며 앞으로 발전 가능한 텔레케어 장비를 생각해보는 문제입니다. 새로운 IT 텔레케어 장비의 발전 가능성을 상상해보고 사용 방법을 구체적으로 설명할 수 있어야 합니다.	**정보 이해 사고력** **창의적 문제 해결력**

2) 예시답안

1. 본인의 상상력을 발휘하여 이러한 문제를 해결하는 방안을 제시하시오.

갑자기 자율주행 자동차의 브레이크가 고장 난 상황에도 운전자와 보행자를 모두 살릴 수 있는 두 가지 방안을 제시하고자 한다. 첫째, 차의 안팎에 에어백을 설치하는 방법이다. 운전자의 자동차에 기본으로 'Emergency(비상)' 버튼을 탑재한다. 이 버튼을 누르면 상황을 막론하고 자동차 바퀴 밑에 에어백과 비슷한 공기주머니가 터진다. 운전자에게 가해지는 충격도 적어지고 자동차의 제동 거리도 줄여 보행자의 사고를 예방할 수 있다. 둘째, 도로의 비상상황에 대비하여 자동차가 하늘로 뜨는 기능을 추가하는 방법이다. 자율주행 자동차의 딜레마는 상황이 도로에 제한되기 때문에 일어나는 문제이다. 따라서 비상상황에 자동차가 천천히

1m 이상 날아오른다면, 도로 위의 보행자와 운전자를 동시에 보호할 수 있다.

* 제동 거리: 브레이크 페달을 밟아서 브레이크가 작동되기 전까지 달려가는 거리

▶ 자율주행 자동차의 딜레마를 해결하기 위한 다양한 방법을 창의적으로 생각하는 문제입니다. 문제에서 제시한 것처럼 상상력을 발휘하여 답안을 작성해야 합니다. 운전자와 보행자를 동시에 살리는 방법을 떠올려야 합니다.

2. 가정에서 발생할 수 있는 다양한 안전사고를 탐지하고 즉시 알려줄 수 있는 스마트폰용 증강현실 소프트웨어를 설계하시오.

증강현실 기술을 사용하여 '안전GO' 소프트웨어를 설계할 수 있다. '안전GO' 소프트웨어는 화면에 보이는 현실에서 발생할 수 있는 안전사고를 탐지하여 경고하는 프로그램이다. 예를 들어, 부엌에서 '안전GO' 소프트웨어를 실행한다고 가정해보자. 먼저, 화면 속에는 부엌에서 위험할 수 있는 물건들이 인식되어 파란색 네모로 표시된다. 대표적으로 가스레인지, 전자레인지, 가스 밸브, 칼과 같은 날카로운 물건 등이 있다. 이때, 표시된 물건 중 안전사고가 발생할 가능성이 큰 물건은 빨간색 네모로 표시된다. 동시에 해당 안전사고와 관련된 동영상이 메뉴로 제시된다. 만약, 가스레인지의 불이 켜져 있다면 이는 빨간색 네모로 표시되고 화재 대처방법과 관련된 동영상을 확인할 수 있는 메뉴가 표시된다. 이처럼 '안전GO'를 사용하면 사용자는 자신의 집에서 발생할 수 있는 안전사고를 사전에 탐지하여 예방하거나 사고에 대처할 수 있다.

▶ 증강현실 기술과 안전사고 예방을 연결하여 창의적인 소프트웨어를 설계하는 문제입니다. 문제에서 제시하는 증강현실 기술을 정확하게 이해하고 이를 활용해야 합니다. 소프트웨어를 설계할 때 기능과 관련된 이름을 붙여 설명하면 좋습니다.

4-1. 독거노인을 위한 다양한 IT 텔레케어 서비스를 생각해내고 이를 이용하여 생활하는 시나리오를 서술하시오.

독거노인의 신체 징후나 일상 내 건강지표를 확인하는 텔레케어 서비스를 개발할 수 있다. 이 서비스는 평소 독거노인의 동작을 감지하며 골격근량과 체지방량, 체지방률, 체질량지수(BMI), 체수분, 기초대사량 등의 신체 정보와 실시간 심박수, 혈압, 스트레스 지수 등 건강지표를 지속해서 관리한다. 예를 들어, 독거노인 A씨는 아침에 일어나 텔레케어 서비스로 신체 정보와 건강지표를 측정한다. 텔레케어 서비스는 과거 측정 데이터와 이를 비교하여 특이점이 있는지 확인한다. 또한, 비슷한 나이의 다른 사람들과 현재 측정 데이터를 비교하여 부족한 부분이 있다면 이를 해결하기 위한 하루를 설계해준다. A씨는 매일 3번씩 약을 복용하는데, 텔레케어 서비스가 해당 시간이 되면 알람을 울려 알려준다.

▶ 지문에 나타난 텔레케어 서비스를 이해하고 독거노인을 위한 서비스를 설계하는 문제입니다. 독거노인에 필요한 건강 관련 기능들을 떠올리고 이를 반영하는 방안을 생각해야 합니다. 또한 제공하려는 서비스를 이용하여 독거노인이 생활하는 시나리오를 구체적으로 서술해야 합니다.

4-2. 새로운 IT 텔레케어 장비를 제안하고 어떻게 사용하는지 설명하시오.

기존 텔레케어 장비에는 스마트폰이나 스마트워치 형태가 있다. 하지만 대부분 장비를 가지고 다니는 것에 부담을 느낀다. 따라서 새롭게 개발할 IT 텔레케어 장비는 목걸이 형태면 좋겠다. 사람들은 아침에 일어나자마자 목걸이를 착용한다. 목걸이는 가볍고 방수 재질로 되어 있어 평소에도 쉽게 착용하고 이동할 수 있다. 텔레케어 목걸이는 실시간으로 사용자의 건강지표를 점검하며, 알림이 필요한 경우에는 소리와 진동으로 알린다.

▶ 기존의 텔레케어 장비와 다른 새로운 장비를 제안하고 사용 방법을 생각하는 문제입니다. 예시답안에서는 기존의 스마트폰, 스마트워치의 형태에서 벗어난 텔레케어 장비를 제시하고 있습니다. 이 외에도 사람들이 쉽게 이용할 수 있는 다양한 장비를 창의적으로 떠올려도 좋습니다. 다만 사람들이 쉽게 이용할 수 있도록 실용성과 편리함을 고려하여 작성해야 합니다.

3) 참가자 답안지 살펴보기

<문제1 작성답안>

(1번) 만약 브레이크가 고장났을 때에도 여러가지 경우의 수가 발생할 수 있다고 생각한다. 첫번째 경우의 수 만약 콘크리트 쪽으로 가지 않고 무단 횡단을 하고 있는 사람들 쪽으로 자동차가 직진했을 경우에는 무단 횡단을 하는 사람들이 차 소리를 들을 수 있다고 생각한다. 노인이 있다 하더라도 남성이 한 명 있기에 차가 오는 소리를 듣고 피할 수 있을 것이라고 생각한다. 두 번째 경우의 수 그림으로 봐서는 아직 자동차와 사람의 거리가 있다. 자동차가 사람을 먼저 치기 전에 사람들이 횡단보도를 다 건넜을 때의 상황도 생각해봐야 할 것으로 예상된다. 그러므로 만약 자동차와 사람이 충돌하기 전에 사람이 다 건넜으면 차도 무사히 갈 것이라고 생각한다. 세번째의 경우의 수. 브레이크가 고장났으면 우선 엑셀을 밟지 않고, 가만히 있으면 시간은 걸리겠지만, 멈출 수 있다. 이 차가 엑셀을 밟지 않고 가만히 있을 때에 사람과 충돌할 정도의 속도이면, 핸들의 버튼을 눌러 '빵빵' 소리를 내서 무단횡단을 하는 사람들에게 알리고 멈출때까지 기다린 후 차 정비 센터를 불러 고장난 브레이크를 고친다. 네번째 경우의 수. 이 차에 여러 기능이 있을 수 있다. 예를 들어 고장난 부품의 속을 자동차 안의 작은 모니터로 볼 수 있다는 기능이랄까? 미래 사회에는 또는 지금도 로봇이 발전되고 있다. 4차 산업 혁명이 일어난 후에는 로봇다 컴퓨터쪽에 관련하여 일이 발전되고 있는데. 그 중에 하나를 얘기하고 싶다. 바로 '나노로봇'이다. 나노로봇은 아주 작지만 제 할일을 다 하는 기특한 로봇이다. 만약 이 로봇이 차에 있다면 무엇이 달라질까요? 아까 말했듯이 이 차에는 고장난 곳을 보여주는 모니터가 있을 수 있다. 이것과 나노로봇이 합체하면 어떤 일이 일어날까요? 화면 속 차에 있는 모니터를 통해 나노 로봇으로 고장난 브레이크를 수리하면 사고가 안나지 않을까? 물론 택도 없는 얘기라고 말할 수 있다. 하지만 지금도 로봇 개발 등이 이루어지고 있고, 최근에 많은 연구가 되고 있는 자율주행 자동차라고 하니 이런 기능도 있지 않을까? 라는 생각을 해 보았다.

[1] 자율주행 자동차란 자기 스스로 위험을 감지하고 혼자서 움직이는 '21세기 신형 자동차이고, 이제 생활화가 되기 시작하는 것이다. 이 문제에서는 자율주행 자동차의 브레이크가 고장나서 결국 노인 3, 남자 1명을 살리거나 가족을 살리거나 가 문제다. 여기서 결정을 꼭 해야만 될까? 바보같은 방법으로라도 모두를 살릴 수는 없을까? 나의 답은 운전자가 차에서 내리고, 큰 소리로 "도망쳐요!"라고 외치는 바보같은 답이다, 엉뚱하지만, 이것은 꽤 괜찮은 방법이다. 성인 남성이 횡단보도에 있는 3명의 노인을 데리고, 다시 출발점으로 갈 수 있다, 그러면 소수의 이익이 아닌 전체, 즉, 다수의 이익이 발생됨으로서 모두 살 수 있다. 또 다른 방법이 있다. 바로 '파랑색 방지력 처럼 생긴 것'을 이용하는 것이다. 바로 차는 계속 앞으로 가고, 노인과 성인 남성이 방지력 위로 빨리 건너서 모두 사는 것이 낫다. 나는 가족에게 이렇게 말하고 싶다! "아직 자율주행 자동차는 아닙니다" 그리고 대놓아 브레이크가 고장난 자동차 역시 잘못되었다고 생각한다. 모두를 이런 상황이 일어나지 않게 무단횡단 역시 조심하라고 횡단보도를 건너시는 분들에게 조언해드리고 싶다.

<문제2 작성답안>

2) 증강현실은 지금까지도 사람들이 많이 이용하고 있는 일종의 서비스이다. 광고는 아니지만 '직방' 이라는 방을 구하는 곳에서도 집안을 360° 카메라로 보여주면서, 고객들의 신뢰를 높이고 있다. 이러한 마케팅을 ①에서 나오는 안전사고를 방지하고 알려주는 소프트웨어를 만들어보겠다. 내가 개발한 우리집을 안전하게 지킬 수 있는 장치는 바로 hh(home helper) 이다. 이 홈헬퍼는 스마트폰에 앱을 깔면 즉시 실행이 되는 것이다. 집에 불이 났으면, 강력한 소리와 진동이 동시에 나서, 핸드폰을 확인 할수 있게 만들어주는 프로그램이다. 하지만 이것만 있으면 재미가 없으니, 나는 다른 것도 역시 생각해 보았다. 바로 게임이다. 이것은 사고와는 전혀 연관성이 없지만, 효과는 좋다. hh를 깔면 hg(home game)이라는 어플이 자동 생성되는데, 이것은 큰 화재나 사고가 일어났을 때 버튼1개를 눌러서 집을 보호할 수 있는 장치이다. 이 기계(hg)의 알고리즘을 소개하도록 하겠다.

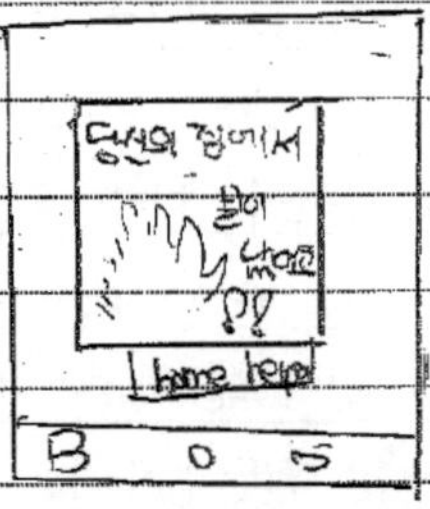

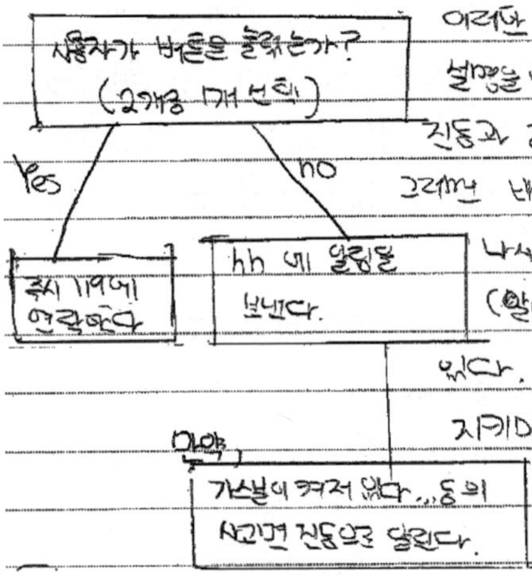

이러한 방식으로 작동이 된다. 이해가 되지 않는다면 설명을 하겠다. 알람이 울릴 때는 아까 말했듯이 진동과 큰 소리가 나며, 이것은 집에서도 똑같이 울린다. 그러면 바로 달려가서 볼수 있게끔 하는 프로그램이다. 만약 큰 사고가 나서 버튼을 누르면, 그게 즉시 119에 긴급연락이 가게 (알아서 연락) 집에 위험이 번지는 걸 막을 수 있다. 이 프로그램이 실제로 개발되어 만인의 집을 지킬수 있는 지킴이가 되었으면 좋을것 같다.

(2번). '포켓몬고' 출시되자마자 많은 사람들이 애용하게 되었고 한 사이트의 실시간 검색어 1위가 되기도 하였다. 이러한 열풍을 불러온 포켓몬고 과연 문제가 있진 않을까? 문제... 있다 있지. 포켓몬고는 많은 열풍과 함께 많은 사고가 일어났었다. 물론 지금은 다른 게임이 개발되어 포켓몬고를 하는 사람들이 줄어들었지만, 예전에는 사고가 있었다. 외국에서 포켓몬고를 즐겨하던 A양이 화면을 보면서 포켓몬만 잡고 있다가 지나가는 차에 치여 죽은 사례가 있었다. 물론 위 자동차처럼 어떠한 시스템이 있었으면 사망까지는 이르지 않았을 수도 있지만, 그 때는 그러한 시스템이 없었지. 하지만 포켓몬고뿐 이런 일은 일어나진 않는다. 게임 중독자는 흔히 큰 원인 보가는 학생들이 이런 사고를 당하는데, 이런 사고를 방지하고 대응할 수 있는 프로그램 (증강현실 소프트웨어)을/를 설계하려고 한다. 스마트폰으로 다양한 것들을 알아낼 수 있다. 요즘에는 많이 발전하여서 스마트폰이 방수기능이 있고, 사진을 찍으면 화면에 들어가지 않는 것까지도 찍을 수 있다. 그래서 요즘에는 여러 시스템이 만들어지고 있는데, 안전사고를 예방하기 위해 시스템을 만드려고 한다. 일단 첫번째로는 특수 안경을 만들 것이다. 요즘 VR이라는 기계로 증강현실 세계에서의 게임을 즐겨하는 사람들이 있다. 그래서 VR과 비슷하게 특수 안경을 만드려고 한다. 이 안경을 쓰면 앞, 옆 뿐만 아닌 뒤, 사각지대까지 볼 수 있다. 그러면 게임을 하다가도 특수 안경에 만약 어떠한 위험한 물체가 포착되면 이 안경에서 스마트폰으로 주의수를 보내어 폰으로 하고 있던 게임을 중지시키고 경고음을 울리도록 알고리즘을 짤 것이다. 두번째로는 학습기구인 '아두이노'에서 아이디어를 얻어 생각한 것이다. 휴대폰에 아두이노 기능을 합쳐서 센서를 활용하여 증강현실 소프트웨어를 제작할 것인데. 초음파 센서를 이용하여 장애물과의 거리값을 측정하여 위험 거리가 되면. 자신이 증강현실 세계에서 선택한 캐릭터를 이용해 그 캐릭터가 위험성을 유저에게 알려주는 형식의 프로그램이다. 마지막으로는 증강현실 세계 게임을 만들 것이다. 학습용 게임도 되면서, 여러 도움이 되는 게임인데, 사람들이 그렇다고 휴대폰을 보지 않을 수는 없으니, 또한 이미 게임중독에 빠진 사람들을 위해 게임 형식으로 제작할 것이다. 게임 이용자의 경험치를 올려 자신이 사고 싶은 것, 가고 싶은 곳을 할 수 있고 공부를 할 수 있다. 집에서 하는게 그나마 안정적이지만 밖에서 하는 사람들도 있고, 집에서 하는 것도 위험하므로 앞, 옆, 위, 뒤에 장애물이 있을 경우에는 게임이 중지되고 현실세계가 보인다. 그럼 유저가 정신을 차리고 다치지 않을 수 있으며, 알람을 맞추거나 정해진 시간이 되면 꺼지게 되는 프로그램이므로 게임중독도 예방할 수 있다

<문제4 작성답안>

④ 연관글: 요즘 독거노인이 많아지고 있고, 그들을 지키는 IT 서비스들이 있지만, 아직 많이 상용화되지 않고 있다. 이를 지키기 위해 IT 서비스를 제안해 본다

1)

① 영상통화 편지

우선, 독거노인을 위한 가장 영상통화 편지이다. 요양에 있는 공무원이나 다른, 딸, 손자, 집사람 등...의 영상통화를 받을 수 없는 프로그램이다. 화면에서는 독거노인 분들을 위해서 이 프로그램은 AR을 이용해 목소리로 대신, 영상통화로 시켜드리는 프로그램이다. 이것은 외로움을 더욱 달랠 수 있지 않을까 생각된다.

② 무료 서비스

요즘에도 서비스는 많이 상용화되지만, 직접 와서 도와드리고, 가까이 되지는 것은 생소한 프로그램 인 것 같다. 이 프로그램은 여름에는 선풍기를 무상으로 드리고, 겨울에는 따뜻하게 온돌을 무상으로 드리는 걸 한다. 그리고 독거노인을 위한 생활용품, 전자기기를 제공해 드리는 것도 방법이다.

(2) 도우미 프로젝트!

내가 알기론, SK에서 도우미 프로젝트를 진행 중인 것으로 알지만, 내건 조금 다르다. 이 프로젝트는 할머니, 할아버지와 가까이 지내고 싶으면 남녀노소 누구나 참여해도 되고, 나이제한 없이 (단, 유아에서 초등학생 4학년까지는 보호자와 같이 동반 한다) "어르신을 지켜드리자!" 홈페이지에 들어가서 나이, 정보를 입력하고 도와드리고 싶은 분을 찾아가서 직접 따뜻하게 도와드리는 것이다. 이것은 다른 프로그램과 다르게 어린이들도 갈 수 있고, 혼자서도 할 수 있는 서비스이다. 이렇게 되면 어르신들과 더욱 가까이 할 수 있는 계기가 될 것 같기도 하다.

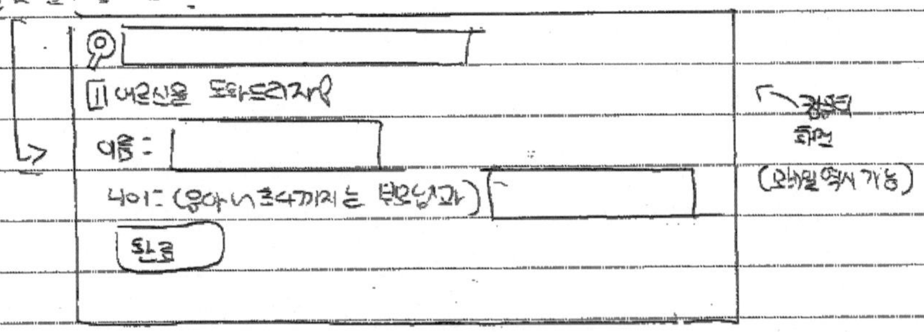

→ 할머니/할아버지도 이 알림을 받고, 되도록이면 대부분의 독거노인에게 무상제공되는 서비스이다. 독거노인에게 이 프로그램이 쉽게 사용되어서 조금이나마 외로움을 달랠 수 있다면 좋을 것 같다.

독거노인 분들 힘내세요!

(4번) 독거노인들은 혼자 생활하기 때문에 일동가 없기 심심해하시는 분들이 생긴다. 이를 대비하여 노인들의
말을 알아들을 수 있고 대답하게 해줄 IT 텔레케어 서비스가 필요하다. 만약 독거노인이 심심해 할 때
IT 텔레케어 서비스를 활용해 독거노인과 대화하여 독거노인이 심심하게 하지 않게 할 수 있다.
또한 몸을 힘들게 하는 독거노인이 있어야 보다 편리한 방법을 알려주는 서비스나, 편리하게 사용할 수 있는 기계를
사용할 수 있다. 그런데 노인분들께서는 이러한 기계가 익숙지 않아서 사용을 힘들게 하는 것도 있기 때문에 기계가
아닌 예전 방식으로 새롭게 IT 텔레케어 장비를 만들어 보는 것도 나쁘지 않다고 생각한다.
또한 나이가 들어 자주 깜박하시는 분들께는 IT 텔레케어 서비스로 그런 기억을 알려주는 서비스를 개발하여
사용하는 것이 나의 생각이다. 다쳐도 그냥 밴드를 붙이시거나, 침을 바르거나 된장을 바르셔서 악화되는 분들이 계신다.
그럴때에는 의료용 기구를 만들어서 치료를 하는 장비가 필요할 것이다.
텔레케어 장비는 여태까지나 생활을 편리하게 하기 위해서 개발되었다. 하지만 나는 생활을 편리하게
해줄 예전과는 다른 IT 텔레케어 서비스를 만들고 싶다. 아직 힘드신 독거노인 분들의 생활을 편리하게 해드리며
예전에는 시키는 일만 했지만 이제는 말을 걸어주고 얘기를 해드리는, 삶이 행복을 드리게 할 수 있는
텔레케어 서비스를 만들 것이다. 과학이 행복을 줄 수 있게 하고 싶다. (만들고 싶다.)

중학교 1~3학년

제4회 소프트웨어(SW) 사고력 올림피아드(중1~3)

※ 다음 문제에 모두 답하시오.
※ 답은 <답안지>에 작성하시기 바랍니다.
※ 시험 종료 후 <문제지>와 <답안지> 모두 제출하여 주시기 바랍니다.
※ 본 문제들은 창의적인 생각을 자유롭게 기록하면 됩니다.

3 미술관에서 전시하는 미술 작품에 다양한 IT 기술을 적용하여 시각장애인들도 감상할 수 있는 서비스를 제공하려고 한다. 구체적 방안을 기술하시오.

4 데카르트(Descartes Rene, 1596~1650)는 평면과 공간에서의 위치를 좌표상의 숫자로 처음 나타낸 사람이다. 그는 어느 날 침대에 누워있다가 우연히 천장에 붙은 파리 한 마리를 보고는 그 위치를 나타내는 현재의 가로·세로·높이를 이용한 좌표 체계를 만들어 냈다.

4-1. 예를 들어 컴퓨터 마우스에서 좌표 체계를 사용한다. 우리 생활 속에서 이와 같이 좌표 체계를 이용한 시스템에는 무엇이 있는지 기술하시오.

4-2. 좌표 체계를 이용하면 좋을 만한 새로운 시스템을 구상하여 적으시오.

5 A회사는 2011년에 창업한 소프트웨어 회사입니다. 이 기업의 직원 수는 2012년 30명에서 2018년 700명으로 증가했습니다. 그런데 이 회사의 가장 특이할 만 한 점은 사무실이 없다는 점입니다. 700명의 직원 모두가 원격근무를 합니다. 그런데도 이 회사는 계속해서 발전하고 있습니다.

5-1. A회사와 같은 회사를 더 효율적으로 운영할 수 있게 규칙을 정하고자 합니다. 어떤 규칙을 정해야 할지 자신의 생각을 서술하시오.

5-2. 기술의 발달로 인하여, 미래에 등장할 회사에 대하여 그 운영 모습을 상상하여 설명하시오.

소프트웨어(SW) 사고력 올림피아드 답안지

수험번호	학교명	학년	성명

1) 문제 분석

문제	출제 의도	평가 준거
3	IT 기술을 활용하여 전시 관람 및 작품 감상에 제약이 있는 시각장애인의 미술에 대한 접근성을 높일 방안을 제시하는 문제입니다. 시각장애인의 입장에서 어려움을 이해하고 이를 창의적으로 해결할 수 있어야 합니다.	**윤리적 사고력** **창의적 문제 해결력**
4-1	생활 속에서 좌표 체계를 이용한 시스템을 찾는 문제입니다. 좌표에 대한 기본 정보를 알고 있어야 하며 생활 주변에서 다양한 좌표의 사례를 생각해내는 지식 기반 사고가 필요합니다.	**정보 이해 사고력** **지식 기반 사고력**
4-2	좌표 시스템에 대한 이해를 기반으로 새로운 시스템을 구상하는 문제입니다. 좌표가 필요한 상황에 대한 맥락을 이해하고 이를 창의적으로 해결하기 위한 사고력이 필요합니다.	**창의적 문제 해결력** **통합 맥락적 사고력**
5-1	A회사의 특징을 바탕으로 회사를 효율적으로 운영하기 위한 규칙을 생각해보는 문제입니다. 회사는 여러 명의 구성원들이 함께 일을 하는 곳이므로 서로 만족하고 협동할 수 있도록 창의적이고 효과적인 규칙을 서술하는 것이 중요합니다.	**창의적 문제 해결력** **통합 맥락적 사고력** **협동적 사고**
5-2	기술 발달에 따른 미래 사회 회사의 모습을 예측하여 서술하는 문제입니다. 미래 사회의 기술이 어떻게 발달을 할 것인지에 대한 실제적인 지식을 바탕으로 기술의 발달과 회사의 모습 사이에 어떤 관련이 있는지를 함께 제시해야 합니다.	**지식 기반 사고력** **통합 맥락적 사고력**

2) 예시답안

3. 미술관에서 전시하는 미술 작품에 다양한 IT 기술을 적용하여 시각장애인들도 감상할 수 있는 서비스를 제공하려고 한다. 구체적 방안을 기술하시오.

- 시각장애인용 음성해설 서비스

시각장애인이 스마트폰의 카메라로 미술 작품을 촬영하면, 이를 식별하고 작품에 대한 정보와 해설을 소리로 들려준다. 덧붙여, 미술관 내의 이동 방향을 소리로 제공하여 시각장애인들이 미술관의 전시를 편하게 감상할 수 있게 한다.

- 생체 공학 눈 기술을 활용한 안경

시각장애인이 생체 공학 눈 기술이 포함된 안경을 쓰고 미술 작품을 보면, 안경의 카메라가 이를 식별하여 망막을 자극한다. 망막은 시신경으로 들어오는 정보를 전기적 신호로 바꾸어 뇌에 전달한다. 이 기술을 이용하면 시각장애인도 작품을 느낄 수 있다.

▶ 시각장애인들도 미술 작품을 감상할 수 있는 서비스를 구상하는 문제입니다. 시각장애인의 특성을 이해하고 이를 도울 수 있는 기술을 떠올려야 합니다.

4-1. 예를 들어 컴퓨터 마우스에서 좌표 체계를 사용한다. 우리 생활 속에서 이와 같이 좌표 체계를 이용한 시스템에는 무엇이 있는지 기술하시오.

- 인쇄 기술 및 화면 출력 기능 (예: 프린터, 3D프린터, 스캐너)
- 대상의 위치를 나타내는 시스템 (예: 지도, 위도, 경도)
- 표, 스프레드시트 형태의 컴퓨터 프로그램
- 바둑, 오목과 같은 보드게임

▶ 생활 속에서 좌표 체계를 이용한 시스템의 예시를 찾는 문제입니다. 주변에서 좌표 체계의 특징을 활용한 사례가 있는지 떠올려보고 이를 기술해야 합니다.

4-2. 좌표 체계를 이용하면 좋을 만한 새로운 시스템을 구상하여 적으시오.

좌표 체계를 이용하면 좋은 시스템을 두 가지 생각할 수 있다. 첫째, 물류 유통 과정에서 물류 보관에 좌표 체계를 도입할 수 있다. 외국계 창고형 할인마트의 경우 물건이 많고 흩어져있어 찾기가 어렵다. 하지만, 좌표 체계에 따라 물건을 분류하고 소비자에게 물건별 좌표를 제공하면 더 쉽게 물건의 위치를 알 수 있다. 동시에 물건의 수량 파악 및 재고 확인이 쉽다. 둘째, 주소 시스템에 좌표 체계를 도입할 수 있다. 현재 도로명 주소를 사용하고 있지만, 도로명만 보고는 해당 주소가 어느 쪽에 위치하는지 쉽게 알기 어렵다. 대안으로 좌표 체계를 도입하면 좌표를 보고 해당 주소의 위치를 정확하게 찾을 수 있다.

▶ 좌표는 위치를 숫자 데이터로 나타내어 생활의 편리함을 줍니다. 생활 속에서 좌표 데이터가 필요한 경우를 잘 떠올려보고 좌표가 가진 장점을 적용할 수 있는 창의적인 사고가 필요합니다.

5-1. A회사와 같은 회사를 더 효율적으로 운영할 수 있게 규칙을 정하고자 합니다. 어떤 규칙을 정해야 할지 자신의 생각을 서술하시오.

1. 회사에서는 업무 진행에 대한 명확한 지침을 만들어서 직원들이 잘 알고 있도록 한다.
2. 직원들이 회사에 대한 소속감을 잘 느낄 수 있도록 팀끼리 매일 화상 회의로 서로의 목표와 성과를 잘 나눌 수 있도록 한다.
3. MDM 프로그램을 사용하는 개인 업무용 디바이스를 사용하여 근무한다.(프로그램 다운로드 제한, 업무 시간 확인, 타 메신저 사용 금지 등)
4. 기업의 보안을 유지하기 위해 사내 보안 프로그램을 항상 켜둔다.

▶ 자신이 기업의 사장이 되었다고 생각하고, 기업을 잘 운영할 수 있는 규칙을 생각하는 문제입니다. 기업이 좋은 성과를 내면서도 직원들이 만족스럽게 일할 수 있게 하는 방법에는 어떠한 것이 있는지 통합 맥락적 사고를 기반으로 작성해야 합니다.

5-2. 기술의 발달로 인하여, 미래에 등장할 회사에 대하여 그 운영 모습을 상상하여 설명하시오.

미래 사회에서는 인공지능과 기술의 발달로 현재와는 다른 회사의 모습이 될 것이다.
먼저 자율주행차나 드론 택시 등 교통의 발달로 사람들은 출근 시간을 절약하고 쉽게 출퇴근을 할 수 있다. 가상현실 및 증강현실 기술의 발달로 원하는 사람들은 꼭 출근하지 않아도 한 사무실에서 함께 일하는 것과 같이 집에서 근무할 수 있을 것이다.
인공지능의 발달로 회사에서는 단순하고 반복되는 업무는 인공지능이 대신할 것이며 인간은 더 복잡하고 난도가 있는 결정을 내리고 중요한 일을 하게 될 것이다.

▶ 미래 사회에서 기술이 어떻게 발달할지 생각하고 이에 따른 회사의 모습을 예측하는 문제입니다. 단순히 예측한 회사의 모습만 적기보다는 어떠한 기술의 발달이 회사의 어떤 점에 영향을 주게 되는지를 구체적으로 기술하는 것이 좋습니다.

3) 참가자 답안지 살펴보기

<문제3 작성답안>

문제 3

- 시각장애인들은 바닥에 나있는 길을 따라 움직이는 커다란 투명한 공을 타고 돌아다닌다.

　ㄴ 이 공의 두가지 모드 ┬ 모드 1 : 공이 정해진 경로를 따라 자동으로 이동한다.
　　　　　　　　　　　　└ 모드 2 : 공이 정해진 경로를 따라 이동하지만 레일바이크와 같이 걸어야지만 이동할 수 있다. (그래서 마음놓고 지팡이 없이 편히 걸을 수 있다.)

　ㄴ 앞의 공과 (항상) 일정한 거리를 유지한다.

　ㄴ 투명한 공 덕에 시각장애인에게 위급한 상황이 생기면 주변 사람들이 (바로) 도와줄 수 있다.

-

- 공 안에서는 스피커가 있는데, (이동해 작품 앞에 가면 그) 작품에 대한 설명. 그리고 작품의 분위기를 연출하는 소리를 들려준다.

-

- 작품은 공 바깥, 길 주변에 입체적으로 전시되있으며 공은 (작품에 대한 설명을 다 들은 뒤) 이동해 (작품 앞에서) 작품과 밀착되게 붙는다.

그럼 공의 벽면은 작품과 같게 돌출되게 되고, 장애인들은 이를 만지며 느낀다. 또 작품의 어느 입체적인 부분을 터치하면 그것이 어떤 물체인지 음성 안내가 나온다.

<문제4 작성답안>

4-1) 컴퓨터 마우스는 모니터 상의 x축과 y축을 이용하여 위치를 나타낸다. 이와 같은 우리 생활 속의 좌표를 찾아본다면 2차원 지도의 성격을 띠고 있는 네비게이션의 경우에서는 GPS로 이동하는 차의 위치를 x축과 y축의 좌표를 이용하며 나타내고, 지정한 건물을 목적지로 표시하는 것에 대해서도 좌표가 이용되고 있다. 또한 버스나 지하철과 같은 대중교통수단에서의 좌석 및 손잡이 배치에서도 좌표상에 공간대비 더 많은 사람들을 수용하기 위하여 사용된다.

4-2) 앞서 말한 예시들은 모두 x축과 y축으로 이루어진 2차원 좌표이다. 그러나 좌표는 z축을 첨가한 3차원 좌표가 존재한다. 이 2차원 좌표와 3차원 좌표를 효율적으로 연계하여 우리 생활에 도움을 주는 시스템은 무엇일까?
사람들은 종종 취미, 건강 등을 이유로 등산을 가곤 한다. 등산을 하다보면 갈증을 느끼기 쉽기 마련인데, 2차원 좌표에서 등산객의 평균보폭을 측정하고, 3차원 좌표에서 걸음의 각도와 등산로의 기울기 등을 측정한다. 이 데이터를 베이스로 정상 또는 목표지점까지 오르는데 걸리는 시간과 갈증을 해소하기 위해 물을 마실수 있는 최적의 시간을 등산객의 기본 신체, 건강 정보를 토대로 등산객에게 제공하는 시스템인 것이다.

문제 4.

① - 학교 책상의 위치.

- 수학의 함수 문제

- 바둑, 오목 게임

- 엑셀, 파워포인트 등 컴퓨터 프로그램

- 그림판 등 스케치 앱.

② 그림 따라 그리기 프로그램에 좌표 체계를 이용하면 좋겠다.

(점으로)

따라 그리고 싶은 그림 위에 좌표를 나타내도록 경계선들을 좌표제 위해 직접표시하거나 표시를 컴퓨터가 하게 한다

그 후 점을 이어서 그림을 더 쉽게 그릴 수 있다.

또 좌표 위에 (경계선으로) 표시한 점들의 위치를 그림 대신 보내서 사진을 전송한 것 같은 효과를 얻을 수 있다.

(대용량 사진들을 보내야 할 때 유용하다)

<문제5 작성답안>

문제 5.

① 규칙 1. 정해진 근무시간에는 급한 공지를 받을 수 있기 위해 꼭 컴퓨터에 접속해 있어야 한다.

규칙 2. 하루 최소 정해진 시간은 근무를 해야한다.

규칙 3. 회사 정보, 비밀을 유출하지 않는다

4. 규칙 3을 하기 위해 정해진 노트북 사용 혹은 회사에서 승인된 노트북을 사용한다.

5. 지속적으로 다른 직원들과 소통하며, 항상 연락 받을 수 있게 한다.

② 미래에는 전 세계에 퍼져있는 사람들이 모두 같은 시간, 혹은 다른 시간에 다 같이 컴퓨터로 티워를 하고, 출근하는 대신 집에서 노트북을 켜게 하는 회사가 등장할 것이다.

이 회사는 직원들의 노트북 보안을 강화하고, 직원들의 능률을 높이기 위해 계속 업무 측진 상태를 관리, 감시 할 것이다. 또, 사무실 운영비용이 없기 때문에 이 비용을 제품 품질 향상에 더 능률적으로 쓸 수 있을 것이다. 또한 직원도 공간 제약 없이 일을 수 있게 될 것이다.

5. 5회 대회 기출문제 분석

초등학교 3~4학년

제5회 소프트웨어(SW) 사고력 올림피아드(초3~4)

※ 다음 문제에 모두 답하시오.
※ 답은 <답안지>에 작성하시기 바랍니다.
※ 시험 종료 후 <문제지>와 <답안지> 모두 제출하여 주시기 바랍니다.
※ 본 문제들은 창의적인 생각을 자유롭게 기록하면 됩니다.

1 수학 과목에서 가장 많이 사용하는 연산은 덧셈과 뺄셈입니다. 덧셈과 뺄셈을 쉽고 재미있게 학습할 수 있는 소프트웨어를 개발하려고 합니다.

1-1. 소프트웨어에 등장하는 주인공과 역할을 기록하시오.

1-2. 소프트웨어를 더 흥미 있게 할 방법을 제안하시오.

소프트웨어(SW) 사고력 올림피아드 답안지

수험번호	학교명	학년	성명

1) 문제 분석

문제	출제 의도	평가 준거
1-1	수학 교과 중 덧셈과 뺄셈을 재밌게 학습하기 위한 소프트웨어를 개발하는 문제입니다. 소프트웨어의 목적을 정확하게 설정하고 주인공과 역할을 새롭게 설정해야 합니다.	**정보 이해 사고력** **창의적 문제 해결력**
1-2	계획한 소프트웨어의 흥미를 높이는 방법을 제안하는 문제입니다. 전체적인 시스템의 상황 이해를 기반으로 소프트웨어의 구조에 맞게 문제를 해결하는 통합 맥락적 사고가 필요합니다. 알고 있거나 경험해 본 게임 요소를 기반으로 흥미로운 요소를 추가할 수 있고, 게임 외 요소들을 추가할 수도 있습니다.	**통합 맥락적 사고력** **창의적 문제 해결력**

2) 예시답안

1-1. 소프트웨어에 등장하는 주인공과 역할을 기록하시오.

인물	역할
엄마	단계마다 등장하여 문제를 내고, 여러 개의 답안을 던진다.
딸/아들 (주인공)	키보드로 움직이며 작동한다. 엄마가 던진 답안 중 정답인 답안을 받으면 점수를 얻는다. 엄마가 던진 답안 중 정답이 아닌 답안을 받으면 점수를 잃는다.

▶ 예시답안에서는 덧셈과 뺄셈을 공부하는 학생들이 쉽게 접할 수 있는 환경에 기초하여 소프트웨어를 설계하였습니다. 이와 다르게 다른 수학적 요소를 가져와 캐릭터를 구성하는 것도 좋습니다.

1-2. 소프트웨어를 더 흥미 있게 할 방법을 제안하시오.

- 단계가 올라갈수록 덧셈과 뺄셈식의 자릿수와 난도가 올라간다.
- 시간이 지날수록 답안이 떨어지는 속도가 빨라진다.
- 점수를 용돈으로 표현하여 사용자의 몰입을 더한다.
- AR 기능을 추가하여, AR기기를 착용하면 직접 주인공이 되어 답안을 손으로 받을 수 있다.

▶ 예시답안에서는 소프트웨어의 흥미 요소로 단계별 난이도 조절, 환경 변화, AR 기능 추가 등을 제안하였습니다. 이 외에도 다른 플레이어와의 협동 기능, 경쟁 기능 등을 추가할 수 있습니다.

3) 참가자 답안지 살펴보기

<문제1 작성답안>

1-1) 게임 소프트웨어 1의 주인공과 그 역할

↳ 주인공: 탐험가 → 역할: 지구의 유명한 곳(LA, 이집트의 피라미드 등)에 다니면서 그곳에 사는 중요한 인물을 만나서 중요한 인물이 내는 덧셈·뺄셈 퀴즈를 맞춰 경험치와 레벨, 아이템을 얻는다. 하지만 문제를 틀리면 경험치와 레벨이 감소한다. 도둑이 나타나면 봉망치로 때려서 도망가게 해야된다.

↳ 도둑의 역할: 일정한 확률로 스테이지 중간에 나와서 탐험가의 아이템을 가져간다.

게임 소프트웨어 2의 주인공과 그 역할

↳ 주인공: 학생 → 역할: 학교를 돌아다니며 수학책을 찾아 문제를 푼다. 수학책 7개를 모두 모아서 나가는 문으로 탈출하여 이긴다.

↳ 선생님의 역할: 학생을 찾아서 학생이 푼 수학책을 초기화시킨다.

↳ 교장선생님의 역할: 학생이 학교에서 뛰면 교장실로 잡아간다.

1-2) 게임을 보다 흥미롭게 할 수 있는 방법 1: 온라인으로 만들어 전 세계에서 모인 플레이어들이 같이 게임을 즐긴다.

방법 2: 제한 시간을 두어서 제한 시간이 끝나면 선생님이 이긴다.
방법 3: 교실마다 선생님을 공격할 수 있는 아이템을 둔다.
방법 4: 교실마다 선생님이 학생을 공격할 수 있는 아이템을 둔다.
방법 5: 선생님의 수를 늘린다.
방법 6: 선생님을 방해할 수 있는 캐릭터를 만든다.
] 게임 소프트웨어 2

방법 7: 도둑이 나타나는 확률을 늘린다.
방법 8: 지구의 유명한 곳을 늘린다.
방법 9: 제한 시간을 둔다.
] 게임 소프트웨어 1

제5회 소프트웨어(SW) 사고력 올림피아드(초5~6)

※ 다음 문제에 모두 답하시오.
※ 답은 <답안지>에 작성하시기 바랍니다.
※ 시험 종료 후 <문제지>와 <답안지> 모두 제출하여 주시기 바랍니다.
※ 본 문제들은 창의적인 생각을 자유롭게 기록하면 됩니다.

3 단순히 밥을 짓는 용도로 사용했던 전기밥솥의 기능이 나날이 발전하고 있습니다. 다양한 요리 기능을 이용해 누구나 맛있는 음식을 손쉽게 만들 수 있게 되었습니다. 다음은 전기밥솥을 이용해 만들 수 있는 요리입니다.

맥반석 달걀	밥솥에 달걀 7~8개 정도 넣고, 달걀이 반 정도 잠기게 물을 부은 뒤 소금 1큰술 넣고 취사 버튼(40분)
쇠고기 장조림	밥솥에 소고기 500g 기준 양파 1/2개, 대파 1줄, 마늘 5개, 물 2컵, 간장 1/2컵, 맛술 2큰술, 통후추 1작은술을 넣고 취사 버튼(50분)
등갈비찜	밥솥에 썬 등갈비를 넣고 간장 2큰술, 설탕 1큰술, 물 1컵을 넣고 초벌로 한 번 삶음(취사 15분). 양파와 파인애플은 믹서기에 갈아준다. 맛간장 1컵, 다진마늘 1큰술, 물엿 3큰술, 설탕 2큰술, 청주 2큰술, 매실청 약간, 후춧가루 약간 넣고 고루 섞기. 한번 삶은 등갈비의 기름을 버리고 만든 양념을 넣고 취사 버튼(25~30분)
플레인 요거트	유리용기에 우유 750㎖, 요구르트 음료 150㎖를 넣고 고루 섞은 후, 밥솥에 유리용기를 넣고, 뜨거운 물 붓기. 보온 버튼(40분). 보온이 끝나면 뚜껑을 닫은 채로 8시간 동안 보관 후 냉장 보관

3-1. 전기밥솥에서 다양한 요리를 가능하게 하는 알고리즘을 설명하시오.

3-2. 미래에는 이보다 더욱 다양한 요리를 가능하게 하는 자동 조리 로봇이 개발될 것입니다. 미래의 음식 자동 조리 로봇을 구상하여 제안하시오.

4 다음은 빅데이터에 관한 신문기사입니다. 기사를 읽고 물음에 답하시오.

디지털 기술 발달로 시시각각 수많은 데이터가 만들어진다. 하루에 생산되는 디지털 데이터는 2제타바이트(ZB)에 이른다고 한다. 미국 내 전체 학술도서관에 소장된 도서 정보의 100만 배에 해당하는 규모다. 이렇게 쏟아져 나오는 데이터를 제대로 관리하고 활용한다는 것은 매우 어려운 문제다.

[출처: 전자신문 사설 'ET 단상, 데이터 리터러시'-박재현 한국데이터산업진흥원 실장]

하루에 생성되는 빅데이터의 양이 방대하여 관리하고 활용하는 것은 어려운 일임에 틀림없다. 하지만, 반대로 말하면 그만큼 많은 데이터를 잘 활용한다면 우리 생활에 큰 도움이 될 것이다.

4-1. 학생들이 학교생활을 하는 동안 얻을 수 있는 데이터의 종류는 무엇이 있을지 생각하여 기술하시오.

4-2. 이와 같은 다양한 데이터를 실제로 디지털화하여 수집하는 알고리즘을 설계하시오.

소프트웨어(SW) 사고력 올림피아드 답안지

수험번호	학교명	학년	성명

1) 문제 분석

문제	출제 의도	평가 준거
3-1	전기밥솥에서 다양한 요리를 조리하기 위해 작동하는 알고리즘을 설명하는 문제입니다. 지문에서 제공하는 음식들의 조리 방법을 살펴보고 전기밥솥을 사용해본 경험을 떠올리며 작동 알고리즘을 순차적으로 서술해야 합니다.	**정보 이해 사고력** **지식 기반 사고력**
3-2	미래의 자동 조리 로봇을 상상하여 제안하는 문제입니다. 미래의 기술에 대한 지식을 바탕으로 자동 조리 로봇을 창의적으로 구상하여 표현하는 능력이 필요합니다.	**창의적 문제 해결력** **지식 기반 사고력** **표현력**
4-1	학생들의 학교생활에서 수집할 수 있는 데이터의 종류를 서술하는 문제입니다. 학교라는 상황에 집중하여 문제를 해결해야 합니다. 데이터의 종류가 다양하므로 데이터를 나열식으로 서술하기보다는 구조화하여 서술하면 좋습니다.	**정보 이해 사고력** **통합 맥락적 사고력**
4-2	실제의 데이터를 디지털화하여 수집하는 알고리즘을 설계하는 문제입니다. 데이터를 수집하는 과정에 대한 지식을 기반으로 절차를 순서에 맞게 서술하는 것이 필요합니다.	**정보 이해 사고력** **지식 기반 사고력**

2) 예시답안

3-1. 전기밥솥에서 다양한 요리를 가능하게 하는 알고리즘을 설명하시오.

1. 사전에 전기밥솥에 메뉴별로 정해진 조리법(가열 시간 및 온도)을 저장한다.
2. 사용자가 만들고 싶은 요리와 용량을 선택한다.
3. 전기밥솥이 필요한 재료와 순서를 안내한다.
4. 사용자가 순서에 따라 재료를 넣은 후 전기밥솥을 닫고 취사 버튼을 누른다.
5. 조리 모드와 시간에 따라 요리를 시작한다.
6. 요리가 완성되면 사용자에게 알람과 함께 안내한다.

▶ 전기밥솥에서 다양한 요리를 가능하게 하는 알고리즘을 설명하는 문제입니다. 예시답안에서는 알고리즘을 단계별로 제시하였지만, 단계별로 조건문을 설정하고 '예/아니요'로 나누어 순서도로 표현해도 좋습니다.

3-2. 미래에는 이보다 더욱 다양한 요리를 가능하게 하는 자동 조리 로봇이 개발될 것입니다. 미래의 음식 자동 조리 로봇을 구상하여 제안하시오.

미래의 음식 자동 조리 로봇은 조리과정을 처음부터 끝까지 책임진다. 먼저, 사용자가 먹고 싶은 요리를 입력하면 로봇은 요리에 필요한 재료들이 냉장고에 있는지 재고를 확인한다. 재료가 부족하면 자동 주문 시스템을 이용하여 가까운 마트에 식재료를 주문한다. 재료가 충분하면 별점 순으로 다양한 조리법을 제시한다. 사용자가 조리법과 시간을 예약하면 자동 조리 로봇이 조리법에 따라 정해진 시간까지 요리를 완성한다.

▶ 음식을 자동으로 조리하는 과정에 필요한 조건과 환경을 고려하여 답안을 작성해야 합니다. 구상한 미래의 음식 자동 조리 로봇의 외적 형태나 작동 방법을 그림으로 함께 제시해도 좋습니다.

4-1. 학생들이 학교생활을 하는 동안 얻을 수 있는 데이터의 종류는 무엇이 있을지 생각하여 기술하시오.

1. 학습 관련 데이터 (예: 과목별 성적, 학년별 도서 대출 수)
2. 건강 관련 데이터 (예: 개인별 신체 정보, 개인별 체온, 달리기 시간)
3. 영양 관련 데이터 (예: 학생들의 급식 선호도, 음식 종류별 잔반의 양)
4. 생활 관련 데이터 (예: 학생들의 스마트폰 활용 시간, 학교폭력 사건의 수)

▶ 예시답안에서는 학교생활을 크게 네 부분으로 나누고 각각에서 수집할 수 있는 데이터를 분류하였습니다. 예시답안 외에도 학교생활을 하는 과정에서 얻을 수 있는 다양한 데이터를 찾아 제시하면 좋습니다.

4-2. 이와 같은 다양한 데이터를 실제로 디지털화하여 수집하는 알고리즘을 설계하시오.

1. 수집하고자 하는 주제를 선정한다. (예: 새로운 학교 도서관을 어디에 두면 좋을지에 대한 문제를 해결하기 위해 어느 학년이 가장 독서를 좋아하는지 알아본다.)
2. 주제와 관련된 데이터를 선별한다. (예: 학년별 도서 대출 수 데이터를 찾아본다.)

3. 수집한 데이터의 유형을 범주형 데이터와 수치형 데이터로 분류하여 구분한다. (예: 학년별 도서 대출 수는 수치형 데이터이다.)

4. 데이터 유형에 맞게 전처리하여 정리한다. (예: 전학생 등의 의미 없는 데이터는 삭제하고, 학년별 학생 수 등을 고려하여 학년 평균 도서 대출 권수를 파악하여 문제를 해결하는 데 활용할 수 있도록 정리한다.)

▶ 학교에서 찾을 수 있는 데이터를 디지털화하여 수집하는 알고리즘을 설명하는 문제입니다. 데이터 수집 과정은 절차가 중요하므로 절차를 순서에 맞게 잘 설명해야 합니다. 이때, 예시 답안처럼 수집하는 알고리즘을 예시와 함께 설명하는 것도 좋습니다.

3) 참가자 답안지 살펴보기

<문제3 작성답안>

3-1) 전기밥솥에서 다양한 요리를 가능하게 하는 알고리즘은

① 먼저, 재료의 준비성인 것 같다. 싱싱한 채소를 준비하였으면

② 두번째, 있는 재료를 가지고 만들 수 있는 요리들을(음식들을) 생각한다.

③ 세번째, 그 음식을 만들기 위해 필요한 재료를 골라 내고, 만드는 순서나 방법등을 생각한다.

④ 네 번째, 생각한 레시피를 가지고 음식 만들기를 시작한다. 몇 g이 들어가는지 큰술 몇 숟가락, 어떤 물체가 (작방술긴)들이 필요한지 고려하면서 만든다.

⑤ 음식이 다 만들어졌으면 그 다음 몇 분동안 어디에 놓아야 되는지 생각해본다.

3-2)

미래의 음식 자동 조리 로봇의 이름은 '(MKF)$^{\infty}$'이다. '(MKF)$^{\infty}$'의 뜻을 해독한다면 'Many Kind of Food'이다. 또 머리에 제곱처럼 달려있는 ∞ 것은 '무한이'라는 것이다.

바로 많은 종류의 음식은 무한저로 만들수 있다는 것이다.

'(MKF)$^{\infty}$'은 말 뜻 그대로 재료만 준비되어 있다면 모든 음식을 가지고 있다. 이 로봇의 설계는 칩이 있어서 음식을 구상할 수 있다. 그 칩에는 우리가 고를 수 있는 재료들의 가지(종류)가 수천개가 넘어서 그 칩 내부에서 고른 다음, 칩 칸에 넣어 주기만 하면 된다.

그다음 알고리즘을 짠다면

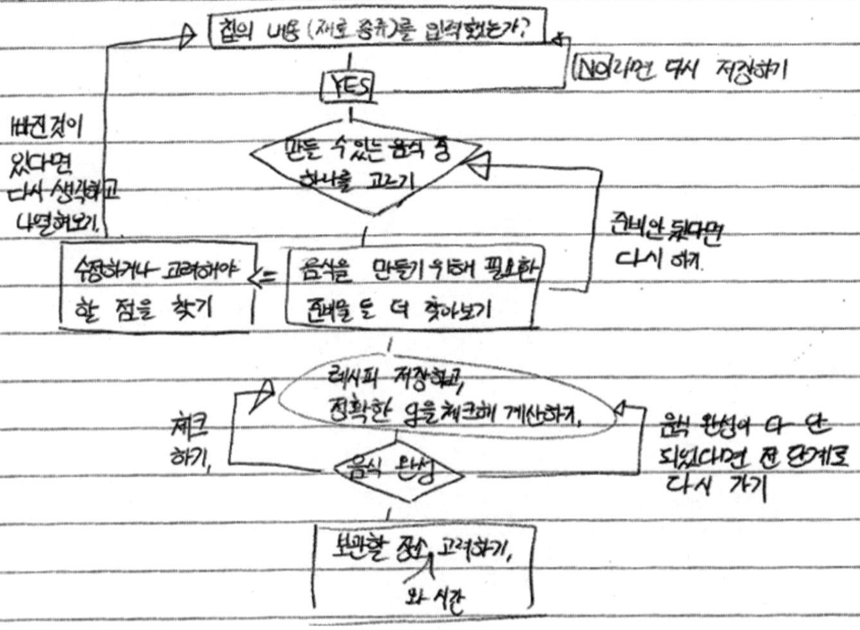

<문제4 작성답안>

4

(4-1) 학생들이 학교생활을 하는동안 하는 활동을 기록한다. 쉬는시간에 보통 하는 일, 놀이 등을 참조하여 놀이시설을 만들거나 안전장치를 만든다. 또 가장 재미있고 열정적으로 참여하는 과목과 아닌 과목을 조사하여 수업시간표를 짠다. 또 학생들의 희망하는 직업희망을 조사하여 일자리의 수요를 예측한다.

(4-2)

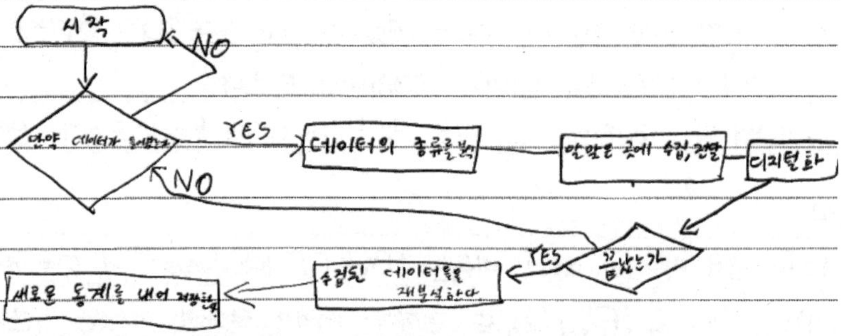

만약 데이터가 수집되면 종류 분석조 알맞은 곳에 저장한다. 새로 수집된 데이터들을 모아 새로운 결과를 내어 저장한다.

MEMO

중학교 1~3학년

제5회 소프트웨어(SW) 사고력 올림피아드(중1~3)

※ 다음 문제에 모두 답하시오.

※ 답은 <답안지>에 작성하시기 바랍니다.

※ 시험 종료 후 <문제지>와 <답안지> 모두 제출하여 주시기 바랍니다.

※ 본 문제들은 창의적인 생각을 자유롭게 기록하면 됩니다.

2 2019년 4월 4일 강원도 고성군, 속초시, 강릉시, 동해시에 산불이 나서 큰 피해가 발생했습니다. 예방을 위한 많은 노력에도 불구하고 산불로 인한 피해가 반복되는 안타까운 실정입니다. 이에 산불 예방을 예방하기 위해 빅데이터 분석을 활용하고자 합니다.

2-1. 산불 예방을 위해 수집해야 하는 데이터의 종류와 수집 방법을 서술하시오.

2-2. 수집한 데이터를 활용하기 위한 소프트웨어를 설계하시오.

4 최근 4차 산업혁명이 이슈화됨과 더불어 우리 사회는 기존의 지식 정보 사회에서 '초연결, 초지능, 초실감'으로 대표되는 지능 정보 사회로 변화하고 있습니다. 이러한 변화의 핵심에는 2016년 세상을 떠들썩하게 했던 알파고(AlphaGo)로 대변되는 인공지능 기술이 있습니다. 인공지능의 발달은 의료, 법률, 쇼핑 등 우리 생활의 여러 분야에서 변화를 가져오고 있습니다. 현재 자동차를 운전할 때 사용하는 내비게이션은 현재 도로의 상황을 파악하여 가장 빠른 길을 안내합니다.

4-1. 만약 내비게이션에 인공지능 기술을 적용하면 미래 사회에는 어떤 방식으로 길 안내를 하게 될지 상상하여 제시하시오.

4-2. 미래의 내비게이션의 형태나 유저 인터페이스(User Interface)를 설계하시오.

소프트웨어(SW) 사고력 올림피아드 답안지

수험번호	학교명	학년	성명

1) 문제 분석

문제	출제 의도	평가 준거
2-1	산불을 예방하기 위해 수집해야 하는 데이터를 서술하는 문제입니다. 산불과 관련된 과학적 지식을 기반으로 문제를 해결하는 지식 기반 사고력과 통합 맥락적 사고력이 필요합니다.	**지식 기반 사고력** **통합 맥락적 사고력**
2-2	2-1에서 수집한 데이터를 활용하여 산불을 예방하기 위한 소프트웨어를 설계하는 문제입니다. 예방 방법을 창의적으로 생각하고 이를 정확하게 설명하는 표현력이 필요합니다.	**창의적 문제 해결력** **표현력**
4-1	인공지능 기술을 적용하여 내비게이션이 길 안내를 하는 과정을 서술하려면 인공지능 기술에 대한 지식이 필요합니다. 또한 각각의 기능에 적용된 인공지능 기술을 바탕으로 전체 맥락적인 관점에서 서술하는 능력이 필요합니다.	**지식 기반 사고력** **통합 맥락적 사고력**
4-2	인공지능을 적용한 미래의 내비게이션을 설계하기 위해서는 현재 내비게이션의 문제점과 이를 해결하는 방안에 대한 창의적인 사고력이 필요합니다. 이를 직관적인 유저 인터페이스로 사용자가 이해하기 쉽게 표현하는 능력도 있어야 합니다.	**창의적 문제 해결력** **표현력**

2) 예시답안

2-1. 산불 예방을 위해 수집해야 하는 데이터의 종류와 수집 방법을 서술하시오.

- 시기별 입장객 수, 습도, 바람(풍향, 풍속), 산불 위험 요인 감별 데이터, 등산객 주요 이동 경로, 소화기 설치 장소, 주변 소방서 위치 및 비상 연락망
- 산림 내 화기물 반입, 담배꽁초를 버리는 행위에 관한 이미지 인식 데이터

▶ 예시답안에서는 산불 예방과 관련된 여러 데이터를 나열하여 제시하였습니다. 이를 참고하여 산불 예방에 필요한 데이터를 찾고, 데이터별 수집 방법을 정리하여 답안을 작성해야 합니다.

2-2. 수집한 데이터를 활용하기 위한 소프트웨어를 설계하시오.

산불 예방을 위한 소프트웨어는 산불을 일으킬 수 있는 요인별 데이터를 확인하여 위험 수준을 초과하면 전체 방송을 실시하고 해당 지역의 주민과 등산객을 대상으로 재난 안전 문자를 전송한다. 예를 들어, 습도가 평소보다 낮고 바람이 많이 부는 경우 산불이 날 가능성이 크므로 화재에 조심하라는 안전 문자를 전송한다.

▶ 예시답안에서는 산불 요인 데이터를 기반으로 산불 위험이 감지되었을 때 이를 주민과 등산객에게 안내하여 산불을 예방하는 소프트웨어를 설계하였습니다. 그 외에도 산림 내 화기물 반입이 감지되면 이를 대처하는 소프트웨어, 작은 불씨라도 감지되면 드론으로 화기를 진압하는 소프트웨어 등을 창의적으로 고안할 수 있습니다.

4-1. 만약 내비게이션에 인공지능 기술을 적용하면 미래 사회에는 어떤 방식으로 길 안내를 하게 될지 상상하여 제시하시오.

사용자가 차에 타면 내비게이션이 사용자 음성을 확인하여 운전자가 맞는지 확인한다. 내비게이션은 시간 및 사용자의 평소 생활 패턴을 인공지능으로 분석하여 사용자가 가려는 장소를 자동으로 추천한다. 사용자가 도착지를 설정하면 내비게이션이 실시간 교통량과 운전에 미숙한 사용자가 사고를 당하지 않도록 사고 위험이 낮은 경로를 설정하고 안내한다. 중간에 사용자의 음성을 확인하여 사용자가 집중하여 운전하고 있는지도 확인한다. 실시간으로 주행 중인 외부를 확인하고 다른 차의 수상한 움직임이나 특정 차선의 막힘 현상 등을 인공지능 이미지 인식으로 분석하여 사용자가 이용해야 하는 차선 등을 안내하여 편리하고 안전하게 운전할 수 있게 한다.

▶ 예시답안에서는 데이터 분석 기술, 인공지능 음성 및 이미지 인식 기술, 생활 패턴 및 생체 분석 기술 등을 내비게이션에 적용하여 길을 안내하는 과정을 서술하였습니다. 이 외에도 텍스트 분석, 움직임 인식 등 다양한 인공지능 기술을 적용한 창의적인 답변을 작성할 수 있습니다.

4-2. 미래의 내비게이션의 형태나 유저 인터페이스(User Interface)를 설계하시오.

1. **교통 안내 시의성 향상 기능**: 실시간 교통량과 시간대별 통행량, 사고 발생 수 등의 빅데이터를 기반으로 하여 빠른 길 안내뿐만 아니라 교통사고 위험이 낮은 경로 등을 추천한다.
2. **음성 인식 사용자 인증 기능**: 운전자의 음성으로 운전자의 감정이나 상태를 파악하여 운전자가 안전하게 운전할 수 있도록 한다. 또한, 차량 절도 등의 범죄를 예방할 수 있도록 운전자가 아닌 다른 사람의 음성이 인식되면 이를 감지하고 필요할 땐 경찰을 호출할 수 있도록 한다.
3. **생활 밀접 도착지 추천 기능**: 사용자의 운전 습관, 생활 패턴과 생체 분석을 통해 내비게이션을 켜기만 해도 자동으로 목적지를 설정한다. 예를 들어, 퇴근 시간에는 집으로 안내하고 식사를 해야 하는 시간에는 최근 식사했던 음식점의 데이터를 분석하여 알맞은 식당을 자동으로 추천한다.

▶ 4-1에서 예측한 미래 내비게이션의 길 안내 과정을 바탕으로 미래 내비게이션의 기능을 정리해서 표현하는 문제입니다. 위와 같이 나열식으로 작성하거나 각 기능을 그림으로 만들어 답을 제시하여도 좋습니다.

3) 참가자 답안지 살펴보기

<문제2 작성답안>

2-1) <데이터의 종류> <수집방법>

<데이터의 종류>	<수집방법>
① 산불의 원인	소방서 등 공공기관에서 소개한
② 산불 발생 시 대피 방법	자료들을 수집한다.
및 대피 시 주의 상황	산불 피해에서 직접 인명구조를 하신 소방관님을 면담한다.
③ 피해 사례	기사를 통해 수집한다.
④ 산불이 자주 발생하는 곳	산불이 일어났던 곳에 가서 원인을 분석해 본다.
⑤ 근처 산불 경보	

2-2) |1| 산불이 근처에 났을 경우 경보를 울리면서 대피방법에 대해서 빠르게 안내방송을 실시한다.

|2| 담배꽁초 등 산에 무심코 버렸을 때 산불이 나는 사례를(와 그 비율 (통계)) 활용해 경각심을 가지게 한다.

↳ 피해를 줄이는 데 도움이 되게 한다.

|3| 산불이 자주 발생하는 곳 근처에 갔을 때 문자로 알려준다.

|4| GPS를 통해 산불이 발생해 고립된 경우 빠르게 찾을 수 있게 한다.

↳ 고립이 되면 구조 요청음이 큰 소리로 반복된다.

2-1) • 주로 어떤 산지에서 산불이 가장 많이 나는지에 대한 데이터

↳ 산마다 가지고 있는 지형의 모습이 다르고 그 지형에 따라서 산불이 날 수 있는 확률도 달라진다.

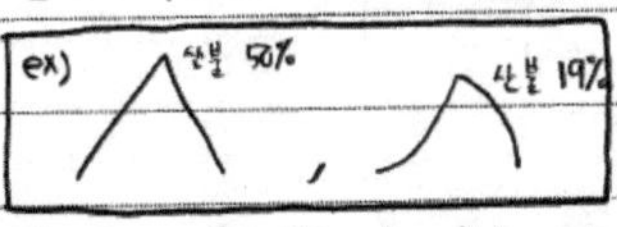

그렇기 때문에 지금까지 불이 크게 나거나, 많이 난 산 지형을 순서대로 데이터화 하여 빅데이터를 구축한다.

• 어떤 날씨, 습도, 온도, 바람방향 등등 환경조건에 따른 산불 발생 데이터

↳ 산불은 갑자기 아무 예고도 없이 나는 경우는 드물다. 보통 우리가 알고있는 것은 건조할 때 불이 잘 난다 등이 있다. 이 외에 정말 사소한 공기중의 산소의 농도같은 것들도 데이터화 하여 빅데이터화 해놓으면 산불이 날 확률이 더 정확해질 것이다. → ex)

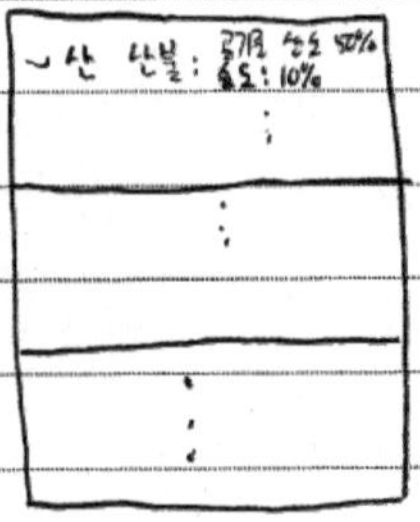

• 산불이 난 직접적 이유

↳ 산불을 가장 효과적으로 예방하는 것은 그 원인을 찾아서 없애면 되는 것이기 때문이기 산에서 불이 난 이유, 예를 들어

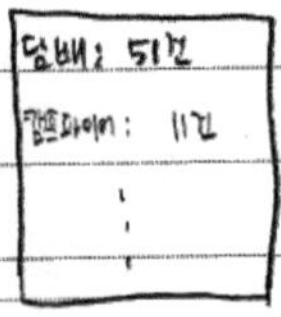

← 이렇게 빅데이터를 구축해놓으면 예방이 더 확실해질 것이다.

2-2) 산불에 대한 빅데이터 수집이 끝난 후에도 산불 정보는 계속 동기화가 되면서 최신 자료를 만든다. 그리고 우리나라에 있는 모든 산의 지형, 평균습도, 산불난 횟수 등을 매겨놓은 뒤에 산불이 날 확률을 저장해놓는다. 그 후에 매일매일 각각의 산의 환경 정보를 업로드해와서 처음에 만들어 놓은 확률을 초과했다면 그 날은 그 산의 경보를 띄워서 산의 출입을 막고 보호를 한다. 처음부터 확률이 높은 산들은 계속해서 집중관리를 받고 산불이 나면 더 빠른 대처를 위한 기구들을 설정한다.

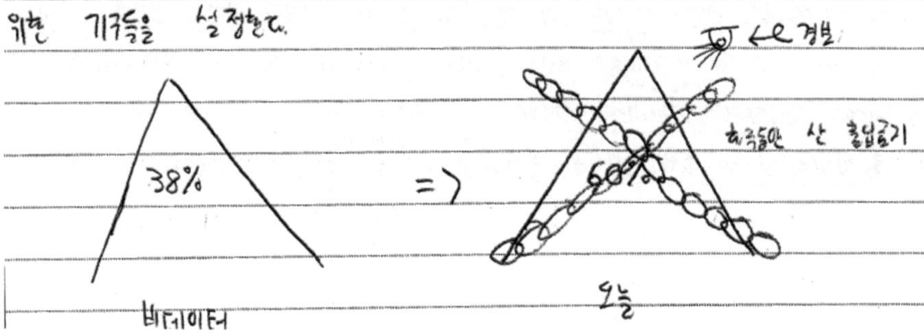

<문제4 작성답안>

4-1) 인공지능과 화면 기능을 모두 사용하여 (네비게이션이 켜지면 앞창문이 홀로그램으로 덮히며 밖과 함께 보이게 된다. 그리고 인공지능은 신호, 자동차, 사람, 도로선, 장애물 등을 인식하여 네비게이션에 보여주며 운전자가 실제 도로와 네비게이션을 함께 보고 길을 찾아 간다. 그리고 네비게이션의 비율은 실제 비율과 같아 사고가 날 확률이 낮다.

4-2)

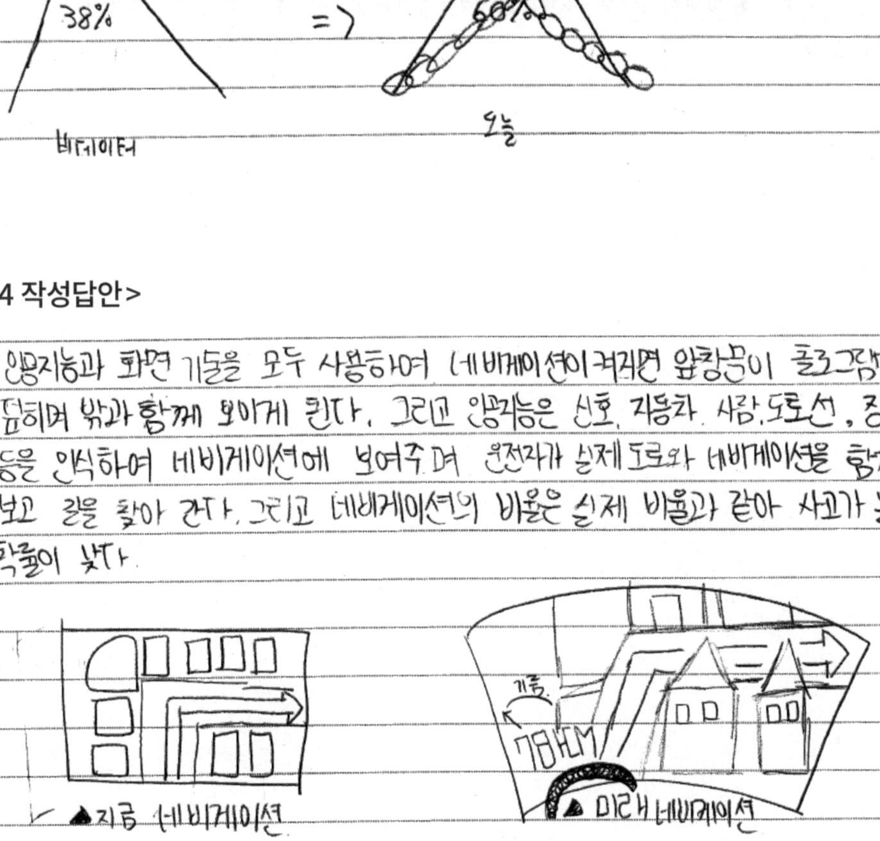

- 실제화면과 겹쳐서 보인다 → 네비게이션과 앞을 번갈아 볼 필요 없음.
- 음성기능은 현재 Lg에서 나온 화면에서 소리가 나온다.
- 화면에 Km/h 표시로 계기판 확인 안해도 됨.
- 기름 잔량을 표시하며 인공지능이 부족할 때 가까운 수유소 안내를 한다.
- 운전자의 시선에 맞게 각도가 조정되어 더욱 편하게 안내받을 수 있다

4-1) 사람이 내비게이션에 직접 입력하지 않아도 음성으로 목적지가 파악 될 것이고, 느긋하게 드라이브를 하여 가고 싶은 사람이 음성으로 천천히 가고 싶어라고 말 하면, 드라이브를 하여 갈 수 있고 다른 차들에게 방해가 되지 않는 차선으로 바꿀 것이고, 목적지에 빠르게 도착하고 싶은 사람이 빠르게 가야 돼라고 말 하면 차들이 가장 막히지 않고, 최대한 빠르게 달려가도 단속에 걸리지 않는 차선으로 갈 수 있게 될 것이다. 또한 단속에 걸렸다면 큰 경보음 소리를 내며 단속에 걸림을 알리고, 벌금이 얼마인지 음성으로 알려줄 것이다.

4-2) 가장 먼저 여러 음성 톤과 단어들을 구별할 수 있는 프로그램을 넣을 것이고, 전국의 차선과 도로들, 감시 카메라를 파악할 수 있게 할것이다. 또한 각각의 차들의 네비들을 확인하고, 인터넷의 정체 상황을 확인해 차선을 바꿀 수 있도록 한다. 또한 감시 카메라, 경찰청의 도로(교통부)감시처와 연결되어 있어, 차주의 차번호가 카메라에 찍힌다는 동시, 그를 알릴 수 있도록 설계할 것이다. 또한 경찰차와 구급차가 있는지 그 네비를 통해 확인하여 차에 경보음을 주고, 비킬 수 있도록 설계 한다

MEMO

6. 6회 대회 기출문제 분석

초등학교 3~4학년

제6회 소프트웨어(SW) 사고력 올림피아드(초3~4)

※ 다음 문제에 모두 답하시오.
※ 답은 <답안지>에 작성하시기 바랍니다.
※ 시험 종료 후 <문제지>와 <답안지> 모두 제출하여 주시기 바랍니다.
※ 본 문제들은 창의적인 생각을 자유롭게 기록하면 됩니다.

2 <보기> 요소들을 고려하여 신발 매장에 방문한 손님에게 신발을 추천하는 소프트웨어를 설계하시오.

<보기>

용도, 재질, 사이즈, 제조사, 색, 디자인, 가격, 판매 장소 등

4 아래 <보기>는 도형을 좋아하는 사람이 수집한 자료이다.

<보기>

4-1. <보기> 자료를 여러 방법으로 분류하고, 각각의 분류 기준을 설명하시오.

4-2. <보기> 자료를 일상생활에 적용할 수 있는 아이디어를 글, 그림, 도형 등 다양한 방법으로 표현하시오.

소프트웨어(SW) 사고력 올림피아드 답안지

수험번호	학교명	학년	성명

1) 문제 분석

문제	출제 의도	평가 준거
2	매장에 방문한 손님을 대상으로 손님이 좋아할 신발을 추천해주는 소프트웨어를 설계하는 문제입니다. 매장에 보유한 다양한 신발 중 손님이 좋아할 가능성이 큰 신발을 추천하는 알고리즘을 설계해야 합니다.	**정보 이해 사고력** **통합 맥락적 사고력**
4-1	<보기>에 등장하는 도형들을 수학적 지식을 토대로 분류 기준을 설정하여 분류하는 지식 기반 사고력이 필요한 문제입니다. 명확한 분류 기준을 세우고 그림이나 도표를 사용하여 답안을 작성해야 합니다.	**지식 기반 사고력** **표현력**
4-2	<보기>의 도형들을 관찰하고 이를 일상생활에 적용할 수 있는 방법을 독창적으로 제시해야 합니다. 창의적 문제 해결력을 바탕으로 이를 활용할 수 있는 다양한 방법을 떠올려보아야 합니다.	**창의적 문제 해결력**

2) 예시답안

2. <보기> 요소들을 고려하여 신발 매장에 방문한 손님에게 신발을 추천하는 소프트웨어를 설계하시오.

① <보기>의 요소 중에서 손님이 중요하게 생각하는 요소 3가지를 선택하도록 한다.
② 손님이 선택한 3가지의 요소에 대한 조건을 설정할 수 있게 한다. 예를 들어, A라는 손님이 사이즈, 디자인, 가격을 선택하였다고 가정하자. 사이즈는 '230', 디자인은 '장화', 가격은 '2만 원 이하'와 같이 요소별로 조건을 설정할 수 있다.
③ 세 가지 요소를 모두 만족하는 신발들을 손님에게 화면으로 보여준다. 손님은 원하는 순으로 정렬하여 신발들을 확인할 수 있다. 이러한 과정으로 손님이 중요하게 생각하는 요소들을 기준으로 신발을 분류하고 조건을 만족하는 신발 위주로 추천한다.

▶ 신발 매장에 방문한 손님에게 신발을 추천하기 위한 소프트웨어를 생각해야 합니다. 평소 신발을 구매할 때 어떤 점을 고려하였는지 떠올리며 신발 선택 과정을 정리해야 합니다. 본 예시답안은 '의사결정 트리'를 기초로 손님의 기준에 맞는 신발들을 분류하는 소프트웨어를 제시하였습니다.

4-1. <보기> 자료를 여러 방법으로 분류하고, 각각의 분류 기준을 설명하시오.

번호	분류 기준	분류 방법
1	다각형인가?	원/삼각형, 사각형, 오각형
2	색칠이 되어 있는가?	색칠된 도형/색칠되지 않은 도형
3	각이 4개 이상인가?	사각형, 오각형/원, 삼각형

▶ 이 문제의 경우 지식 기반 사고가 필요합니다. <보기>에는 다양한 종류의 도형들이 나타나 있습니다. 이들 중 공통점을 찾아 분류 기준으로 선정하고 기준에 맞는 도형과 그렇지 않은 도형으로 분류해야 합니다. 예시답안에는 3가지만 제시하였지만, 기준을 어떻게 설정하느냐에 따라 더 많은 답안이 나올 수 있습니다.

4-2. <보기> 자료를 일상생활에 적용할 수 있는 아이디어를 글, 그림, 도형 등 다양한 방법으로 표현하시오.

<보기> 자료에서 원하는 도형을 선택하면, 도형을 반복적으로 배치하여 패턴 배경을 만들어주는 프로그램에 적용할 수 있다. 예를 들어, <보기> 자료에서 삼각형을 선택하고, 보라색을 선택하면 왼쪽과 같은 패턴을 만들어준다. 이를 이용하면 디자인이나 포장지 제작 등에 활용할 수 있다.

▶ <보기> 자료에는 다양한 종류의 도형들이 포함되어 있습니다. 예시답안에서는 패턴 제작 소프트웨어를 제시하였습니다. 이 외에도 3D 프레임 제작 프로그램, 로고 제작 프로그램 등을 떠올릴 수 있습니다.

3) 참가자 답안지 살펴보기

<문제2 작성답안>

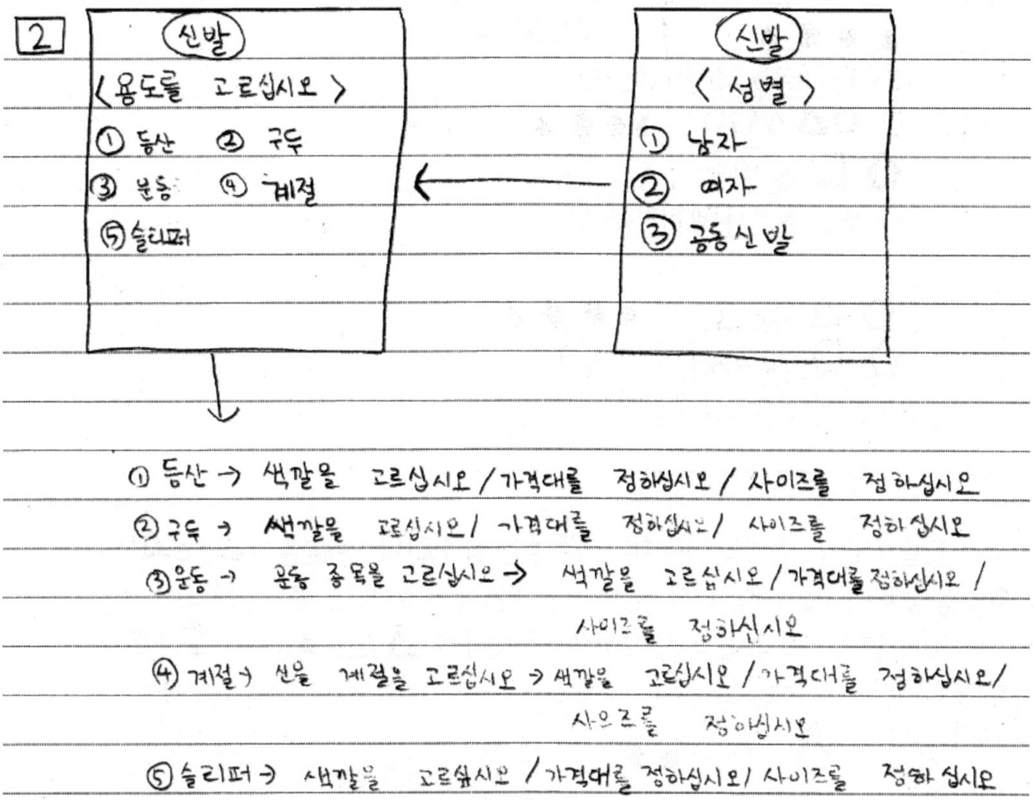

<문제4 작성답안>

4-1) 분류1) □ △ ⬠ ○ ■ ● ⬟ ▲ (그렇지않다) | ○ △ ⬠ □ (그렇다)

분류기준: 둘레를 그린선이 진한가?

분류2) □ ○ △ △ ⬠ ○ ⬠ □ (그렇지않다) | ■ ● ⬟ ▲ (그렇다)

분류기준: 도형 안이 채워져있는가?

분류 3) □ ○ △ △ ⬠ ○ ⬠ □ (그렇지않다) | ■ ● ⬟ ▲ (그렇다)

분류기준 도형이 가장 작은가?

2) 이 도형을 한글의 자음 자로 써서 더욱 예쁜 글을 쓸 수있다. 예를들어 △로는 △ㅏ랑해 또 ○로 응원해 등으로 ○자, □자, △자 등으로 더욱 예쁘고 보기 좋은 글을 쓸수 있다. 또한 이 도형을 가지고 예쁜 그림을 그릴 수도 있다. 예를들어서 △, △, ■ 로는 (나무) 와 같이 나무를 만들수도 있다. □는 창문, ⬠으로는 3칸 벌집, ○으로는 눈이나 얼굴 사탕 등 응용 해서 그릴수있다.

등등등 응용해서 멋지게 그릴수도 있다!!

4-2) 엠블럼 구매 소프트웨어에 적용했다

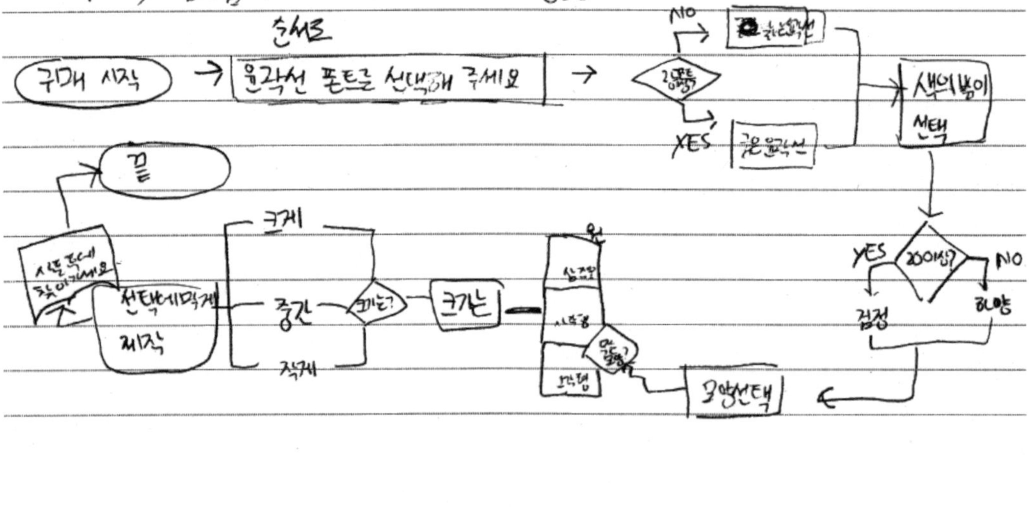

MEMO

제6회 소프트웨어(SW) 사고력 올림피아드(초5~6)

※ 다음 문제에 모두 답하시오.
※ 답은 <답안지>에 작성하시기 바랍니다.
※ 시험 종료 후 <문제지>와 <답안지> 모두 제출하여 주시기 바랍니다.
※ 본 문제들은 창의적인 생각을 자유롭게 기록하면 됩니다.

2 드론은 무인 비행체로 산업의 다양한 분야에서 활용이 가능하다. 세계적인 IT 기업들은 드론을 이용한 택배 서비스(물건 배송)를 시도하고 있다. 하지만 상용화되기 위해서는 여러 가지 기술적인 제한점이 있다.

구글 윙 드론

[출처: 전자신문, http://www.etnews.com/20190519000051#_enliple]

2-1. 드론을 이용하여 소비자가 구입한 물건이 판매자(A)로부터 물건을 받는 사람(B)에게 전달되는 과정을 설명하시오.

2-2. 드론을 이용한 택배 서비스를 실시함에 있어 제한점은 어떤 것들이 있으며 이를 어떻게 해결할 수 있을지 자신의 생각을 쓰시오.

3 다음 글을 보고 물음에 답하시오.

우리나라 횡단보도의 보행 신호는 보행 진입 시간 7초와 횡단보도 1m당 1초를 기준으로 제공하고 있다. 길이가 25m인 횡단보도의 경우에는 25초에 보행 진입 시간 7초를 더해 보행 신호를 32초 정도 제공하고 있다. 32초라는 시간은 노약자나 임산부, 장애인과 같은 사람들에게는 부족하다.

3-1. 위의 글에서 해결해야 할 문제를 기술하시오.

3-2. 위 1)의 해결을 위해 적용할 만한 '정보 기술' 5가지를 그 이유와 함께 서술하시오.

3-3. 위 2)에서 서술한 '정보 기술'을 활용하여 해결하는 절차를 글, 그림, 도형 등으로 표현하시오.

소프트웨어(SW) 사고력 올림피아드 답안지

수험번호	학교명	학년	성명

1) 문제 분석

문제	출제 의도	평가 준거
2-1	최근 드론의 특성을 활용하여 다양한 분야에서 드론이 이용되며 드론에 대한 사회적 관심이 높아지고 있습니다. 그중에서도 드론 택배 시스템의 작동 원리를 생각하고 단계별로 설명하는 문제입니다. 드론이 목적지까지 안전하고 빠르게 이동하기 위해 환경적인 맥락을 고려하여 다양한 조건들을 설정해야 합니다. 정보 이해적 사고와 통합 맥락적 사고가 필요합니다.	정보 이해 사고력 통합 맥락적 사고력
2-2	드론 택배 서비스가 상용화되기 위해 고려할 제한점을 제시하고 이를 해결하는 방안을 현실적인 맥락에서 논리적으로 서술해야 합니다. 이 과정에서 창의적 문제 해결 사고력과 윤리적 사고력이 필요합니다.	창의적 문제 해결력 윤리적 사고력
3-1	지문에서 제시된 내용을 읽고 지문의 핵심 내용을 파악하여야 합니다. 이를 바탕으로 해결해야 할 문제를 설정해야 합니다.	정보 이해 사고력 통합 맥락적 사고력
3-2	기존의 과학·기술적 지식을 이용하여 보행자를 고려한 보행 신호 시간을 설정하는데 필요한 정보 기술들을 찾아 서술해야 합니다. 보행 신호 시간에 영향을 주는 조건들을 떠올리고 이를 기술적으로 접근하는 방법을 통합적으로 고려하는 사고가 필요합니다.	지식 기반 사고력 통합 맥락적 사고력 윤리적 사고력
3-3	3-2에서 제시한 기술들을 활용하여 문제를 해결하는 절차를 그림, 도표 등을 이용하여 표현하는 능력이 필요합니다. 제시한 기술들이 통합적으로 적용되어 적절한 보행 신호 시간을 찾는 과정이 서술되어야 합니다.	정보 이해 사고력 지식 기반 사고력 통합 맥락적 사고력 표현력

2) 예시답안

2-1. 드론을 이용하여 소비자가 구입한 물건이 판매자(A)로부터 물건을 받는 사람(B)에게 전달되는 과정을 설명하시오.

1. 판매자 A가 물건을 배달해야 하는 장소를 드론에 좌표로 입력한다.
2. 드론이 전달받은 좌표로 이동하기 위한 가장 빠른 경로를 탐색한다.
3. 드론이 물건을 싣고 이륙하여 해당 위치로 이동한다. 드론 택배 회사는 드론이 잘 운행하

는지 경로를 확인하며 물건을 받는 사람 B도 실시간으로 드론 위치를 파악할 수 있다.

4. B는 드론이 도착하기 5분 전 도착 예정이라는 알람을 확인한다.
5. 드론이 배달 장소에 도착하여 택배를 전달하면, B는 이를 확인하고 '배송 완료' 버튼을 누른다.

▶ 이 문제는 판매자로부터 물건을 받는 사람까지 드론이 정상적으로 작동하기 위한 알고리즘을 설명하는 문제입니다. 드론에 입력해야 하는 정보와 이동하는데 필요한 데이터들을 고려하여 답안을 작성해야 합니다.

2-2. 드론을 이용한 택배 서비스를 실시함에 있어 제한점은 어떤 것들이 있으며 이를 어떻게 해결할 수 있을지 자신의 생각을 쓰시오.

1. 돌발 상황에 대처하기가 어렵다. 드론은 공중에서 이동하기 때문에 여러 위험 요소들을 만날 수 있다. 예를 들어, 날아다니는 새와 부딪히는 경우 드론이 고장 나고 택배가 분실 또는 파손될 위험이 있다. 이를 해결하기 위해서는 드론에 비상 시스템을 마련하여, 드론 주변 1m 이내에서 위험 요인이 인지되면 이동 방향을 곧바로 수정하여 운행해야 한다.
2. 개인정보 침해 문제이다. 드론 택배가 상용화된다면 사람들이 밀집하게 거주하는 구역에서 많은 드론이 운행된다. 드론이 운행하는 높이에 거주하는 주민들은 개인정보 침해를 걱정할 수 있다. 드론 택배 서비스가 원활히 시행되기 위해서는 사전에 개인정보에 관한 법률 규제를 철저하게 마련해야 한다.

▶ 예시답안에서는 공중충돌로 인한 인명과 재산 피해, 개인정보 침해의 문제점을 제시하고 해결방안을 제시하였습니다. 그 외에도 드론 안전성에 대한 기준 마련, 드론 택배를 위한 서비스 공간 확보, 드론 소유자 실명 등록제 등 해결책을 추가로 제시할 수 있습니다.

3-1. 위의 글에서 해결해야 할 문제를 기술하시오.

우리나라 횡단보도의 보행 신호는 일반인을 기준으로 하고 있어, 노약자나 임산부, 장애인과 같은 사람들에게는 시간이 부족하다. 따라서, 보행하는 사람을 고려하여 보행 신호를 유연하게 제공해야 한다.

▶ 이 문제는 통합 맥락적 사고를 요구합니다. 문제에 제시된 글을 읽고 해결하고자 하는 문제를 찾아 이를 명료하게 기술해야 합니다.

3-2. 위 1)의 해결을 위해 적용할 만한 '정보 기술' 5가지를 그 이유와 함께 서술하시오.

① **영상 분석 기술**: 실시간으로 촬영된 횡단보도 영상을 분석하여 횡단보호를 건너는 보행자를 인식하는 기술이다. 이를 통해 횡단보도의 보행자가 횡단보도를 무사히 건넜는지를 확인할 수 있다.

② **동작 인식 기술**: 횡단보도 위 사람의 동작을 인식하는 기술이다. 보행자가 어떤 속도로 어떻게 걷고 있는지 실시간으로 동작을 분석한다.

③ **도착 시간 예측 기술**: 보행자가 현재와 같은 속도로 걷는다면 횡단보도를 건널 때까지 얼마만큼의 시간이 걸릴지 예측하는 기술이다. 이를 기반으로 보행 신호가 끝나는 지점을 유연하게 설정할 수 있다.

④ **음성 출력 기술**: 보행 신호가 거의 끝나갈 때, 곧 신호가 바뀐다는 음성을 출력하는 기술이다. 보행자가 급하게 횡단보도를 건너려고 할 때도 주의를 줄 수 있다.

⑤ **데이터 분석 기술**: 보행자가 횡단보도를 건너는데 걸리는 시간 데이터를 수집하여 월별, 요일별 평균을 구하는 기술이다. 적정한 보행 신호 시간을 선정하는 기준이 될 수 있다.

▶ 보행자의 적절한 보행시간을 설정하는데 필요한 정보 기술을 제시하고 설명해야 합니다. 특히, 각각의 기술이 보행시간 설정에 어떤 방식으로 적용되는지 기술별 특징에 맞게 구체적으로 서술해야 합니다.

3-3. 위 2)에서 서술한 '정보 기술'을 활용하여 해결하는 절차를 글, 그림, 도형 등으로 표현하시오.

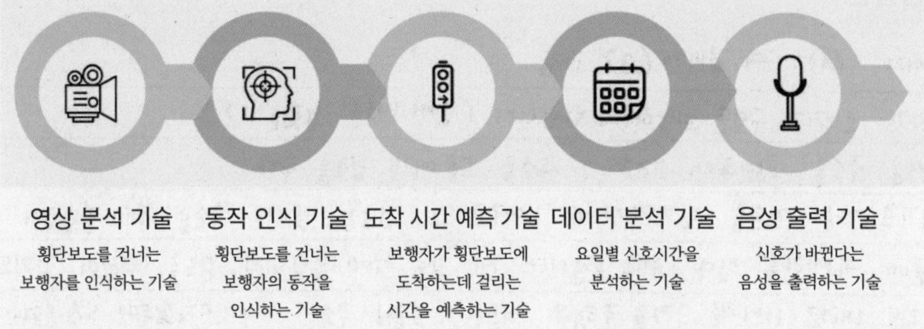

먼저, '영상 분석 기술'을 사용하여 현재 횡단보도 위에 몇 명의 보행자가 건너고 있는지 인식한다. 다음으로 '동작 인식 기술', '도착 시간 예측 기술'과 '데이터 분석 기술'을 사용하여 전체 보행자가 횡단보도를 건너는데 걸리는 시간을 예측한다. 예측한 시간을 기준으로 적정한 시간이 되었을 때, 10초 타이머를 켜고 '음성 출력 기술'을 사용하여 신호가 얼마 남지 않았다는 음성을 출력한다. 마지막으로 '영상 분석 기술'을 사용하여 모든 보행자가 안전하게 횡단보도를 건넜는지 확인하고 신호를 바꾼다.

▶ 3-2에서 제시한 다섯 가지의 정보 기술을 활용하여 보행자를 고려한 보행 신호의 절차를 표현해야 합니다. 단순히 보행 신호의 작동 장면을 표현하기보다는 정보 기술이 활용되는 절차를 보여주는 것이 좋습니다.

3) 참가자 답안지 살펴보기

<문제2 작성답안>

2-1) 판매자 (A) → 소비자 (B) 과정

먼저 판매자가 소비자가 구입을 희망하는지 확인한다. (구매 버튼을 눌렀는가?)
그리고 나서는 주소를 확인한다. 그리고 그 주소를 드론에게 입력을 한다.
드론이 거기로 가는 경로를 판매자에게 보여주고 그 경로가 맞으면 주소를 향해 출발한다.
판매자는 드론에 카메라를 달아 위험 물질이나 새 같은 것에 부딪히지 않도록 위험이 감지되면
조종이나 명령을 내리고 나머지는 자율 주행을 이용한다. 드론이 주소에 가서 도착했으면 도착 문자를
보내고 돌아오면서 전달이 끝난다.

<순서도로 표시>

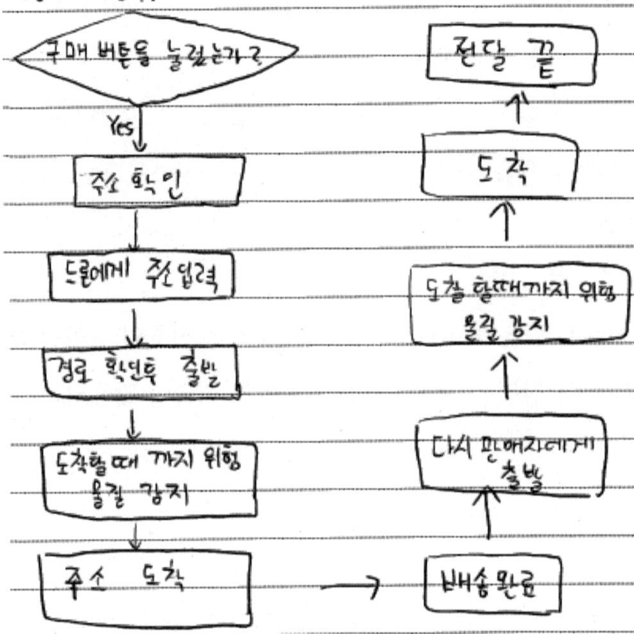

2-2)

제한점: 오랜 비행을 하진 못하고 판매자가 그 드론에게 위험이 있으면 관리해야 함으로
노동력이 많이 필요할 것이다. 갑자기 GPS가 끊겨서 드론에게 위험이 생기면
사람이 관리해야 하는데 그 만큼 관리 가능한 자가 부족하다. (인재 부족)
드론의 개수가 한정되어 있음.

<제한점에 대한 나의 생각>

1. 오랜 비행X, 노동력 필요 에 대한 해결책
- 중간 중간에 드론을 점검하고 드론이 잘 가고 있는지 확인할 센터를 곳곳에 설립하기
드론을 점검할 수 있게 되면 위험성이 낮아지고 노동력도 줄어들 것이다.
왜냐하면 센터에서 다른 사람이 교대하면 되기 때문

2. 인재부족
- 인재가 부족하면 양성하면 된다. 드론 전문 대학을 세우거나 학교, 학원이 있으면
될 것이다.

3. 드론 개수 한정
- 드론의 개수는 나라의 예산으로 채워도 될 것이다 택배 배달 노동이 줄어드는
것이니 더 이득이라고 할 수 있다.

<문제3 작성답안>

3-1 3번에 나와 있는 글의 문제는 횡단보도의 보행신호는 보행 진입 시간 7초와 길이가 25m
인 횡단보도의 경우 1m 당 1초를 기준으로 25초+7초=32초를 제공하고 있는데 노약자, 임산부,
장애인과 같은 사람들은 시간이 부족하다

3-2 이 문제를 해결하기 위해 적용할 수 있는 정보 기술 5가지는 무빙워크 기술, 시각 장애인을
위한 안내음성기술, 무단횡단 방지 적외선 감지기술, 다른 신호등과 주고받는 신호 보내기 기술,
신호등의 남은 시간을 알려주는 음성기능이 필요하다 시각 장애인은 앞이 보이지 않으므로 위험
할 수 있으니 현재의 신호상황을 알려주고, 사람들이 무단횡단을 할 수 있으므로 일정 거리를
지나면 적외선으로 감지해 뒤로 물러나라는 안내음성이 나온다 다른 신호등과 주고받는 신호보내기 기술은
이 신호등이 꺼져 있을때 다른 신호등도 불이 초록색이 되면 사고가 날 수 있다 또한 신호등에
남은시간 측정 음성기능은 신호등이 빨간 불이 켜질 시간을 알려준다

3-3 먼저 횡단보도 보행신호가 초록불이 되면 길에 설치된 무빙워크가 움직인다
시각 장애인에게 현재 횡단보도 상황을 알려주고 신호등이 빨간 불이되면 무빙워크가 멈춘다
이렇게 하면 무빙워크가 움직이는 속도와 사람들이 걷는 속도가 합쳐져서 시간안에 건널수 있게
된다

제6회 소프트웨어(SW) 사고력 올림피아드(중1~3)

※ 다음 문제에 모두 답하시오.
※ 답은 <답안지>에 작성하시기 바랍니다.
※ 시험 종료 후 <문제지>와 <답안지> 모두 제출하여 주시기 바랍니다.
※ 본 문제들은 창의적인 생각을 자유롭게 기록하면 됩니다.

2 다음 신문기사를 읽고 물음에 답하시오.

시계·안경 위장 초소형 카메라, 기업 기밀 자료 노린다.

최근 대기업 A사는 300여 장 설계도면이 외부로 유출되는 사고를 겪었다. 내부 연구소 직원이 소형 카메라를 악용했다. A사는 스마트폰 카메라 촬영을 막는 모바일 보안솔루션(MDM)을 도입했으나 초소형 아날로그 카메라까지는 막지 못했다.
최근 몰래카메라 용도로 악용되는 시계, 안경 형태 카메라가 기업 내부 자료를 유출하는 도난장비로 악용돼 기업이 골머리를 앓는다. 생산현장에 있는 키오스크[1] 화면, 생산도면을 빼돌리기 위해 내부, 협력사 직원이 초소형 카메라로 찍어 유출하는 사례가 일부 기업을 중심으로 사고가 보고된다. 각종 기술유출 방지 보안 솔루션을 갖춘 대기업이 사고에 노출되면서 보안에 취약한 중소기업까지 비상이다.
전문가는 초소형 카메라를 통한 기업 핵심기술 유출 등 범죄 악용은 앞으로도 계속될 수 있다고 지적한다. 기술 유출 등에 쉽게 노출된 중소기업에는 더 치명적이다. 실제 중소벤처기업부가 발간한 '2017 중소기업 기술보호 실태조사'에 따르면 중소기업 기술 유출 수단 가운데 휴대용 저장장치(38.6%)가 가장 많은 비율을 차지했으며 스마트폰 카메라 등 사진 자료도 11.4%에 달했다.
이○○ 이노티움 대표는 "첨단 카메라 촬영으로 발생하는 산업기술 유출은 기업 보안의 치명적"이라면서 "스마트폰 등 모바일 기기 촬영 제한 솔루션뿐 아니라 아날로그 카메라 등에 대한 보안대책 마련도 필요하다."고 말했다.

[출처: 전자신문 2019.9.18. http://www.etnews.com/20190918000127]

1. 키오스크는 원래 '신문, 음료 등을 파는 매점'을 뜻하는 영어 단어로, 정보·통신에서는 정보 서비스와 업무의 무인·자동화를 통해 대중들이 쉽게 이용할 수 있도록 공공장소에 설치한 무인 단말기

2-1. 기사의 내용과 같이 시계·안경 등의 생활용품과 스마트 디바이스를 접목한 제품을 웨어러블(Wearable) 디바이스라고 한다. 주변의 생활용품 가운데 위와 같이 스마트기기를 접목해 활용할 수 있는 제품을 구상하고, 각 기능을 설명하시오(단, 이미 나온 제품은 가급적 제외).

2-2. 기술은 언제나 긍정적·부정적인 양면성을 갖고 있어, 최신 기술이라도 상용화가 어려울 때가 많다. 하지만 기술의 부정적인 측면은 또 다른 기술로 보완된다. 위와 같이 첨단 카메라 촬영으로 발생하는 보안 문제에 대한 해결방법을 제시하시오.

소프트웨어(SW) 사고력 올림피아드 답안지

수험번호	학교명	학년	성명

1) 문제 분석

문제	출제 의도	평가 준거
2-1	기존에 나온 제품을 제외하고 우리 주변에서 사용하는 생활용품과 스마트기기를 접목하여 새로운 제품을 고안하는 문제입니다. 창의적 문제 해결 사고력을 기반으로 제품에 포함된 기능을 구체적으로 서술해야 합니다.	**정보 이해 사고력** **창의적 문제 해결력**
2-2	첨단 카메라 촬영으로 발생할 수 있는 보안 문제와 그에 대한 해결방법을 제시해야 합니다. 첨단 카메라 기술에 활용된 컴퓨터 기술적 요소를 도출하고 보안 문제를 도덕적 관점에서 살펴 창의적으로 해결방법을 고안해야 합니다.	**정보 이해 사고력** **창의적 문제 해결력** **윤리적 사고력**

2) 예시답안

2-1. 주변의 생활용품 가운데 위와 같이 스마트기기를 접목해 활용할 수 있는 제품을 구상하고, 각 기능을 설명하시오.

칫솔과 스마트기기를 접목한 스마트 칫솔을 구상할 수 있다. 스마트 칫솔에는 크게 세 가지 주요 기능이 있다. ① 좋은 양치 습관을 위한 방법을 알려준다. 스마트 칫솔은 사용자의 전체적인 치아 환경을 고려하여 적절한 치약의 양과 양치 시간을 안내해준다. ② 실시간으로 치아를 점검한다. 치과에 가서 정기 검진을 받기 어려운 사람들을 위해, 스마트 칫솔에 부착된 카메라가 충치나 치아 내에 생긴 문제점을 발견하고 사용자에게 안내한다. ③ 양치할 시간을 알려준다. 양치할 시간이 되면, 칫솔이 밝게 빛나며 알람이 울린다. 양치질을 싫어하는 어린아이들에게 꾸준히 양치질을 할 수 있게 도움을 준다.

▶ 우리 주변의 생활용품과 스마트기기를 접목하여 새로운 제품을 창의적으로 설계해야 합니다. 기존의 생활용품에 기술적인 요소를 추가했을 때 사용자에게 어떤 도움을 줄 수 있을지 생각해보아야 합니다. 예시답안은 칫솔과 스마트기기를 접목했지만, 그 외에도 가정용품 또는 청소용품 등을 접목하여 새로운 제품을 고안할 수 있습니다.

2-2. 위와 같이 첨단 카메라 촬영으로 발생하는 보안 문제에 대한 해결방법을 제시하시오.

- 회사 내에 금속 탐색기를 설치하여 회사 내 개인 디지털카메라, 스마트폰을 반입 금지 한다.
- 회사 중요 문서에 QR코드를 삽입한다. 카메라로 문서를 촬영하면 자동으로 QR코드가 인식되어 카메라의 위치 데이터와 촬영 시간이 수집된다. 동시에 위치 코드가 보안 관리팀으로 전송되어 사진 찍은 직원을 찾아낸다.

▶ 예시답안에서는 신문기사에 언급된 초소형 카메라를 통한 기업 핵심기술 유출 등의 범죄를 예방하기 위한 두 가지 방안을 제안하였습니다. 그 외에도 첨단 카메라 촬영으로 발생할 수 있는 문제를 떠올리고 이를 해결하는 방안을 논리적으로 제안해야 합니다.

3) 참가자 답안지 살펴보기

<문제2 작성답안>

2) 1) 얼마전, 한 어린 소녀가 산에서 실종이되었다가 구출이된 사건을 기억하시나요? 당시 그 소녀를 찾는데에는 시간이 많이 걸려, 소녀가 위험한 상황에 빠졌을 수도 있었습니다 이는 소녀의 위치를 바로바로 확인하지 못했기에 문제가 있었기 때문이었습니다. 하지만, 만약 부모님이 아이의 위치를 바로바로 알 수 있었다면 이런 일이 안 일어났을까요? 제 생각에는, 아니라고 생각합니다. 그렇기에 유아용 신발에다 GPS를 장착하여 그 위치를 부모님이 알 수 있도록 하여 아이의 안전을 지키는 것이 바로 그 해결 방법이라 생각합니다. 이를 통해 수 많은 아이들이 고아가 되지 않고 안전하고 편안히 클 수 있을 것입니다

2) 기술의 부정적인 측면도 존재한다면, 몰래카메라 남용은 사회적으로 큰 문제를 낳고 있습니다. 비단 기업적인 측면 뿐만아니라, 개인의 사생활을 침해 하는 이런 큰 문제는 어쩌면 가장 간단한 방법으로 예방할 수 있을 것 입니다. 바로 전자장치에서는 무조건 나오는 전자파를 또, 사진 및 동영상을 찍을 때 카메라에서 나오는 빛을 감지하는 것입니다. 전자파를 통해 그 위치를 알 수 있고, 빛을 통해서 사진 이나 동영상을 찍는지 알 수 있게 되면, 그런 첨단 기술의 남용을 막을 수 있을 것 입니다. 이상, 기업은 성장하고 개인은 안전할 수 있는 해결책 이었습니다

7. 7회 대회 기출문제 분석

※ 7회 대회는 코로나19 상황으로 온라인 웹 기반 방식으로 소프트웨어 사고력 올림피아드가 실시되었음.

초등학교 3~4학년

제7회 소프트웨어(SW) 사고력 올림피아드(초3~4)

※ 다음 문제에 모두 답하시오.
※ 답은 <답안지>에 작성하시기 바랍니다.
※ 시험 종료 후 <문제지>와 <답안지> 모두 제출하여 주시기 바랍니다.
※ 본 문제들은 창의적인 생각을 자유롭게 기록하면 됩니다.

2 다음은 코코아 한 잔을 준비하는 순서이다.

코코아 한 잔을 준비하는 알고리즘(순서)

찬장에서 잔을 꺼낸다. 서랍장에서 티스푼을 꺼낸다. 수도꼭지를 튼다. 전기 주전자에 물을 150㎖ 붓는다. 수도꼭지를 잠근다. 전기 주전자 콘센트를 꽂는다. 전기 주전자 전원을 켠다. 찬장에서 코코아 한 봉지를 꺼낸다. 코코아 봉지를 자른다. 잔에 코코아를 넣는다. 물이 끓기를 기다린다. 물이 끓으면 주전자의 전원을 끈다(자동이 아닐 경우). 끓는 물을 잔에 붓는다. 티스푼을 집는다. 코코아를 저어 보고 얼마나 잘 섞였는지 확인한다. 코코아가 잘 섞일 때까지 바로 전 단계를 반복한다. 티스푼을 꺼낸다. 코코아 봉지를 쓰레기통에 넣는다. 티스푼을 집는다. 코코아를 열 번 젓는다. 티스푼을 꺼낸다. 컵을 들어 올려 코코아를 한 모금 맛본다. 만약 코코아가 너무 뜨겁다면 식을 때까지 기다린다. 코코아가 마시기에 적절한 온도가 될 때까지 바로 전 단계를 반복한다.

2-1. 코코아 한 잔을 준비하는 알고리즘을 이해하기 쉽도록 시각화된 자료로 변환하여 표현하시오.

2-2. 코코아 한 잔을 준비하는 알고리즘을 이용하여 '자동으로 코코아 타는 로봇'을 설계하시오.

3 인천공항에는 안내 로봇 '에어스타'가 있다. 복잡한 공항에서 길 안내를 해주고, 편의시설 위치를 알려주며, 기념사진을 촬영해 이메일과 문자로 전송해 주기도 한다. 이와 같이 초등학교 1학년들이 학교생활에 잘 적응할 수 있도록 '학교생활 안내 로봇'을 제작하고자 한다.

3-1. 초등학교 1학년 학생들을 위한 학교생활 안내 로봇을 만드는 데 필요한 데이터를 나열하시오.

3-2. 학교생활 안내 로봇의 형태를 그림으로 그리고, 로봇의 기능과 작동 방법 등을 설명하시오.

소프트웨어(SW) 사고력 올림피아드 답안지

수험번호	학교명	학년	성명

1) 문제 분석

문제	출제 의도	평가 준거
2-1	지문에 제시된 코코아 한 잔을 준비하는 알고리즘을 읽고 이를 시각화하여 표현하는 문제입니다. 주어진 알고리즘을 그림, 순서도 등을 이용하여 명확하고 가독성 있게 정리하여 답안을 작성해야 합니다.	**정보 이해 사고력** **표현력**
2-2	2-1에서 제시한 코코아 한 잔을 준비하는 알고리즘을 바탕으로 '자동으로 코코아 타는 로봇'의 알고리즘을 설계하는 문제입니다. 코코아를 몇 잔 준비해야 하는지 정해지지 않았다는 점에 유의해야 합니다. 문제해결을 위한 정보 요소를 도출하여 알고리즘을 설계하는 정보 이해 사고가 요구됩니다.	**정보 이해 사고력** **통합 맥락적 사고력** **표현력**
3-1	초등학교 1학년 학생이 학교생활에 적응하는데 필요한 데이터를 나열하는 문제입니다. 초등학교 1학년 학생들의 특징을 떠올리고 종합적인 맥락에서 답안을 작성해야 합니다.	**정보 이해 사고력** **통합 맥락적 사고력**
3-2	학교생활 안내 로봇의 형태를 그림으로 표현하고 기능과 작동 방법을 설명해야 하는 문제입니다. 로봇의 형태는 그림의 가독성을 고려하여 창의적으로 만들어야 합니다. 기능과 작동 방법은 각각 컴퓨터 기반의 정보 요소와 연결해 답안을 작성해야 합니다.	**창의적 문제 해결력** **표현력**

2) 예시답안

2-1. 코코아 한 잔을 준비하는 알고리즘을 이해하기 쉽도록 시각화된 자료로 변환하여 표현하시오.

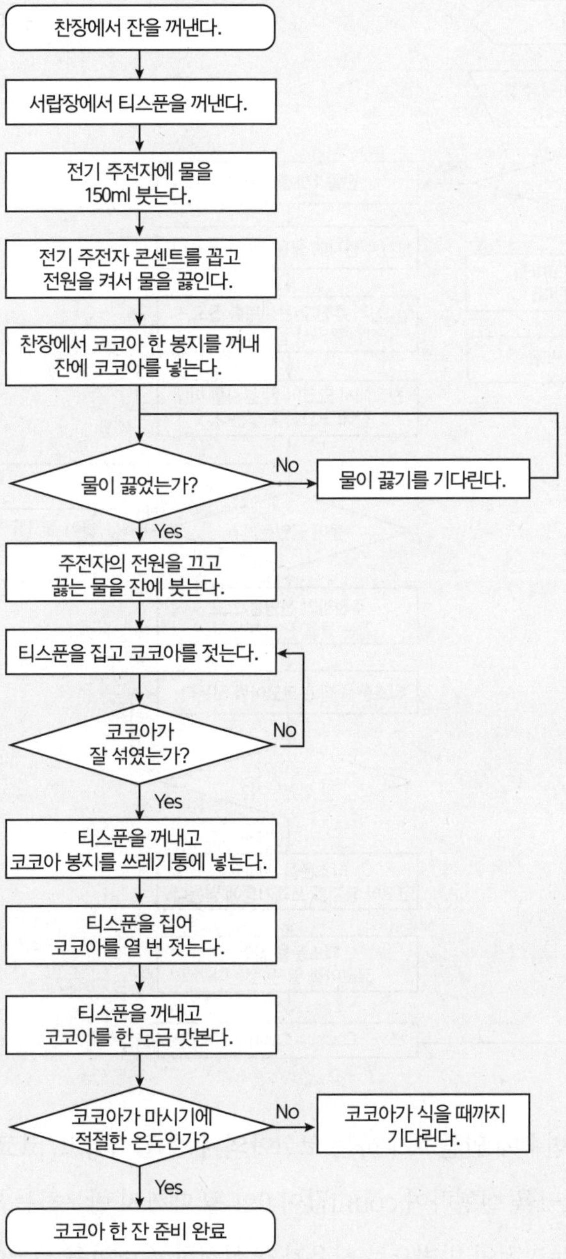

▶ 예시답안은 알고리즘을 순서도의 단말, 처리, 판단 기호를 사용하여 표현하였습니다. 지문에는 명시되지 않았지만, 조건문은 판단으로 변경하여 답안을 기술하였습니다. 이 외에도 다양한 방법으로 알고리즘을 표현할 수 있지만, 순차적인 구성이 드러나게 답안을 작성해야 합니다.

2-2. 코코아 한 잔을 준비하는 알고리즘을 이용하여 '자동으로 코코아 타는 로봇'을 설계하시오.

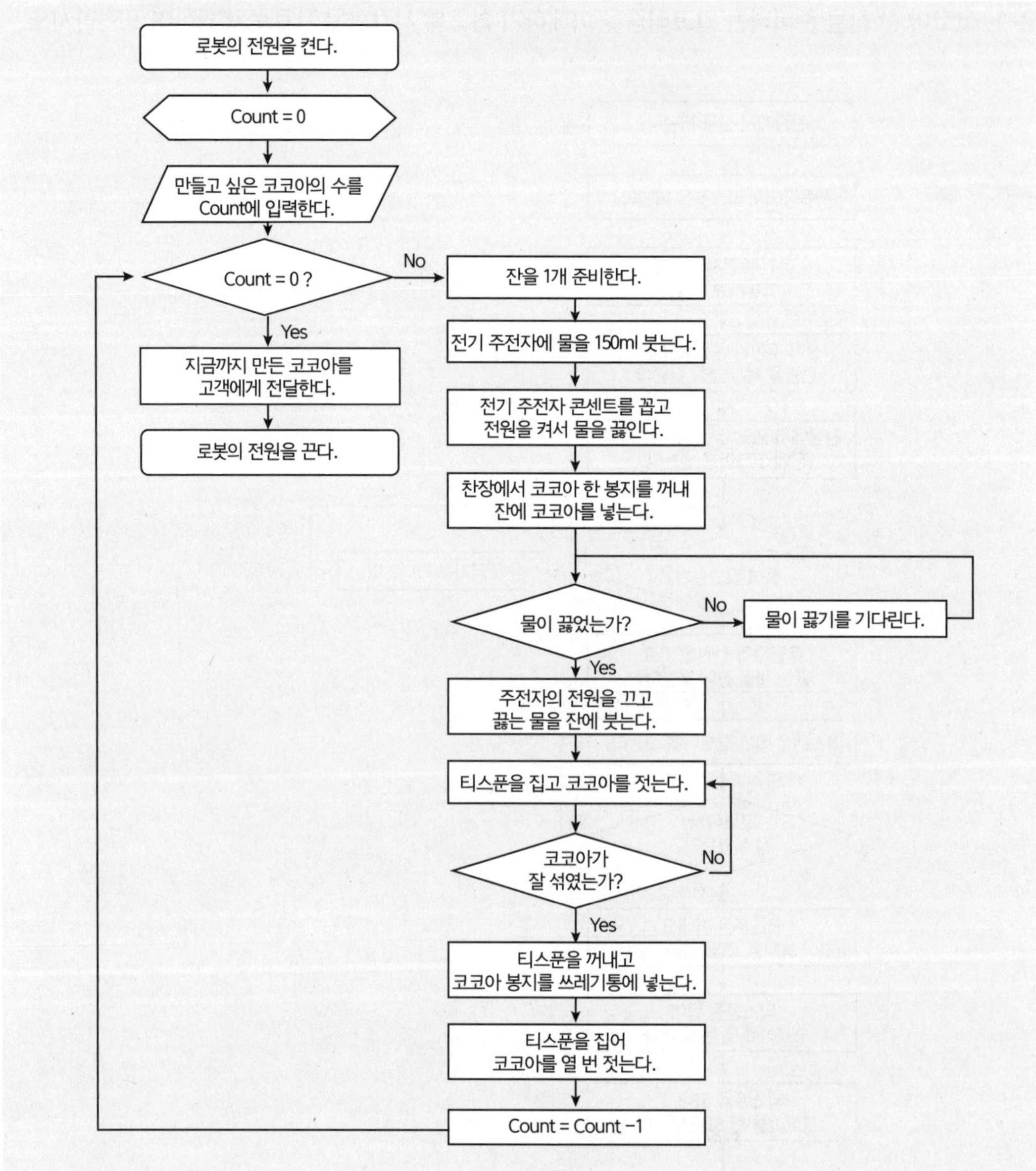

▶ 예시답안은 count라는 변수에 만들고자 하는 코코아의 수를 입력하고, 코코아 한 잔을 준비할 때마다 count=count-1을 실행하여 count값이 0이 될 때까지 반복하는 알고리즘을 제시하였습니다. 이 외에도 논리적인 방법으로 사용자가 설정한 수량만큼 코코아를 반복적으로 만드는 알고리즘을 설계해야 합니다.

3-1. 초등학교 1학년 학생들을 위한 학교생활 안내 로봇을 만드는 데 필요한 데이터를 나열하시오.

- 학교 교실 배치도(교실, 화장실, 급식실, 도서실, 체육관, 교무실, 행정실 등)
- 시정표(등교 시간, 수업 시간, 쉬는 시간, 점심시간)
- 학교 규칙 안내

▶ 초등학교 1학년 학생들은 학교에 처음 입학하여 학교에 대한 사전 지식이 없습니다. 따라서 1학년 학생의 입장에서 학교에 관해 궁금할 수 있는 정보들을 떠올려야 합니다. 예시답안에서 제시한 배치도, 시정표, 규칙 이외에도 필요한 교과서, 준비물 등을 추가해도 좋습니다.

3-2. 학교생활 안내 로봇의 형태를 그림으로 그리고, 로봇의 기능과 작동 방법 등을 설명하시오.

<로봇의 형태>

학교생활 안내 로봇은 크게 두 가지 기능을 한다. ① 안내 기능이다. 학교생활 안내 로봇은 친근감을 주기 위해 학생과 대화하며 정보를 제공해야 한다. 학생들이 가까이에서 "○○아!"라고 로봇의 이름을 부르면, 로봇은 "무엇을 도와줄까?"라고 말한다. 학생들이 학교생활과 관련된 질문을 하면, 로봇은 그에 대한 답변을 제시한다. 예를 들어, "도서실은 어디야?"라고 물으면, 길을 찾는 방법을 동영상으로 안내하며 "도서실은 건물 1층에 있어."라고 친절하게 설명한다. ② 안전 기능이다. 초등학교 학생들은 학교에서 안전사고가 날 위험이 크다. 따라서 평소 로봇은 내재한 카메라를 이용하여 학생들의 동작을 인식하고, 안전하지 않은 행동을 인지하면 "복도에서 뛰면 위험해!"와 같이 말한다.

▶ 예시답안은 학교생활 안내 로봇의 형태와 기능에 따른 작동 방법을 서술하였습니다. 로봇을 사용하는 대상이 초등학생임을 고려하여 학생들에게 친근감을 주는 형태의 로봇을 구상하는 것이 좋습니다. 예시답안에서 제시한 안내와 안전 기능 외에도 연락 기능, 공지 기능 등을 추가할 수 있습니다.

제7회 소프트웨어(SW) 사고력 올림피아드(초5~6)

※ 다음 문제에 모두 답하시오.
※ 답은 <답안지>에 작성하시기 바랍니다.
※ 시험 종료 후 <문제지>와 <답안지> 모두 제출하여 주시기 바랍니다.
※ 본 문제들은 창의적인 생각을 자유롭게 기록하면 됩니다.

2 알리바바는 배낭여행 중 보물 동굴을 발견했다. 보물 동굴 안에는 4개의 보물이 있었으며 그 보물들은 각기 무게와 가치가 다르다. 알리바바가 가지고 간 배낭에는 최대 10kg까지만 넣을 수 있다.

보물	A	B	C	D
무게(kg)	5	4	2	3
가치	10	40	30	50

2-1. 배낭에 넣어 가져갈 수 있는 보석의 조합(1개만 선택도 가능)을 모두 찾아보고 각각의 값을 계산하시오.

2-2. 1)을 통해 배낭에 넣을 수 있는 최대가치를 구할 수 있다. 이 방법보다 더 간단하고 쉽게 최대가치를 구하는 방법을 생각해서 제시하시오.

4 다음 신문기사를 읽고, 물음에 답하시오.

공공데이터, 민간이 제안하고 정부가 답했다

최근 국민참여 플랫폼 '광화문 1번가'에는 재난안전 분야 '전염병 관련 공공데이터' 활용 제안토론이 게시됐다. 정부가 투명하게 전염병 관련 데이터를 공개하고 있으나 코로나19 확산으로 데이터가 산발적으로 생산되면서 일반 시민이 이를 확인하기 어렵다. 신뢰받지 못하는 데이터를 민간에서 만들어 제공하는 것이 아니라 정부가 보유한 데이터를 제공하고 이를 민간의 다양한 아이디어를 통해 시각화, 종합하겠다는 제안이다.
제안자는 개인이 아닌 '코로나19 공공데이터 공동대응팀'이다. 코로나19 공공데이터 공동대응팀은 전자신문과 인터뷰에서 "현재 정부, 공공기관에서 제공하는 공공데이터는 종류 한계와 관리 주체가 다르고 정보 파편화 등 문제가 있다"면서 "시의성이 떨어지는 파일 데이터가 주로 제공되어 재난, 전염병 등 긴급 상황 대처가 어렵다"고 말했다.
㉠ 이들은 정부에 감염병 대응 상황을 종합파악 가능한 '종합 통계' '확진자 목록' '방역 대상 장소' '의심환자 목록' '선별진료소 목록' '방호 용구 배포처' 등 데이터를 요구했다. 해당 정보를 바탕으로 시각화할 뿐 아니라 오픈API 형태로 받아 지도 등 서비스와 결합해 재생산 가능하다. 또한, 경험이 풍부한 개발자가 빠르게 대응해 정부의 정확한 데이터를 바탕으로 전염병 확산 상황에서 잘못된 정보 제공으로 인한 혼란을 막을 수 있다.
정부는 시민 요구에 즉각 답했다. 3월 2일 데이터 공개를 요청받고 3일 뒤인 5일 선별진료소, 국민안심병원 목록을 공공데이터포털에 공개했다. 또한 공적 마스크 실시간 재고 정보를 API로 제공하는 구체적 방안을 약속했고 데이터를 공개했다. 향후 다양한 마스크 재고 앱 등이 탄생할 것으로 기대한다.

[출처: 전자신문, https://www.etnews.com/20200310000101]

4-1. 데이터(Data)란 현실 세계에서 관찰이나 측정을 통해 수집한 단순한 사실이나 결괏값으로 가공되지 않은 상태를 말한다. 이러한 데이터가 생활에 유용한 정보(Information)로 변환되는 과정을 알기 쉽게 설명하시오.

4-2. 감염병에 대응하기 위해 정부에 공개를 요구한 데이터는 '㉠'과 같다. 만약 학교에서 발생하는 데이터를 수집하여 학생들의 학업성취에 도움을 주는 소프트웨어를 개발한다면 어떤 데이터를 수집해야 할지, 그리고 이와 같은 데이터를 수집해야 하는 까닭을 쓰시오.

소프트웨어(SW) 사고력 올림피아드 답안지

수험번호	학교명	학년	성명

1) 문제 분석

문제	출제 의도	평가 준거
2-1	배낭에 넣을 수 있는 보석의 조합과 가치를 계산한 결과를 기술하는 문제입니다. 수학적 지식을 기반으로 보석의 조합을 찾아 정확한 값을 계산하는 지식 기반 사고력이 필요합니다.	지식 기반 사고 표현력
2-2	2-1에서는 조합별 가치를 계산한 다음, 크기를 비교하여 최대가치를 구했습니다. 2-2에서는 알고리즘을 사용하여 간단하고 쉽게 최대가치를 구하는 방법을 설계해야 합니다.	지식 기반 사고 창의적 문제 해결력
4-1	컴퓨터 기반의 사고를 바탕으로 데이터와 정보의 차이점을 이해하고 정보 요소를 도출하여 두 요소를 비교하여 설명해야 합니다.	정보 이해 사고력 지식 기반 사고
4-2	학생들의 학업성취에 도움을 주는 소프트웨어 개발에 필요한 데이터를 통합적인 맥락에서 생각하고, 뒷받침할 수 있는 근거를 논리적으로 제시해야 합니다.	지식 기반 사고 통합 맥락적 사고력

2) 예시답안

2-1. 배낭에 넣어 가져갈 수 있는 보석의 조합(1개만 선택도 가능)**을 모두 찾아보고 각각의 값을 계산하시오.**

조합 개수(개)	조합 방법	가치(kg)
1	A, B, C, D	10, 4, 2, 3
2	A-B, A-C, A-D, B-C, B-D, C-D	50, 40, 60, 70, 90, 80
3	A-C-D, B-C-D	90, 120

▶ 보물의 무게가 합쳐서 10kg 이하가 되도록 다양한 조합을 만들고 각각의 가치를 계산하는 문제입니다. 예시답안에서는 조합의 개수별로 묶어서 조합 방법별 가치를 도표에 정리하였습니다.

2-2. 1)을 통해 배낭에 넣을 수 있는 최대가치를 구할 수 있다. 이 방법보다 더 간단하고 쉽게 최대가치를 구하는 방법을 생각해서 제시하시오.

1. 각 보물의 '가치/무게' 값을 구한다.
2. 더 이상 배낭에 보물이 들어갈 수 없을 때까지 '가치/무게' 값이 가장 큰 보석부터 차례대로 배낭에 넣는다.
3. 배낭에 넣은 보석의 가치를 더해서 최대가치를 계산한다.

▶ 보물들은 각각 다른 무게와 가치를 가지고 있습니다. 보물별로 단위 무게당 가치를 계산하기 위해 '가치/무게' 값을 구합니다. 이를 계산하면 D-C-B-A 순으로 단위 무게당 가치가 높습니다. 따라서, 배낭에 보물이 들어갈 수 없을 때까지 단위 무게당 가치가 높은 보석부터 차례대로 배낭에 넣어야 최대가치를 계산할 수 있습니다.

4-1. 데이터가 생활에 유용한 정보(Information)로 변환되는 과정을 알기 쉽게 설명하시오.

데이터는 일상에서 관찰이나 측정을 통해 얻은 문자, 그림, 숫자 등의 값을 의미한다. 데이터는 사용하는 사람의 목적에 따라 의미가 있을 수도, 없을 수도 있다. 따라서 수집된 데이터는 그 자체로는 새로운 의미를 갖지 못한다. 하지만, 이러한 데이터를 목적이나 의도에 맞게 처리하고 분석하거나 다른 데이터와 비교하면 새로운 의미를 갖게 된다. 즉, 데이터가 정보로 변환한다. 이처럼 데이터에서 찾은 정보는 미래를 예측하거나 의사결정에 큰 도움을 준다.

▶ 이 문제는 정보 이해 사고와 관련된 문제입니다. 데이터의 정의를 알고 데이터에서 정보를 추출하는 방법을 이해하여 답안을 서술해야 합니다.

4-2. 만약 학교에서 발생하는 데이터를 수집하여 학생들의 학업성취에 도움을 주는 소프트웨어를 개발한다면 어떤 데이터를 수집해야 할지, 그리고 이와 같은 데이터를 수집해야 하는 까닭을 쓰시오.

학생들의 학업성취에 도움을 줄 수 있는 소프트웨어를 개발하기 위해서는 학생의 학업성취 정도를 진단할 수 있는 데이터와 일반적으로 학생들이 어려움을 느끼는 학습 내용에 대한 데이터가 필요하다. 구체적으로는 다음 4가지 데이터를 수집하고자 한다. ① 학년별 기초학력 진단 데이터 ② 과목별 학생들이 많이 틀리는 내용 요소 및 문제 유형 ③ 학생들이 어려움을 느끼는 학습 요소 ④ 수준별 보충 수업 자료 데이터. 위 4가지 데이터를 기반으로 학생들의 학력 수준을 평가하고 학생이 어려움을 느끼는 부분을 진단하여 그에 맞는 보충 학습을 제공하는 소프트웨어를 개발할 수 있다.

▶ 학교생활을 떠올려 학생들의 학업성취에 영향을 미치는 데이터를 찾아 정리하고 그 이유를 논리적으로 기술해야 합니다. 예시답안에서 제시한 데이터 외에도 수업 태도, 성적 향상도 데이터 등을 추가할 수 있습니다.

MEMO

8. 8회 대회 기출문제 분석

초등학교 3~4학년

제8회 소프트웨어(SW) 사고력 올림피아드(초3~4)

※ 다음 문제에 모두 답하시오.
※ 답은 <답안지>에 작성하시기 바랍니다.
※ 시험 종료 후 <문제지>와 <답안지> 모두 제출하여 주시기 바랍니다.
※ 본 문제들은 창의적인 생각을 자유롭게 기록하면 됩니다.

1 최근 사람 대신 기계만 있는 무인 카페, 무인 상점 등이 늘고 있다. 초등학교 앞에 무인 문구점을 열려고 한다. 물음에 답하시오.

1-1. 문구점에 필요한 물건을 기준에 따라 나열하시오.

1-2. 문구점의 분실 및 도난을 예방할 수 있는 시스템을 설계하고 설명하시오.

3 무작위로 배열된 숫자 카드를 순서대로 정렬하는 방법을 로봇에게 학습시키려고 한다. 이에 대한 의견을 읽고 물음에 답하시오.

5	4	3	6	9	7	2	1	8

> 길동: 앞에서부터 두 개의 카드를 비교하여 왼쪽이 오른쪽보다 크면 둘의 자리를 바꿔. 오른쪽으로 가면서 계속 반복하면 돼.

3-1. 길동이의 방법을 단계별로 설명하고 장단점을 설명하시오.

3-2. 숫자 카드를 순서대로 정렬하는 새로운 방법을 만들어 보시오.

4 다음은 우리나라 세 지역(서울, 부산, 제주)의 계절별 강수량을 비교하기 위해 수집한 데이터이다. 데이터를 보고 물음에 답하시오.

연도	계절	지점	강수량(mm)	지점	강수량(cm)	지점	강수량(mm)
2019	봄	서울시	111.9	부산	23.65	제주	144.7
	여름	서울특별시	458.9	부산	83.95	제주	898.2
	가을	서울시	274.1	부산	43.27	제주	826.7
	겨울	서울시	136.2	부산	27.29	제주	194.7
2020	봄	서울시	145.6	부산	23.85	제주	㉠
	여름	서울시	1085.7	부산	151.71	제주	546.6
	가을	서울시	301.6	부산	29.32	제주	482.4
	가을	서울시	301.6	부산	29.32	제주	482.4
	겨울	서울시	30.6	부산	8.55	제주	198.9
2021	봄	서울시	418.1	부산	37.38	제주	240.6
	여름	서울시	484.1	부산	111.34	제주	597.3
	가을	서울시	250.4	부산	24.08	제주	589
	겨울	서울시	18.1	부산	0.45	제주	90.1

출처: 기상자료개방포털, '강수량분석'

4-1. 데이터에서 어색한 부분을 모두 찾고 이유를 적어보시오.

4-2. ㉠처럼 값이 없는 데이터를 처리하는 방법을 설명하시오.

4-3. 수집한 데이터를 일상생활에 활용할 방법을 제안하시오.

소프트웨어(SW) 사고력 올림피아드 답안지

수험번호	학교명	학년	성명

1) 문제 분석

문제	출제 의도	평가 준거
1-1	학생들이 실생활 속에서 느끼는 소재를 중심으로 출제했습니다. 생활에 필요한 물건들을 다양하게 떠올리고 이를 포괄할 수 있는 객관적인 기준을 세워 분류하고 나열하는 사고력이 필요합니다.	정보 이해 사고력 지식 기반 사고력
1-2	소비자가 아닌 판매자의 입장이 되어 효율적인 운영방안을 다각도로 생각해봐야 하는 문제입니다. 기술적으로 해결하려는 생각뿐만 아니라 윤리적인 사고도 필요합니다. 문제를 해결하기 위한 자신의 다양한 아이디어를 서술하면 됩니다.	창의적 문제 해결력 윤리적 사고력
3-1	무작위로 배열된 카드를 순서대로 정렬하는 방법을 읽고 단계별로 설명하는 문제입니다. 단순한 반복이지만 수행하는 절차가 복잡하기 때문에 분량과 가독성을 고려하여 단계별 설명을 명확하게 서술하는 표현력이 필요합니다.	정보 이해 사고력 지식 기반 사고력 표현력
3-2	숫자 카드를 순서대로 정렬하는 새로운 방법을 창의적으로 생각해야 하는 문제입니다. 사람과는 다르게 로봇은 프로그램 순서에 따라 움직이므로 절차가 매끄럽게 연결되도록 설계해야 합니다.	정보 이해 사고력 창의적 문제 해결력
4-1	주어진 데이터에서 어색한 부분을 파악하고 그 이유를 설명해야 합니다. 데이터에서 전체적인 형식과 규칙을 확인하고 이에 벗어나는 요소들을 발견하는 통합 맥락적 사고와 지식 기반 사고가 필요합니다.	통합 맥락적 사고력 지식 기반 사고력
4-2	데이터에 값이 존재하지 않는 문제를 창의적으로 해결하기 위해 데이터를 전처리하는 방법을 생각하는 문제입니다. 전체적인 데이터의 흐름에서 벗어나지 않도록 주의해야 합니다.	정보 이해 사고력 창의적 문제 해결력
4-3	데이터를 일상에 활용하는 방법을 창의적으로 생각해내는 문제입니다. 데이터의 분석 결과를 기반으로 떠올려야 하며, 구체적인 활용 방안은 통합적인 맥락에서 자유롭게 상상하여 서술할 수 있습니다.	창의적 문제 해결력 통합 맥락적 사고력

2) 예시답안

1-1. 문구점에 필요한 물건을 기준에 따라 나열하시오.

기준 – 용도

① **학용품**: 연필, 샤프, 펜, 사인펜, 색연필, 유성 매직, 형광펜, 지우개, 가위, 풀, 커터칼, 자, 스카치테이프, 줄 공책, 무선공책, 클리어 파일, 컴퍼스, 삼각자, 자, 각도기, 포스트잇, 클립 등

② **미술용품**: 스티커, 노끈, 반짝이 풀, 부직포, 리본, 수채화 물감, 포스터 물감, 도화지, 색 도화지, 스케치북, 붓, 물통, 팔레트, 서예 도구, 편지지, 연필깎이 등

③ **음악용품**: 실로폰, 멜로디언, 리코더, 단소, 리듬악기 세트 등

④ **체육용품**: 공, 줄넘기, 배드민턴라켓, 탁구채 등

⑤ **생활용품**: 건전지, 실내화, 충전기, 스테이플러, 펀치, 선물함 등

⑥ **장난감**: 인형, 로봇, 껌, 열쇠고리, 비눗방울, 물총 등

⑦ **식품**: 껌, 사탕, 젤리, 아이스크림, 음료수, 과자, 초콜릿 등

▶ 실생활에서 자주 접하는 물건들을 객관적인 기준을 세워 분류하고 나열해야 합니다. 문구점이라는 특성을 생각하여 필요한 물건을 브레인스토밍으로 다양하게 떠올려보면 좋습니다. 이때 자신이 세운 분류 기준에 물품이 포함되도록 나열할 필요가 있습니다. 자신의 경험이나 알고 있는 지식을 바탕으로 구조적으로 작성하면 됩니다.

1-2. 문구점의 분실 및 도난을 예방할 수 있는 시스템을 설계하고 설명하시오.

상황	시스템
입장할 때	- 입구에 분실 방지 및 절도 시 처벌에 대한 경고문을 보이도록 붙인다. - '양심을 지켜 정직하게 계산하세요.'라는 음성 멘트가 나오도록 한다. - 한 번에 너무 많은 사람이 방문하면 붐빌 수 있으므로 CCTV로 인구밀도를 파악하여 기준 이상일 때 입장 전에 잠시만 기다려달라는 방송이 자동으로 나오게 한다.
구경할 때	- CCTV를 사각지대가 없도록 곳곳에 설치하여 감시한다. - 매니저가 간헐적으로 매장에 직접 방문하여 운영 상황을 점검한다.

계산할 때	- 계산대가 붐비지 않도록 공간을 여유롭게 떨어트려 놓는다. - 계산하지 않은 물품은 나갈 때 도난방지 스캐너에서 경고음이 나오도록 조치한다. - 계산대에서 거스름돈을 제대로 챙겼는지 물어보는 멘트와 물건이 남아있다면 가져가라는 멘트를 넣어 안내한다.

▶ 실제 화제가 되었던 무인 점포 도난 문제를 바탕으로 앞으로 이런 문제를 해결하는 방안을 스스로 생각해보게 하는 문제입니다. 소프트웨어뿐만 아니라 물리적인 시스템으로 대안을 제시하는 답안을 작성할 수도 있습니다. 학생들은 윤리적인 사고도 포함하여 답안을 작성해야 하며, 정답은 없지만 다각도로 독창적인 문제 해결 방안을 제시할 수 있습니다. 위의 예시답안처럼 절차에 따라 시스템을 설계하여 설명하는 것도 좋고, 하나의 시스템을 자세하게 풀어 설명해도 좋습니다.

3-1. 길동이의 방법을 단계별로 설명하고 장단점을 설명하시오.

길동이가 제시한 방법은 두 숫자를 비교하여 작은 수를 왼쪽으로, 큰 수를 오른쪽으로 정렬하는 방법이다. 첫 번째, 5와 4를 비교한다. 5가 4보다 큰 수이므로 5와 4의 자리를 바꾼다.

4	5	3	6	9	7	2	1	8

두 번째, 5와 3을 비교한다. 5가 3보다 큰 수이므로 5와 3의 자리를 바꾼다. 4와 3을 비교하여도 4가 3보다 큰 수이므로 4와 3의 자리를 바꾼다.

3	4	5	6	9	7	2	1	8

세 번째, 5와 6을 비교한다. 6이 5보다 큰 수이므로 그대로 둔다.
네 번째, 6과 9를 비교한다. 9가 6보다 큰 수이므로 그대로 둔다.
다섯 번째, 9와 7을 비교한다. 9가 7보다 큰 수이므로 9와 7의 자리를 바꾼다.

3	4	5	6	7	9	2	1	8

여섯 번째, 9와 2를 비교한다. 9가 2보다 큰 수이므로 9와 2의 자리를 바꾼다. 7과 2를 비교하여도 7이 2보다 큰 수이므로 7과 2의 자리를 바꾼다. 이 과정을 반복한다.

2	3	4	5	6	7	9	1	8

일곱 번째, 9와 1을 비교한다. 9가 1보다 큰 수이므로 9와 1의 자리를 바꾼다. 7과 1을 비교하여도 7이 1보다 큰 수이므로 7과 1의 자리를 바꾼다. 이 과정을 반복한다.

1	2	3	4	5	6	7	9	8

마지막으로, 9와 8을 비교한다. 9가 8보다 큰 수이므로 9와 8의 자리를 바꾼다.

1	2	3	4	5	6	7	8	9

길동이의 방법은 간단하게 구현할 수 있는 장점이 있다. 앞에서부터 차례로 두 가지의 카드를 비교하고, 크기에 따라 정렬 후 반복하면 된다. 하지만, 다른 정렬 방법에 비해 시간이 오래 걸린다는 단점이 있다.

▶ 길동이의 방법을 단계별로 설명하고 장단점을 서술해야 합니다. 이때 그림이나 흐름도(순서도) 등의 도식화된 표현 방법을 이용하면 더욱 좋습니다.

3-2. 숫자 카드를 순서대로 정렬하는 새로운 방법을 만들어 보시오.

숫자 카드를 정렬하는 다른 방법은 다음과 같다. 먼저, 숫자 카드의 처음부터 마지막 카드까지 지나가며 최솟값을 저장한다. (최솟값: 1) 최솟값과 가장 앞에 있는 숫자 카드의 자리를 바꾼다. [1-4-3-6-9-7-2-5-8] 이번에는 두 번째 카드부터 마지막 카드까지 지나가며 최솟값을 저장한다. (최솟값: 2) 최솟값과 두 번째 숫자카드의 자리를 바꾼다. [1-2-3-6-0-7-4-5-8] 이번에는 세 번째 카드부터 마지막 카드까지 지나가며 최솟값을 저장한다. (최솟값: 3) 최솟값과 세 번째 숫자 카드의 숫자가 같으므로 자리를 바꾸지 않는다. 이번에는 네 번째 카드부터 마지막 카드까지 지나가며 최솟값을 저장하고, 최솟값을 가진 카드를 네 번째 카드와 바꾼다. 이 과정을 마지막 카드까지 반복한다.

▶ 길동이의 방법을 보완할 수 있게 카드를 정렬하는 방법을 창의적이면서도 논리적으로 제시해야 합니다. 이때 주어진 조건처럼 로봇에게 학습시킬 수 있도록 작동 순서에 따라 답안을 작성하는 것이 좋습니다.

4-1. 데이터에서 어색한 부분을 모두 찾고 이유를 적어보시오.

첫 번째, 데이터에서 지점명의 형식이 다르다. 서울의 경우 '서울시'와 '서울특별시'가 함께 사용되고 있다. 따라서 지점명을 '서울', '부산', '제주'로 통일해야 한다. 두 번째, 2020년 가을 데이터가 중복된다. 따라서, 이 부분을 삭제해야 한다. 세 번째, 부산의 강수량이 다른 지역과 달리 'cm'를 단위로 사용하고 있다. 이를 '강수량(mm)'으로 단위를 통일하여 표기해야 한다.

▶ 형식의 오류, 단위의 불일치는 사소해 보이지만, 데이터 분석에 큰 오류를 불러옵니다. 따라서 원본 데이터(raw data)를 전체적으로 파악하여 어색한 부분을 찾아내는 능력이 필요합니다.

4-2. ㉠처럼 값이 없는 데이터를 처리하는 방법을 설명하시오.

값이 없는 데이터를 처리하는 방법은 크게 두 가지가 있다. 첫째, 데이터를 삭제하는 방법이다. 그러나 이 경우에는 2020년 봄, 제주의 강수량을 알지 못한다는 한계가 있다. 둘째, 다른 연도의 강수량과 비슷한 값을 입력하는 방법이다. 2019년 봄의 경우 약 144mm, 2021년 봄의 경우 약 240mm이므로 중간값인 약 180mm를 입력하여 대신하는 방법이 있다.

▶ 데이터를 처리하는 방법에는 값이 없는 데이터를 삭제하는 방법이 있습니다. 하지만 해당 방법을 적용했을 때 일어날 수 있는 문제점 또는 한계점을 함께 지적하면 좋습니다.

4-3. 수집한 데이터를 일상생활에 활용할 방법을 제안하시오.

위에서 수집한 데이터는 2019년부터 2021년까지의 계절별 서울, 부산, 제주의 강수량 데이터이다. 따라서 계절별로 어느 지역의 강수량이 가장 많은지 분석하여 도움을 받을 수 있다. 예를 들어, 여행지를 선택해야 하는 경우 계절별로 강수량이 적은 지역을 택할 수 있다. 또한 만약 강수량이 많은 지역으로 여행을 가는 경우 우산을 챙겨가는 것이 좋다는 판단을 내릴 수 있다.

▶ 주어진 데이터인 '계절별 강수량'과 연결해 일상생활에 활용할 방법을 창의적으로 생각해야 합니다. 이는 분석한 데이터를 생활에 적용할 때, 주어진 데이터만으로도 도출될 수 있는 결론인지 확인해야 합니다.

3) 참가자 답안지 살펴보기

<문제1 작성답안>

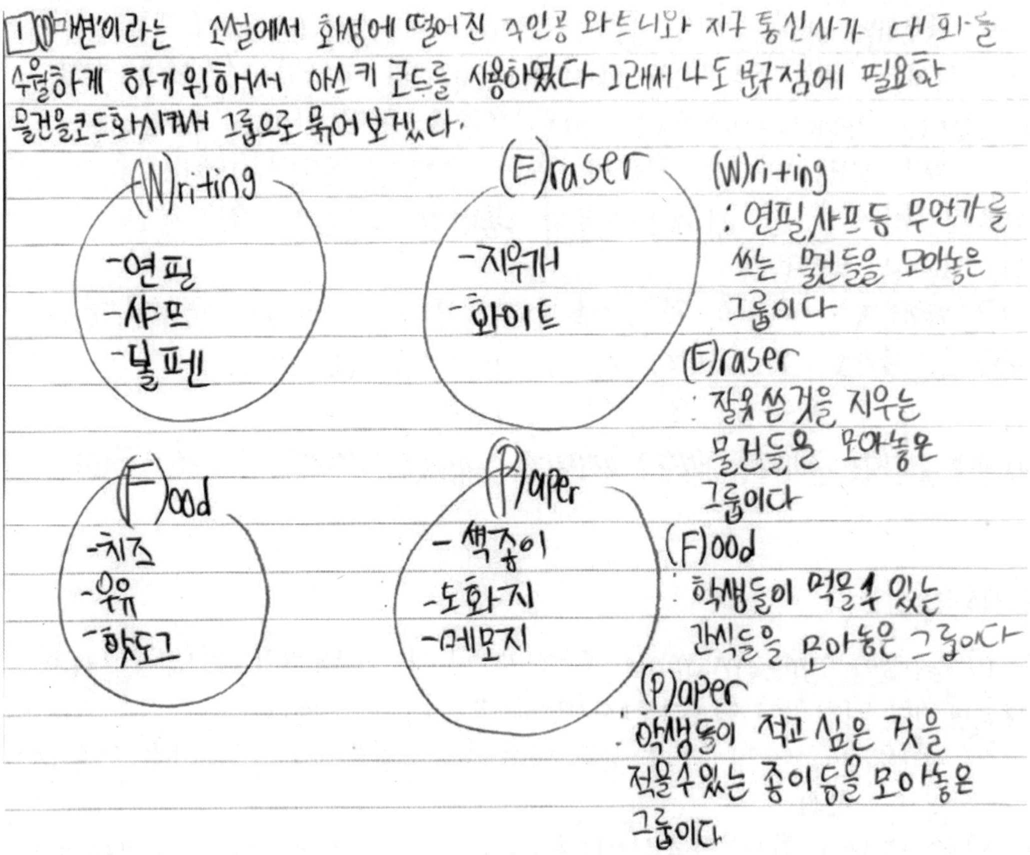
1 '마션'이라는 소설에서 화성에 떨어진 주인공 와트니와 지구 통신사가 대화를 수월하게 하기위해서 아스키 코드를 사용하였다 그래서 나도 문구점에 필요한 물건을코드화시켜서 그룹으로 묶어 보겠다.

(W)riting
-연필
-샤프
-볼펜

(E)raser
-지우개
-화이트

(F)ood
-치즈
-우유
-핫도그

(P)aper
-색종이
-도화지
-메모지

(W)riting
: 연필,샤프등 무언가를 쓰는 물건들을 모아놓은 그룹이다
(E)raser
: 잘못쓴것을 지우는 물건들을 모아놓은 그룹이다
(F)ood
학생들이 먹을수 있는 간식들을 모아놓은 그룹이다
(P)aper
: 학생들이 적고 싶은 것을 적을수있는 종이등을 모아놓은 그룹이다.

(2) 초등학생들은 아직 어린이기 때문에 도난사건이 일어날 수 있다.
그래서 도난사건을 예방할 수 있는 방법을 설계해 보겠다.
모든 물건이 놓아진 바닥에는 센서 같은 게 있다. 그래서 학생이
만약 그 물건을 고르면, 돈을 지불할 때까지 빨간불을 뜨고 있다.
학생이 돈을 안 내면 30분 뒤에 빨간불이 경고음 소리를 울릴 것이고,
학생이 정직하게 돈을 낸다면 빨간불이 초록불로 다시 바뀔 것이다.
그러나 초등학생이기 때문에 규칙을 잘 모를 수 있으므로, 처음 가져갔을 때는
봐주지만, 두번째부터는 적당한 벌칙을 받게 해야 한다.

<문제3 작성답안>

3-1) 길동이의 방법은 맨 처음 두 숫자를 비교해 왼쪽이 오른쪽보다
크면 둘의 자리를 바꾸라는 것이고 오른쪽이 왼쪽보다 크면 나둬라는
것이다. 길동이는 이것을 계속 오른쪽으로 가면서 반복하라고 했다. 길동이
방법의 단점은 계속 오른쪽으로 가면서 반복하면 숫자가 순서대로 나열
되지 않는다는 것이다. 왜냐하면 계속 오른쪽으로 가다보면 오른쪽으로
갈 수 없기 때문에 맨 처음에 맨 오른쪽으로 가면 다시 처음으로
돌아오라고 했어야 될 것이다. 길동이 방법의 장점은 쉽고 시간이
짧게 걸린다는 것이다.
3-2) 숫자카드를 순서대로 정렬하기 위해 무작위로 배열된 숫자카드를
인식하고 그 숫자를 그 숫자번째 칸으로 이동시키게 하면 된다.

5 4 3 6 9 7 2 1 8
5번째칸 4번째칸 3번째칸 6번째칸 9번째칸 7번째칸 2번째칸 1번째칸 8번째칸

<문제4 작성답안>

4-1) 강수량이 mm, cm, mm로 단위가 달라 구별하기 어렵다. 서울시,
서울특별시라 되어있어 다르다. 2020년에 가을이 2번 있다.
4-2) 2019, 2021년에 ㉠과 같은 계절의 평균을 적는다. 최소한 비슷하게
나타낼 수 있다.
4-3) 데이터에 있는 강수량의 평균을 구한 뒤, 앞으로 서울, 부산, 제주
의 미래 강수량에 대해 생각한다. 그 뒤, 그 다음년 강수량에 대비를
할 수 있다. 또한, 일기 예보를 발표하기도 쉬울 것이다.

MEMO

초등학교 5~6학년

제8회 소프트웨어(SW) 사고력 올림피아드(초5~6)

※ 다음 문제에 모두 답하시오.
※ 답은 <답안지>에 작성하시기 바랍니다.
※ 시험 종료 후 <문제지>와 <답안지> 모두 제출하여 주시기 바랍니다.
※ 본 문제들은 창의적인 생각을 자유롭게 기록하면 됩니다.

2 학교 도서관에 책을 추천해주는 인공지능 시스템을 구현하려고 한다.

2-1. 학생들에게 책을 추천해주는 방법을 설명하시오.

2-2. 학생들이 책 읽기를 더욱 좋아하도록 하는 방법을 서술하시오.

4 출발 지점에서 도착 지점까지 로봇이 미로를 탈출하는 게임을 만들려고 한다. 로봇은 오른쪽 또는 아래쪽 방향으로만 이동할 수 있으며 이동한 칸에서 얻은 숫자는 점수로 환산된다.

출발

1	3	3	1	2
2	2	3	3	0
4	1	4	4	5
3	3	1	3	1
2	4	0	4	3

도착

4-1. 이 게임에서 얻을 수 있는 가장 높은 점수를 구하시오.

4-2. 각 칸에 표시된 점수가 달라졌을 때, 가장 높은 점수를 얻기 위한 알고리즘을 설계하시오.

소프트웨어(SW) 사고력 올림피아드 답안지

수험번호	학교명	학년	성명

1) 문제 분석

문제	출제 의도	평가 준거
2-1	인공지능 추천 시스템의 원리뿐만 아니라 여러 가지 추천 방식을 다양하게 생각해낼 수 있는지 확인하는 문제입니다. 논리적으로 추천 방법을 정리하여 답안을 작성할 필요가 있습니다.	지식 기반 사고력
2-2	실제로 책을 좋아하지 않는 학생들도 책을 읽도록 하는 방법을 인공지능 시스템과 연계하여 다각도로 생각해보게 하는 문제입니다. 학생은 자신의 경험과 알고 있는 지식을 바탕으로 자신만의 창의적인 문제 해결법을 서술해야 합니다.	창의적 문제 해결력 표현력
4-1	컴퓨터 기반의 절차적 사고를 바탕으로 문제해결을 위한 정보 요소를 도출하여 해결하는 문제입니다. 게임의 규칙을 이해하여 조건에 맞는 최적의 경로를 찾아내야 합니다.	정보 이해 사고력 지식 기반 사고력
4-2	문제 상황을 해결하기 위한 최적 경로를 탐색하는 알고리즘을 찾는 문제입니다. 게임의 조건이 변하여도 알고리즘을 일반화할 수 있도록 설계해야 합니다.	정보 이해 사고력 지식 기반 사고력 표현력

2) 예시답안

2-1. 학생들에게 책을 추천해주는 방법을 설명하시오.

(1) **학년 권장도서 추천**: 해당 학년에서 권장하는 책을 추천해주는 방법이다. 예를 들면, 학년 교과서에 수록된 책들을 과목별로 추천하거나 학년별 권장도서 목록에 제시된 책들을 무작위로 추천해주는 것이다.

(2) **읽은 책과 비슷한 책 추천**: 학생이 최근에 읽은 책을 바탕으로 비슷한 유형의 책을 추천해주는 방법이다. 책의 종류나 난이도, 분량 등 책의 속성을 파악하고 연계하여 읽으면 좋거나 비슷한 내용의 책을 추천한다. 예를 들어, 최근에 읽은 책이 추리 소설이라면 같은 작가의 다른 추리 소설을 추천할 수도 있고, 만약 우주에 관한 지식 책이라면 다른 작가의 우주 관련 책을 추천할 수도 있다.

(3) **학생의 취향에 따른 책 추천**: 학생이 좋아하는 취향, 난이도, 두께, 독서 편식 여부 등을

먼저 조사하여 학생에게 어울리는 책을 추천해주는 방법이다. 최근에 읽은 책이 없을 때, 학생이 직접 선택한 취향에 따라 책을 추천해줄 수 있는 장점이 있다.

(4) **별점에 따른 책 추천**: 비슷한 나이대의 학생들이 재밌거나 유익하다고 평가한 책들을 추천하는 방법이다. 책을 읽고 반납할 때 별점을 주어서 별점이 높은 순서대로 나열하여 책을 고르도록 할 수 있다.

▶ 단순히 추천 시스템에 대한 지식을 묻는 것이 아니라 여러 가지 추천 방법들을 배경 지식을 바탕으로 다양하게 생각하도록 하였습니다. 이 문제는 지식 기반 사고가 필요하지만, 본인의 생각을 담아 창의적으로 아이디어를 표현하는 것도 중요합니다. 이때 예를 들어가며 논리적으로 생각을 기록하는 것이 좋습니다.

2-2. 학생들이 책 읽기를 더욱 좋아하도록 하는 방법을 서술하시오.

- **책의 내용을 궁금하게 만드는 영상 공개**: 영화의 예고편 영상처럼 책에 대한 호기심을 자극하는 짧은 영상을 보여주어 책을 읽어보도록 유도한다.
- **도서관에 올 때마다 음성으로 칭찬해주는 서비스**: 도서관에 방문할 때마다 칭찬의 말이 나오게 하여 책이 있는 환경과 친해질 수 있도록 한다.
- **책을 읽고 독서퀴즈를 맞출 때 나오는 보상**: 책을 반납할 때 인공지능 시스템이 제시하는 독서퀴즈를 맞히면 작은 간식을 준다.
- **책을 대신 소리 내서 읽어주는 서비스**: 자신이 선택한 목소리와 빠르기로 인공지능이 책을 대신 읽어주면, 귀로 들으면서 책을 읽는다.
- **독서 쿠폰을 채우면 받는 상품**: 책을 한 권 읽을 때마다 시스템에 독서 쿠폰이 등록되어 일정 기준을 채우면 상품을 받는다.
- **집중해서 책만 읽는 독서시간 알림 서비스**: 하루 10분이라도 고정적으로 책만 읽는 독서시간 알람이 울리면 책을 집중해서 읽어야 한다.
- **추천 시스템 활용**: 책을 좋아하지 않는 학생도 추천 시스템에 따라 자발적으로 책을 선택하여 읽도록 한다.

▶ 이 문제는 인공지능 기술에 대한 지식뿐만 아니라 문제를 해결하기 위한 창의적인 아이디어를 포함하도록 출제되었습니다. 누구나 생각하는 평범한 답보다는 인공지능 시스템에 어떤 기능을 넣어 효과를 내게 할지 독창적으로 생각한 답이 필요합니다. 스스로 여러 가지 방법을 떠올려보고 문제에 맞게 논리적으로 자기 생각을 표현하면 됩니다.

4-1. 이 게임에서 얻을 수 있는 가장 높은 점수를 구하시오.

출발				
1	4	7	8	10
3	6	10	13	13
7	8	14	18	23
10	13	15	21	24
12	17	17	25	28
				도착

이 게임에서는 파란색 칸을 따라가면 28점을 얻을 수 있다.

▶ 게임에서 얻을 수 있는 가장 높은 점수를 구하기 위해 모든 경우의 수에서 얻을 수 있는 점수를 비교하여 계산해보아야 합니다. 도표를 사용하면 모든 경우의 수와 얻을 수 있는 점수를 비교하여 쉽게 확인할 수 있습니다.

4-2. 각 칸에 표시된 점수가 달라졌을 때, 가장 높은 점수를 얻기 위한 알고리즘을 설계하시오.

첫 번째 행과 첫 번째 열을 제외한 나머지 칸은 도착하는 방법이 2가지이다. 하나는 아래로 1칸 이동하는 방법이고, 다른 하나는 오른쪽으로 1칸 이동하는 방법이다. 이 두 가지 방법 중 큰 값을 누적하여 계산해 나가면 도착 지점에 도달했을 때 가장 높은 점수를 구할 수 있다. 따라서 첫 번째 행과 열인 경우와 그렇지 않은 경우로 나누어 계산하도록 알고리즘을 고안해야 한다.

(1) 첫 번째 행 또는 첫 번째 열의 경우

첫 번째 행(가장 윗줄)은 오른쪽으로만 이동해야 도달할 수 있으며, 첫 번째 열(가장 왼쪽줄)은 아래로만 이동해야 도달할 수 있다. 따라서 첫 번째 행은 오른쪽으로만 이동하며 각 칸의 숫자를 더한다. 첫 번째 열은 아래로만 이동하며 각 칸의 숫자를 더한다.

(2) 첫 번째 행 또는 첫 번째 열이 아닌 경우

특정 칸을 기준으로 위의 칸과 왼쪽 칸을 비교하여 더 큰 값에 해당 칸의 값을 더하여 점수를 계산한다. 이를 마지막 행과 열까지 반복한다.

▶ 게임에서 가장 높은 점수를 얻기 위한 과정을 알고리즘으로 단순화하여 정리하는 문제입니다. 로봇이 움직일 수 있는 방향을 고려하여 알고리즘을 작성해야 합니다. 예시답안에서는 다음 칸으로 이동하는 방법이 한 가지일 때와 두 가지일 때로 나누어 알고리즘을 설계하였습니다.

3) 참가자 답안지 살펴보기

<문제2 작성답안>

2-1) 학교도서관에 인공지능 로봇으로 책을추천해준다.
일단, 먼저 학교도서관에서 책을 등록시키기전, 책에 # 심리 #에세이 등을 등록시킨다
그리고 인공지능로봇중 하나는 지정되어있는곳에 로봇이 화면으로만 뜨는것이 아닌,
직접 소통을 한다. "무슨 책을 원하십니까?" 라고 말하면 상대는 원하는 장르를 선택또는
작성을 한다. 대부분의 장르가 있으니 그 원하는 책을 추천해주고, 만약 그책이 없다면
선택할때 3개이상 선택해야해서 3개이상이 다 완벽하게 맞는건 아니지만 2개는
비슷한 책으로 추천이 자동으로된다. 그리고 그책을 대여하면, 그 뒤 비슷한 연관책도
뜬다. 학생들이 많이 찾아본 책을 한달에 한번씩 통계를 하여 가장많은학생들이
원하는책을 도서관에 더 등록시킨다 또 만약 힘든일이 있거나 심리적으로 힘들어
책으로 위로를 받고싶어하는학생들이 많다 그 학생들을 위해 감정로봇이 상담을
한뒤, 책을 추천해준다
2-2) 학생들중, 추천을 로봇에게 받아 그 책을 읽고 간단 감상평을 적는사람을
한달에 한번씩 뽑아 그 학생에게 상품을 주고, 그중 1년에 한번을 뽑아 가장
많은 독서를 한 학생에게 상장을 준다. 또 인공지능처럼 자신도 상담을 해보고
싶다하면 그 학생에게 (블라인드 상담) 즉 익명으로 얼굴을 안보이게 상담을해준다

<문제4 작성답안>

4-1. 이 게임에서 얻을 수 있는 점수는 1+3+3+3+4+4+3+4+3 으로 28점이다.

4-2. 가장 높은 점수를 얻기 위해서는 가장 많은 칸을 이동해야한다. 이 게임에서 이동할수 있는 가장 많은 칸은 9칸이다. 그러므로 제일 먼저 오른쪽 또는 아래쪽 방향으로 이동했을 때의 칸의 개수가 9칸인 경로를 구한다. 그다음 게임 속의 숫자 중 가장 큰 숫자를 세개 구한다. 지금 나와있는 게임에서는 3,4,5 가 가장 크다. 이동했을 때 지나간 칸의 개수가 9칸 인 것 중에서 가장 큰 숫자 세개를 가장 많이 포함한 경로를 구한다. 지금 나와있는 게임에서는 3이 5번, 4가 3번 들어간 경로가 가장 높은 점수를 얻을 수 있다. 가장 큰 숫자가 5보다 1크다면 구하는 가장 큰 수를 4개구하고 5보다 2크다면 구하는 가장 큰수를 5개 구하는 방식으로 알고리즘으로 설계하면 된다.

중학교 1~3학년

제8회 소프트웨어(SW) 사고력 올림피아드(중1~3)

※ 다음 문제에 모두 답하시오.
※ 답은 <답안지>에 작성하시기 바랍니다.
※ 시험 종료 후 <문제지>와 <답안지> 모두 제출하여 주시기 바랍니다.
※ 본 문제들은 창의적인 생각을 자유롭게 기록하면 됩니다.

I 다음은 OO시 OO동의 연령별 인구구성을 나타내는 데이터이다.

구분	총인구수	남성인구수	여성인구수
총인구수	30,461	14,394	16,067
0~9세	1,599	820	779
10~19세	1,826	932	894
20~29세	3,760	1,867	1,893
30~39세	4,610	2,367	2,243
40~49세	3,798	1,826	1,972
50~59세	4,950	2,270	2,680
60~69세	5,492	2,556	2,936
70~79세	2,608	1,198	1,410
80~89세	1,506	468	1,038
90~99세	300	88	212
100세 이상	12	2	10

출처: 행정안전부

1-1. 이 데이터를 보고 알 수 있는 정보를 기술하시오.

1-2. 위의 데이터를 시각화하고, 그렇게 시각화한 이유를 설명하시오.

1-3. 이 동네에 필요한 소프트웨어를 제안하고 설명하시오.

2 다문화 가정을 위한 한국어 학습 앱(App)을 개발하려고 한다.

2-1. 앱에 필요한 데이터를 기준을 정하여 기술하시오.

2-2. 효과적인 학습을 위한 기능을 설정하고 설명하시오.

2-3. 앱을 개발할 때 예상되는 문제점과 그 해결 방안을 기술하시오.

3 메타버스 내 아바타에게 인권을 부여해야 하는지에 관한 논의가 진행되고 있다. 기사를 읽고 물음에 답하시오.

방통위, '확대되는 메타버스 생태계' 이용자 보호 논의 착수

방송통신위원회는 '메타시대 디지털 시민사회 성장전략 추진단'을 구성하고 27일 출범식을 개최한다. 메타버스 내 플랫폼-크리에이터-이용자 등 소통을 위한 원칙과 규범 확립을 목표로 한다. <중략>
디지털 시민사회 성숙한 발전과 성장을 위한 메타버스 생태계 지향점과 원칙부터 아바타 인격권, 디지털 소유권 문제, 디지털 격차 해소와 시민역량 강화 방안 등을 논의한다.

출처: 전자신문, https://www.etnews.com/20220126000129

3-1. 가상공간의 아바타에 인격을 부여해야 한다는 주장에 대하여 본인의 의견과 근거를 기술하시오.

3-2. 메타버스 내에서 발생할 수 있는 인권 침해 문제와 그 해결 방안을 기술하시오.

소프트웨어(SW) 사고력 올림피아드 답안지

수험번호	학교명	학년	성명

1) 문제 분석

문제	출제 의도	평가 준거
1-1	인구 데이터 속에서 정보를 추출할 수 있는지 묻는 문제입니다. 데이터에서 의미를 발견하여 서술할 수 있는 통찰력이 필요합니다.	**정보 이해 사고력** **지식 기반 사고력**
1-2	데이터를 바탕으로 다른 사람들에게 효과적으로 의사를 전달하기 위해서는 데이터의 시각화가 필요합니다. 자신이 알고 있는 그래프 중에서 어울리는 그래프를 선택하여 그 선택 이유를 논리적으로 설명하고, 알맞게 시각화하면 됩니다. 주어진 데이터는 필요에 따라 선택해서 사용할 수 있습니다.	**지식 기반 사고력** **정보적 이해 하고** **표현력**
1-3	주어진 데이터를 바탕으로 유의미한 정보를 얻고, 새로운 문제와 해결방안을 찾는 통합적인 사고력이 필요합니다. 이때 새로운 소프트웨어는 주어진 정보를 바탕으로 제안되어야 하며, 논리적인 근거와 창의적인 대안으로 자기 생각을 서술해야 합니다.	**지식 기반 사고력** **정보 이해 사고력** **창의적 문제 해결력** **통합 맥락적 사고력**
2-1	다문화 가정의 한국어 학습을 도와주는 앱이란 점에서 앱 개발 목적에 맞게 데이터를 찾아야 합니다. 이때 데이터는 객관적 기준을 세워 다양하게 생각해봐야 합니다.	**지식 기반 사고력** **표현력**
2-2	앱으로 언어 학습을 지속해서, 흥미롭게 할 수 있는 방법을 생각해보며 기능을 설정하여야 합니다. 자신이 경험한 게임 방법이나, 학습 방법 등을 융합하거나 알고 있는 지식을 바탕으로 앱의 기능을 자유롭게 설정할 수 있습니다.	**창의적 문제 해결사고** **지식 기반 사고력**
2-3	앱 개발 시 우려되는 점과 해결 방안을 미리 예상하여 지식을 통합하여 사고할 수 있는 능력을 묻는 문제입니다. 열린 답이 나올 수 있는 문제로, 자신이 생각하는 문제와 창의적인 해결 방안을 논리적으로 서술하는 것이 필요합니다.	**통합 맥락적 사고력** **창의적 문제 해결력** **윤리적 사고력** **지식 기반 사고력**
3-1	최근 논쟁이 되는 메타버스 관련 윤리적인 측면을 생각해보는 문제입니다. 메타버스의 아바타와 실제 사용자를 동일시하여 인격을 부여하는 것에 대한 전체적인 상황 이해를 기반으로 자기 생각을 구체적인 의견과 근거로 서술해야 합니다.	**윤리적 사고력** **통합 맥락적 사고력** **표현력**
3-2	메타버스가 활성화되면서 발생할 수 있는 인권 침해 문제를 예상해보는 문제입니다. 발생 가능한 문제점들을 해결하는 방법을 떠올리고 이를 구체적으로 서술해야 합니다.	**윤리적 사고력** **정보 이해 사고력** **창의적 문제 해결력**

2) 예시답안

1-1. 이 데이터를 보고 알 수 있는 정보를 기술하시오.

- 40대 이후부터는 여성 인구가 남성 인구보다 많다.
- 노년층(60대 이상) 인구가 유소년층(10대 이하) 인구보다 많다.
- 60대 인구가 인구 구성에서 제일 높은 비율을 차지한다.

▶ 인구 구성에 대한 데이터에서 유의미한 정보를 찾는 문제입니다. 데이터 테이블의 행과 열을 보고 각각의 값이 의미하는 것을 정확히 파악하여야 하며, 이를 통해 알 수 있는 사실을 추출해야 합니다.

1-2. 위의 데이터를 시각화하고, 그렇게 시각화한 이유를 설명하시오.

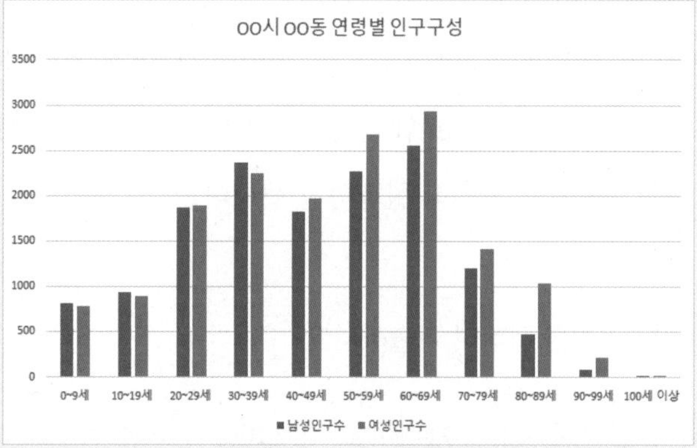

연령대에 따른 남성과 여성의 인구수를 비교하기 위해 막대그래프로 시각화하였다. 막대그래프는 어느 연령대가 많고 적은지, 남성과 여성의 인구는 어떠한지 한눈에 비교하기 쉽기 때문이다.

▶ 데이터를 시각화할 때는 전달하고자 하는 정보를 알맞은 형태로 표현하는 것이 중요합니다. 이때 모든 데이터를 다 사용할 필요는 없으며, 필요한 데이터를 알아보기 쉬운 그래프로 나타내면 됩니다. 그래프에는 가로축과 세로축, 눈금, 레이블과 제목을 써줘야 합니다. 본 예시답안에서는 연령대별 남녀 인구수를 한눈에 비교하기 위해 막대그래프를 사용하였습니다. 남자와 여자 수를 합치면 총인구수가 되므로 남자는 왼쪽, 여자는 오른쪽으로 가로 막대그래프를 그리는 것도 좋은 방법입니다.

1-3. 이 동네에 필요한 소프트웨어를 제안하고 설명하시오.

이 동네에는 상대적으로 노년층 인구가 많으므로 노인을 위한 소프트웨어를 생각해보았다. 예를 들어, 이 동네 주민센터 앞에 노인을 위한 복지시설을 안내해주는 디지털 지도를 만드는 것이다. 노인들은 디지털 기기에 미숙하고, 시력도 좋지 않다는 점을 감안하여 디지털 지도는 글씨를 확대할 수 있는 기능이 있고, 약도도 최대한 알아보기 편하게 나타내어 길 안내를 쉽게 해준다. 또 부정확한 발음도 정확하게 이해하는 음성 인식 서비스를 넣어 노인들이 찾는 곳을 말하면 이를 입력받아 빠른 검색 기능으로 찾아준다. 음성 안내 서비스 또한 노인들이 방문할 수 있는 시설들을 친절하게 반복해서 설명해준다. 이렇게 디지털이 결합한 노인 복지 시스템이 이 동네 노년층 주민들에게 도움을 주면 좋겠다.

▶ 1-1, 2에서 찾은 정보를 바탕으로 이 동네에 제안할 수 있는 소프트웨어를 생각하는 문제입니다. 이 동네는 유소년층보다 노년층 인구가 상대적으로 많으므로 사회 시간에 배운 저출산 고령화 현상과 연관 지어 소프트웨어를 개발할 수 있습니다. 본 예시답안에서는 노인들을 위한 디지털 지도를 제안했습니다. 디지털에 취약한 노년층 주민들도 쉽게 노인 시설과 길을 찾을 수 있도록 도와주는 소프트웨어입니다. 이처럼 주어진 정보를 기반으로 자신이 떠올린 창의적인 소프트웨어를 자세히 설명하면 됩니다.

2-1. 앱에 필요한 데이터를 기준을 정하여 기술하시오.

기준1. 주제별 데이터: 한국어 사용 주제에 따라 데이터를 구분할 수 있다. 예를 들어, 인사법, 자기소개, 가족소개, 길 안내, 취미생활, 학교생활, 전통문화 등 실생활에서 자주 접하는 주제별로 한국어 회화 데이터를 나누어 입력하는 것이다. 단, 다문화 가정을 대상으로 하므로 일방적인 한국어 학습 데이터보다는 한국 문화를 자연스레 소개하는 데이터도 중간중간 넣어 언어 학습에서 문화 이해의 폭을 넓히도록 한다.

기준2. 기능별 데이터: 한국어 학습에서 중점적으로 익히려는 언어의 기능에 따라 데이터를 나눌 수 있다. 예를 들어, 회화 데이터면 일상생활에서 자주 사용하는 한국인 대화 데이터를, 문법 데이터면 한국어 맞춤법에 관한 데이터를, 어휘 데이터면 한국어 어휘에 관한 발음과 뜻, 예문 데이터를, 독해 데이터면 쉬운 문장부터 저작권에 위배되지 않는 줄글 데이터 등을 넣는다.

▶ 앱 개발에 필요한 데이터를 기준을 세워 분석적으로 사고할 수 있는지 묻는 문제입니다. 언어 학습에 사용되는 데이터는 매우 많지만, 자신이 생각하는 객관적이고 포괄적인 기준을 정해 필요한 데이터를 논리적으로 서술하면 됩니다.

2-2. 효과적인 학습을 위한 기능을 설정하고 설명하시오.

- **음성 출력 및 인식 기능**: 정확한 한국어 발음을 위해 음성 출력 서비스로 한국말을 들려주고, 음성 인식 기능으로 따라 했을 때 발음이 적절하다면 통과하게 하는 기능을 넣을 수 있다.
- **챗봇 기능**: 대화 주제와 맥락에 맞게 한국어로 묻고 답할 수 있는 챗봇 기능을 넣어 한국어 회화와 쓰기 연습을 하게 한다.
- **난이도 조절 기능**: 처음에 자신의 수준을 진단하는 테스트를 하고, 수준에 맞게 학습 난도를 높여가며 언어 학습을 효과적으로 하게 한다.
- **게임 기능**: 학습의 흥미를 더하기 위해 중간중간 게임 형태의 재밌는 퀴즈를 넣어 점수를 쌓아가게 한다. 점수가 높아질수록 실력이 늘고 있다는 것을 눈으로 보여주어 학습을 지속하게 한다.

▶ 언어 학습은 단기간보다는 지속적인 노출과 연습이 필요하다는 점에서 앱을 꾸준히 사용하게 하는 다양한 기능이 필요합니다. 이 문제 또한 자신이 아는 지식을 통합하여 더 흥미 있게 학습을 하도록 유인하는 장치를 고안하고 있습니다. AI 기술을 사용하여도 좋고, 게임 방식으로 학습하도록 아이디어를 제시할 수도 있습니다. 자기가 생각하는 창의적인 방법들을 서술하면 됩니다. 본 예시답안에서는 다양한 기능을 나열하였지만, 2-1과 연계하여 하나의 기능을 자세히 서술하여도 좋습니다.

2-3. 앱을 개발할 때 예상되는 문제점과 그 해결 방안을 기술하시오.

앱을 통한 일방적 학습은 언어 실력 향상에 한계가 있다. 우선, 앱에 입력된 데이터가 한정적이기 때문이다. 만약 한국어를 제대로 배우려면 편향되지 않으면서 윤리적이고 다양한 정형, 비정형 데이터가 많이 필요할 것이다. 하지만 이러한 데이터를 구하기도 어렵고 앱이 수용할 수 있는 서버 용량도 제한되어 있다는 점에서 효과적인 한국어 학습 지원 앱을 개발할 때 문제가 될 수 있다.

또 언어는 사람과 사람 간 소통을 돕는 도구인데, 앱으로는 말할 때의 말투, 표정, 몸짓 등 다양한 반언어, 비언어적 소통들이 전달되지 않는다. 그래서 기기만으로 언어를 학습하는 것은 맥락과 감정 등을 무시하기 때문에 언어 학습에 제약이 있다.

이러한 문제를 해결하기 위해 우선 다문화 가정에서 한국어 학습을 할 때 가장 필요한 주제나 영역이 무엇인지 설문을 통해 파악해야 한다. 그리고 그 부분의 데이터를 우선해서 구할 필요가 있다. 구한 데이터는 윤리적인 문제가 없는지, 양과 질이 충분한지 등을 검토한다. 이렇게 우선하여 필요한 한국어 학습을 지원한 후, 효과가 좋으면 앱 내 유료 서비스를 개발하거나 투자를 받아 서버 용량을 확대할 수 있다.

그리고 효과적인 언어 실력 향상을 위해 기기로 혼자 학습하는 것을 넘어 실제 한국인과 대화를 연습해보는 기능도 넣을 수 있다. 가령, 한국어 자원봉사자를 신청받아 앱으로 채팅을 하거나, 화상으로 간단한 일상대화를 하며 반언어, 비언어적 소통도 연습해보도록 한다.

▶ 앱 개발자가 되어 예상되는 문제점과 대안을 기술하는 것은 통합 맥락적 사고와 지식 기반 사고, 그리고 윤리적 사고도 필요로 합니다. 문제에서 다문화 가정을 위한 앱이라고 제시했기 때문에 다문화 가정을 염두에 두고 답안을 작성하는 것이 좋습니다. 문제와 해결방법이 다양하므로 자기가 생각하기에 가장 우려되는 점과 이를 해결하는 창의적인 방법을 논리적으로 서술하면 됩니다.

3-1. 가상공간의 아바타에 인격을 부여해야 한다는 주장에 대하여 본인의 의견과 근거를 기술하시오.

가상공간의 아바타에 인격을 부여해야 한다. 가상공간의 아바타도 사용자와 긴밀하게 연결되어 있기 때문이다. 현실 세계에서 신체와 정신이 결합하여 있듯이, 가상공간 내에서는 아바타가 현실의 신체를 대신하여 우리의 생각과 가상공간을 연결한다. 따라서 가상공간 내에서는 아바타가 현실을 대신하여 의지를 가지고 결정한다고 볼 수 있다. 즉, 가상공간이라는 공간적 제약과 상관없이 아바타가 사용자의 의지에 따라 움직이므로 아바타는 사용자와 연결되어 있고 이를 바탕으로 행동한다. 따라서 아바타를 행위의 주체로 인정하고 인격을 부여해야 한다.

특히, 사회질서 측면에서 볼 때 가상공간의 아바타에게 인격을 부여할 필요가 있다. 앞으로 다가올 미래에는 현실과 가상공간 사이의 경계가 모호하게 된다. 따라서 가상공간에서 발생하는 사회적 문제를 고려해야 한다. 가상공간에서 범죄가 일어나는 경우, 그 책임을 물을 대상이 필요하다. 가상공간에서 아바타 간의 문제가 발생하면 이를 사람 사이의 문제와 동일시하여 해결해야 한다.

▶ 기사를 읽고 메타버스 내의 아바타에게 인격을 부여하는 것에 대한 자기 생각을 정리하는 문제입니다. 자신만의 의견을 정하고 이에 대한 적절한 근거를 마련해야 합니다.

3-2. 메타버스 내에서 발생할 수 있는 인권 침해 문제와 그 해결 방안을 기술하시오.

메타버스 내에서 발생할 수 있는 인권 침해 문제는 다음과 같다. 첫째, 개인정보 침해 문제이다. 가상공간 속 나의 행동들이 모두 데이터로 남아 악용될 수 있다. 둘째, 인권 침해 문제이다. 메타버스 내의 캐릭터를 대상으로 인권 침해 문제들이 제기되고 있으나 이를 제재할 법적 근거는 없는 상황이다.
이를 해결하는 방안은 다음과 같다. 먼저, 관련 법령 제정이다. 현행법은 통신 매체를 이용해 혐오감을 일으키는 말 등을 상대방에게 한 사람을 처벌하도록 명시하고 있으나, 메타버스 내 아바타를 상대로 한 문제에 관한 규정은 명확하지 않다. 이와 관련한 법적 근거를 마련하여 이를 해결할 수 있다. 다음으로, 이용자 대상 관련 교육 강화이다. 학교나 기관 내 프로그램을 마련하여 이용자를 대상으로 교육을 실시하는 방법이다. 마지막으로, 메타버스 플랫폼 내 자체 예방 시스템 구축이다. 메타버스 내 시스템적인 보호 장치를 마련하여 인권 침해가 일어나지 않도록 사전에 방지할 수 있다. 예를 들어, 특정 단어를 필터링하는 언어 필터링을 동작하거나 캐릭터 간의 거리를 유지하는 방법이 있다.

▶ 가상공간이라는 메타버스의 특징으로 발생할 수 있는 인권 침해 문제를 탐색하고 이를 해결하기 위한 적절한 방안을 생각하는 문제입니다. 예시답안에서는 개인정보 침해와 인권 침해를 문제로 삼고 이를 법적, 교육적, 시스템적 측면에서 해결하는 방안을 제시하였습니다. 이처럼 다양한 측면에서 실현 가능한 해결책을 고안해야 합니다.

3) 참가자 답안지 살펴보기

<문제1 작성답안>

1.

1-1) 가장 먼저 총인구수에서 여성이 많은지 남성이 많은지를 알수 있다. 총인구수 상에서는 여성이 남성보다 약 2000명 가량 많다. 이는 0~9세, 10~19세, 30~39세 에선 예외이다. 여기서 알수 있듯이, 젊거나 어린 연령층일 수록 여성 인구가 남성 인구보다 적지만, 40대부터 고령층에 들어서게 되면, 여성 인구가 많은 것을 알수 있다. 또한 총인구수의 분포를 파악할수 있다. 100세 이상이 12명으로 가장 적고, 60~69세가 5,492명으로 가장 많다. 이외에도 20~29세, 30~39세, 40~49세, 50~59세 등의 인구가 3,700명 이상으로 많은 편에 속한다. 일을 할수 있는 노동층에 대체적으로 인구가 분포한 것이다. 70세 이상의 인구 수를 다 더해보면 4,526명으로 20세 미만의 인구 3,425명보다 1,000명 가량 많다. 이를 통해서 이 동네에선 고령화가 진행되고 있음을 알수 있다.

(1-2.)

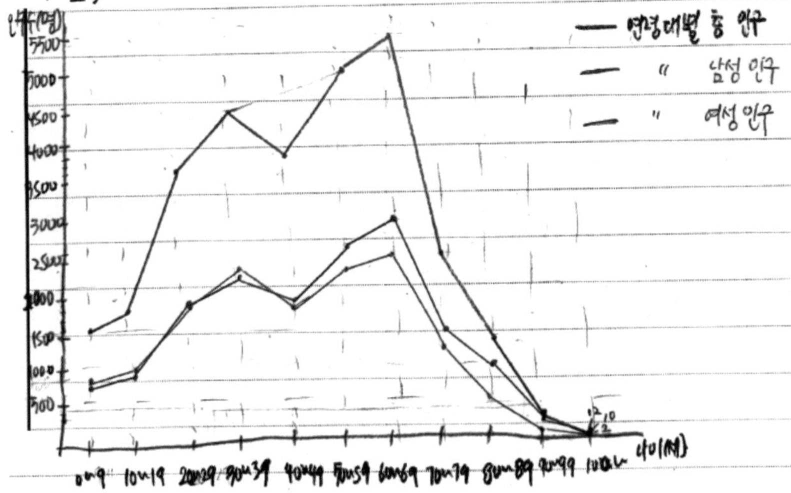

일단, 인구수를 유지해서 보면, 100의 배수로의 오차가 크지가 않다. 1599는 약 1500, 1826은 약 1800 등으로 나타내면 근삿값이어서 자료가 표현하고자 하는 정보도 간편히 표현이 가능하고, 보는 사람도 쉽게 알아볼 수 있다. 또한, 그래프를 통해 어느 연령대에 가장 많은 사람이 분포하고 있는지 등이 파악이 쉽고 간단하다. 또한, 남성과 여성의 분포 비교를 통해 그에 맞는 동네 서비스 구축이 가능하다.

(예를 들어서, 이 그래프를 본 사람은 이 동네에 60~69세가 가장 많이 살고 있음에 한 번에 파악 가능하며, 이들을 위해 전자-돌보기 도서관을 세우는 등의 행위를 할수 있다.)

1-3) 이 동네에는 일자리를 구해야 할 청년층과 은퇴 후를 생각 해야 할 고령층이 많이 살고 있어. 그러므로, 그들을 위한 일자리를 찾아주는 앱과 노인 복지 서비스를 찾아주는 앱을 함께 만들어 청년층과 고령층 모두에게 도움이 되도록 해야 된다. 예를 들자면 앱에 들어가면, 동네 지도와 함께 파란색으로는 알바 및 일자리가, 빨간색으로는 복지 시설등 표시가 되는 것이다. (이는 꼭 동네뿐이 아닌 근방 시설도 함께 포함) 이 소프트웨어는 꼭 30~39세 연령층만이 아닌, 3,700명 가량이나 분포하고 있는 20~29세에게도 도움이 된다. [특히 일자리를 구하는 것이 시급한 청년층과, 막 은퇴한 50~69세가 이 동네에 많이 살고 있어서 이 소프트웨어는 이 동네사람들에게 꼭 필요하다.]

<문제2 작성답안>

2-1) 앱을 만들기 위해 가장 중요한 기능은 '그들의 1 한국어 수준'이다. 다문화 가정 사람들이 한국어 학습 앱을 사용한다는 말은 아직 기초가 부족하다는 것이다. 그러므로 기초의 기준을 정해야 한다. 다문화 가정 사람들의 '한국어 수준' 데이터를 모아, 평균적으로 가장 많은 비율이 차지되는 곳에 맞는 난이도를 시작으로 조정해야 된다. 또한, 언어가 (그 사람이 원래 어떤 언어를 사용하는가) 설정되어야 한다. 다문화 가정 외국인 중 어느 나라 사람이 많은지 조사하여 '영어, 중국어, 일본어, 독일어 등'으로 기본 설정 언어를 잡아야 한다.

2-2) 효과적인 학습을 위해 '단계'가 도입되어야 한다. 모든 사람의 한국어 실력이 똑같지 않다. 그렇기에 앱을 설치 후, 사전 퀴즈(약 25문제 ~ 35문제)를 통해 그 사람의 한국어 능력을 체크해야 된다. 그에 따라 '(가장 쉬움) ~ (어려움)'으로 그 사람의 단계를 정해주면 된다. 또한, 그 사람의 실력이 느는지를 확인하기 위해서, 중간고사, 기말고사, 진급시험 등 다양한 시험을 치러야 한다. 중간고사의 같은 경우, 공부를 7일 비중 중 3일 들었을 때 치는 것이고, 기말고사는 7일을 완수한 후 치러지는 것이다. 진급시험은 ' → '처럼 단계를 올리고 싶을 때 치는 것으로 언제든 테스트가 가능하며 문제는 항상 바뀐다.

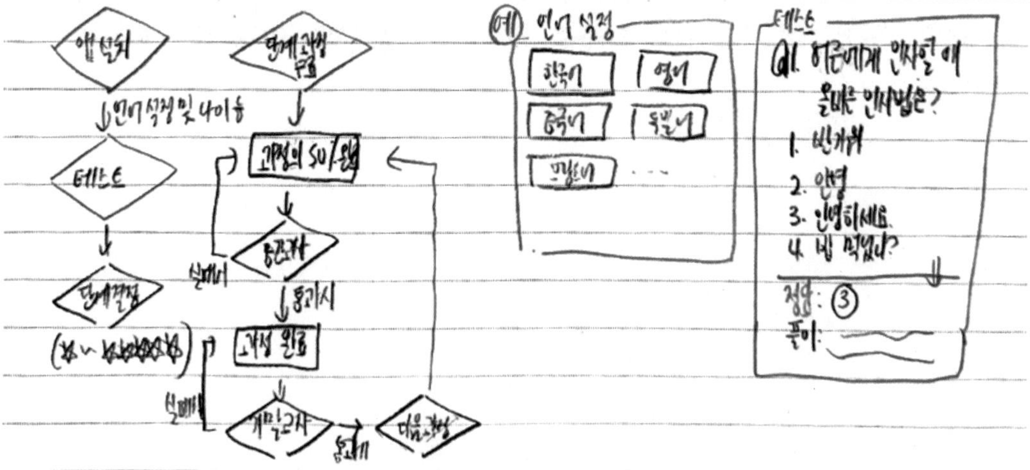

2-3) 앱을 제작할 때 일어날 수 있는 가장 큰 문제는 '테스트'이다. 테스트 내용이 계속 같으면 아무리 외국인이라도 답 암기가 가능하다. 그러므로 앱의 꾸준한 업데이트를 통해 문제를 계속 바꾸어 나갈 필요가 있다. 또한 가능하면 앱 제작 시 문제를 약 100개 정도 만들어 두어, 이 중 몇 개(30개 정도)가 랜덤으로 나오게 해도 효율적일 것이다.

<문제3 작성답안>

3번 문제

3-1) 나는 메타버스 내 가상 아바타에게 인권을 부여하는 것에 반대한다. 인권은 사람한테 적용되는 것으로 감정 등도 존재하지 않는 아바타에 인권을 부여하는 것은 사람과 아바타의 구분을 하지 못한 것이라고 생각한다. 다만 메타버스 사용자가 아바타에게 고의적으로 강제 노동, 폭력, 그리고 심한 욕설 등을 쓰는 것은 해당 사용자의 심리를 자극해 아바타에게 하는 행동을 현실에서도 하게 되는 것으로 이어질 수 있다. 그러므로 아바타에게 지나치게 심한 언행이나 행동을 하는 사용자들은 마땅히 제재해야 한다.

3-2) 상술했듯이 아바타에게 가해지는 폭력과 욕설 등의 문제가 있겠으나 그 행동 자체가 다른 사람들에게 직접적으로 피해를 끼치지는 않는다. 그러나 메타버스에서 다른 사용자에게 그러한 행동을 하는 것은 피해자에게 큰 충격으로 이어질 가능성이 상당하다. 이를 막기 위해서는 심한 언행이나 채팅을 필터링하는 기술, 그리고 악질 행동을 하는 유저들을 자동으로 감지해 제재하는 기술이 필요하다.

MEMO

9. 9회 대회 기출문제 분석

초등학교 3~4학년

제9회 소프트웨어(SW) 사고력 올림피아드(초3~4)

※ 다음 문제에 모두 답하시오.

※ 답은 <답안지>에 작성하시기 바랍니다.

※ 시험 종료 후 <문제지>와 <답안지> 모두 제출하여 주시기 바랍니다.

※ 본 문제들은 창의적인 생각을 자유롭게 기록하면 됩니다.

1 아래는 초등학교 3학년 국어 교과서에 실린 <나만의 국어사전 만들기> 활동에 대한 설명이다.

① 나만의 국어사전에 실을 낱말을 정한다.

② 국어사전에 싣는 차례대로 낱말을 정리한다.

③ 국어사전에서 낱말의 뜻을 찾아 쓴다.

④ 예쁘게 꾸며 나만의 국어사전을 만든다.

이 활동과 관련된 인공지능 프로그램을 개발하려고 한다.

1-1. 개발에 필요한 데이터를 나열하고, 수집 방법을 설명하시오.

1-2. 개발에 필요한 인공지능 기술을 제안하시오.

1-3. 프로그램을 교육적으로 활용하는 방안을 제시하시오.

2 지금 갑자기 전 세계의 모든 소프트웨어가 삭제되고 당분간 복구되지 못한다고 상상해 보자.

2-1. 발생할 수 있는 문제점들을 적으시오.

2-2. 위 2-1에 대한 해결 방안을 제시하시오.

3 우리 마을에 데이터를 기반으로 동작하는 신호등을 설치하려고 한다.

3-1. 데이터 기반으로 동작하는 신호등 장치를 구상하여 그림을 그리고 기능을 설명하시오.

3-2. 데이터 기반 동작 신호등의 설치 위치를 표시하고 동작하는 방법을 적으시오.

소프트웨어(SW) 사고력 올림피아드 답안지

수험번호	학교명	학년	성명

1) 문제 분석

문제	출제 의도	평가 준거
1-1	<나만의 국어사전 만들기> 인공지능 프로그램 개발에 필요한 데이터와 수집 방법을 고민하는 문제입니다. 프로그램 개발에 필요한 데이터를 다양하게 떠올리고 통합적인 맥락에서 활용 방안을 떠올리는 사고력이 필요합니다.	**지식 기반 사고력** **통합 맥락적 사고력**
1-2	1-1에서 구상한 프로그램을 개발하기 위한 인공지능 기술을 제안하는 문제입니다. 프로그램과 연계하여 인공지능 기술을 어떻게 활용할 것인지에 대한 아이디어를 서술하면 됩니다.	**정보 이해 사고력** **창의적 문제 해결력**
1-3	1-1에서 구상한 프로그램을 교육적으로 활용하는 방안을 고려해야 합니다. 맥락적인 상황 이해를 기반으로 통합적인 시각에서 생각하는 통합 맥락적 사고력이 크게 요구됩니다.	**통합 맥락적 사고력** **협동적 사고력**
2-1 2-2	갑자기 전 세계의 소프트웨어를 사용할 수 없는 문제 상황을 가정하였습니다. 소프트웨어에 대한 이해를 바탕으로 발생할 수 있는 문제점을 도출하고 전체적, 시스템적 상황 속에서 이를 해결하는 방안을 떠올려야 합니다.	**정보 이해 사고력** **통합 맥락적 사고력**
3-1	생활 속에서 경험한 신호 체계에 대한 지식을 기반으로 데이터와 연계하여 새로운 신호등을 구상하기 위한 창의적 사고가 필요합니다. 목적과 기능을 고려하여 적절한 신호등의 모습을 그림으로 표현하는 능력이 요구됩니다.	**창의적 문제 해결력** **표현력**
3-2	3-1에서 구상한 데이터 기반 동작 신호등의 위치를 설정하고 동작 방법을 서술하는 문제입니다. 맥락적인 상황 이해를 기반으로 동작 신호등의 동작 방법을 서술하는 지식 기반 및 통합 맥락적 사고력이 필요합니다.	**지식 기반 사고력** **통합 맥락적 사고력**

2) 예시답안

1-1. 개발에 필요한 데이터를 나열하고, 수집 방법을 설명하시오.

- **한글 자모 순서**: 국어사전에 단어를 순서대로 정리하는 데 필요하다. 한글 자모 순서는 일반 국어사전에서 데이터를 수집할 수 있다.
- **단어 검색 데이터**: 일반 사람들이 많이 검색하는 단어 데이터를 수집한다.

▶ 국어사전 만들기와 관련된 인공지능 프로그램을 개발할 때 필요한 데이터를 나열해야 합니다. 국어사전이라는 특성을 생각하여 필요한 데이터를 자유롭게 떠올려보면 좋습니다. 예시답안 외에도 어휘별 의미 데이터, 품사 데이터, 의미 범주 데이터 등을 추가하여 제시할 수 있습니다.

1-2. 개발에 필요한 인공지능 기술을 제안하시오.

나만의 국어사전 프로그램을 개발하기 위해서는 다음의 인공지능 기술이 필요하다.

① **문자 인식 기술**: 문자를 인식하여 이를 나만의 국어사전으로 연결한다. 예를 들어, 나만의 국어사전에 추가하고자 하는 단어를 카메라로 비추면 적혀있는 문자를 인식한다. 인식된 단어를 선택하면 이를 나만의 국어사전에 추가할 수 있다.

② **음성 인식 기술**: 문자 외에도 음성을 인식하여 이를 나만의 국어사전으로 연결한다. 프로그램 내에 마이크 버튼을 누르고 음성을 인식시키면, 해당 음성에서 추출된 단어를 나만의 국어사전에 추가하여 단어의 의미를 화면에 띄운다.

③ **단어 추천 기술**: 기존에 내가 검색한 단어들을 기반으로 앞으로 검색할 가능성이 큰 단어나 연관성이 높은 단어를 자동으로 추천한다.

▶ 인공지능 기술에 대한 지식을 바탕으로 인공지능 프로그램을 개발하는데 필요한 기술을 생각해보는 문항입니다. 국어사전 프로그램 개발에 활용된다는 점에 착안하여 적절한 기술을 선택해야 합니다. 위의 예시답안처럼 제안한 기술을 프로그램에 어떻게 활용할 수 있는지 설명하면 좋습니다.

1-3. 프로그램을 교육적으로 활용하는 방안을 제시하시오.

학년별 권장도서에서 학생들이 많이 검색하는 단어를 수집하여 학년별 단어 사전을 만듭니다. 예를 들어, 4학년 권장도서에서 도서별로 학생들이 자주 검색한 단어들을 모아 정리하여 학생들에게 제공합니다. 학생들은 권장도서를 읽어보기 전 먼저 사전을 확인하여 단어의 뜻을 확인하고 해당 도서를 읽음으로써 내용을 보다 정확하게 이해할 수 있습니다. 또한, 프로그램에 어휘 관련 퀴즈 기능을 추가하여 학생들의 어휘력 증진에 도움을 줄 수 있습니다.

▶ 프로그램을 교육적으로 활용하는 방안을 고려합니다. 사전의 단순한 기능인 단어를 찾고 의미를 제공하는 것에서 나아가 교육 분야와 연계하여 통합 맥락적인 측면에서 답안을 작성해야 합니다. 예시답안처럼 교육적으로 활용하기 위한 새로운 기능을 추가하여 답안을 작성해도 좋습니다.

2-1. 발생할 수 있는 문제점들을 적으시오.

현재 소프트웨어는 전 세계 사람들의 삶에 커다란 영향을 미치고 있다. 갑자기 모든 소프트웨어가 삭제된다면 여러 분야에서 큰 혼란이 일어날 것이다.

첫째, 금융 분야에서는 전 세계의 금융 시스템이 마비된다. 인터넷 뱅킹이 불가능하여 사람들은 인터넷으로 물건을 사거나 팔 수 없고 서로에게 돈을 이체할 수 없다. 실제 화폐로만 거래할 수 있으므로 사람들은 실제로 만나 일을 처리해야 한다.

둘째, 서비스 분야에서는 키오스크 및 판매 시스템이 정상적으로 작동하지 않는다. 최근, 키오스크를 활용한 무인 점포 등이 늘어나고 있다. 이러한 키오스크나 매출 관리 시스템이 작동하지 않기 때문에 사람이 직접 관리해야 한다.

셋째, 통신 분야에서는 모든 통신이 마비된다. 사람들은 통화하거나 문자를 사용할 수 없어 다른 사람에게 말을 전달하기 위해 종이에 글을 써서 표현해야 한다.

▶ 예시답안에서는 세 가지 분야로 나누어 발생할 수 있는 문제점을 제시하였습니다. 하지만 특정 분야에 국한하여 생각할 필요가 없습니다. 일상생활 속에서의 생활 방식의 변화를 찾아도 되고, 우리 주변 환경의 변화를 제시해도 좋습니다.

2-2. 위 2-1에 대한 해결 방안을 제시하시오.

소프트웨어가 삭제되어 일어날 수 있는 문제점을 해결하는 방안은 다음과 같다.

첫째, 소프트웨어 대신에 인적 자원을 활용한다. 소프트웨어가 삭제되었기 때문에 기존에 소프트웨어가 대신 처리하던 일을 사람이 직접 처리해야 한다. 따라서 정부와 기업에서는 비상 상황을 인지하고 기업과 개인을 적극적으로 연결하여 사람이 소프트웨어를 대체할 수 있도록 해야 한다.

둘째, 서로 간의 협력이 필요하다. 기업, 정부 및 국제 사회는 서로 간의 지원이나 경험을 공유하여 문제를 해결하기 위해 함께 노력해야 한다. 개인은 이웃, 친구, 가족 등과 협력하여 필요한 지식과 정보를 공유하고 도움을 주고받아야 한다.

▶ 예시답안에서는 거시적인 측면에서 해결하는 방안을 제시하였습니다. 그러나 일상생활에서 이를 해결하기 위한 구체적인 방안을 제시해도 좋습니다. 예를 들어, 학교에서는 종소리 소프트웨어가 정상적으로 작동하지 않아 종이 울리지 않으므로 시계로 수업 시간과 쉬는 시간을 구분해야 합니다.

3-1. 데이터 기반으로 동작하는 신호등 장치를 구상하여 그림을 그리고 그 기능을 설명하시오.

데이터 기반으로 동작하는 신호등 장치의 모습은 아래와 같습니다.

- 신호등 방향마다 주변 상황에 대한 데이터를 수집할 수 있는 카메라를 포함한다.
- 처리된 데이터를 받아 작동할 수 있는 통신 모듈이 내장된다.
- 안내 정보를 알려줄 수 있는 전광판과 스피커 등 출력 장치가 내장되어 있다.
- 월, 요일, 시간대별 통행 차량 수, 보행자 수 데이터를 수집하기 위한 장치를 포함한다.
- 실시간 데이터 수집을 통해 현재 자동차, 보행자 상황을 파악하고 이를 안내하기 위한 음성 출력 전광판을 포함한다.

▶ 기존에 알고 있던 신호등의 작동 방법 및 장단점을 떠올리며 데이터를 기반으로 동작하는 신호등 장치를 고안하는 문제입니다. 신호등의 모습을 그림으로 그리고 구성요소별로 기능을 설명해야 합니다. 본 예시답안에서는 데이터 기반 동작이라는 출제 의도에 따라 신호 변화에 영향을 줄 수 있는 데이터를 수집하고, 이를 적용하기 위한 기능을 중심으로 신호등을 구성했습니다.

3-2. 데이터 기반 동작 신호등의 설치 위치를 표시하고 동작하는 방법을 적으시오.

데이터 기반 동작 신호등은 다음과 같은 기능으로 동작합니다.

1. 보행자 배려 기능

- 월, 요일, 시간대별 보행자 수 데이터에 따라 횡단보도의 초록불 작동 빈도를 조절한다.
- 실시간으로 보행자의 연령, 상태(부상, 짐) 등을 판단하여 초록불 작동 시간을 조정한다.
- 교차로에 진입 예정인 차량의 정보를 안내한다.
- 긴급 상황 발생 시 도로에 비상등 또는 빨간불을 자동으로 켠다.

2. 운전자 배려 기능

- 월, 요일, 시간대별 교통량이 많은 방향의 초록색 신호가 길게 작동한다.
- 실시간 차량 정보를 확인하여 진행 차량이 없는 경우 초록색 신호를 짧게 작동한다.
- 교차로 진입 전 횡단보도에 대기 중인 보행자가 있음을 안내한다.
- 횡단보도에 초록불이 들어오면 운전자가 확인하도록 횡단보도의 바닥 신호등을 작동한다.

▶ 데이터 기반 동작 신호등이 동작하는 방법을 자세히 서술해야 합니다. 예시답안에서는 보행자와 운전자별 배려 측면으로 기능을 나누어 작성하였습니다. 동작 방법을 알고리즘이나 순서도로 도식화하여 표현해도 좋습니다. 신호등이 데이터 기반으로 작동한다는 점에 주의하여 데이터를 활용하여 동작하는 방법에 초점을 두고 서술해야 합니다.

3) 참가자 답안지 살펴보기

<문제1 작성답안>

1-1) 필요한 데이터	수집 방법
·국어사전에 들어갈 낱말	·인터넷에 저장된 단어들/실제 국어사전
국어사전에 들어갈 낱말의 뜻	·인터넷에 저장된 그 특정한 단어의 뜻/ 실제 국어사전
·국어사전에 들어갈 낱말의 차례	·단어의 앞 글자에를 보는 것으로 시작하며 가나다 순으로

1-2) 이 개발에 필요한 인공지능 기술은 Chat GPT 처럼 많은 문서가 미리 훈련된(pretrained) AI인 것 같다. 왜냐하면 AI가 자신에게 저장된 문서들 속에서 단어를 고르고, 뜻을 찾고, 순서대로 나열하는 방법을 모두 스스로 터득하고 판단해야 하기 때문이다. 또 Chat-GPT는 자신에게 학습된 5조 개의 문서들을 조합하며 답을 생성할 수 있기 때문에 이 개발에 도움이 될 것이다. 또 '나만의 국어사전'을 만들 때는 만드는 사람의 성격과 성향도 조금 알아야 하는데 Chat-GPT는 유저와 대화하다 보면 유저의 취향을 조금씩 알아내기 때문에 이 개발에 도움이 될 것이다.

1-3) 이 프로그램은 학생들이 글짓기 등의 활동을 하는데 쓸 단어를 잘 찾지 못하면 이용될 수 있다. 왜냐하면 이 프로그램이 이 학생의 기본적인 성향을 알아낸 후에는 이 학생이 쓰기 좋아할 만한 단어들을 모은 국어사전을 만들어낼 것이기 때문이다. 이렇게 하면 학생은 자신이 미래에 많이 쓸 수 있는 새로운 단어들을 배우게 되기 때문에 이 프로그램은 아주 교육적이게 이용될 수 있다.

<문제2 작성답안>

2-1) 소프트웨어는 우리 생활에 아주 큰 비중을 차지하고 있다. 소프트웨어는 컴퓨터, 핸드폰 등을 작동 시킨다. 이런 소프트웨어가 사라진다면 아주 큰 문제가 생길 것이다. 일단, 한동안 컴퓨터, 핸드폰 등의 몇몇 전자기기를 사용하지 못한다. 선생님들은 컴퓨터를 사용해서 PPT로 학습에 도움을 주는 데, 그것마저도 되지 않는다. 이것만이 문제도 아니다. 아이들이나 어른들은 좋아하는 핸드폰 게임이나 컴퓨터 게임을 하지 못하고, 전화기도 사용이 불가능하니 멀리 있는 친구와 정보를 주고받을 수도 없는 노릇이다. 심지어 회사에서 작동하는 기기나 프로그램도 작동이 멈출 테니 회사가 잘 굴러갈 수도 없을 것이다. 이 밖에는 유튜버가 돈을 못 벌거나 하는 것 등의 문제가 있다.

2-2) 일단 PPT 등의 교육 문제는 칠판에 써서 가르치는 방법으로 대신하고, 게임은 일단 참거나 밖에서 노는 것으로 대신할 수 있다. 전화기는 길가에 있는 공용 전화기를 사용하거나 직접 대화한다. 회사는 최대한 일단 종이에 기록해 놓고, 소프트웨어가 복구될 때까지 기다리는 수밖에 없다.

<문제3 작성답안>

3-1)

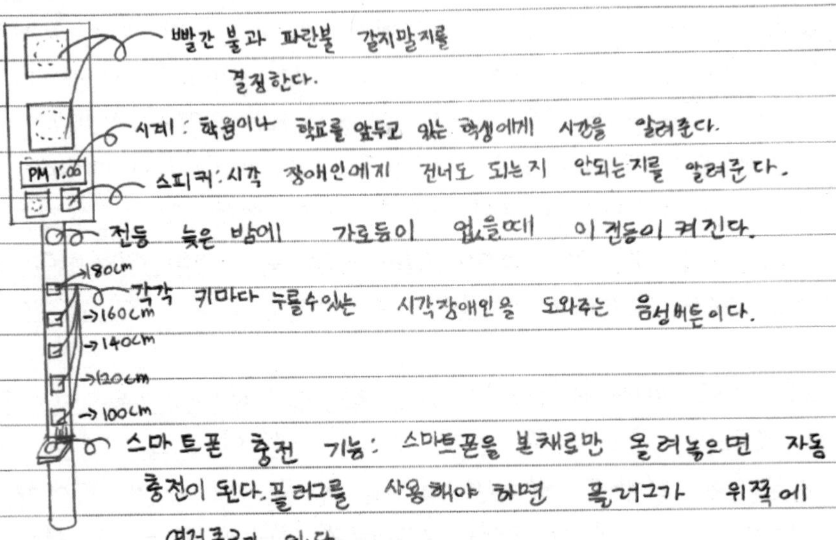

3-2)

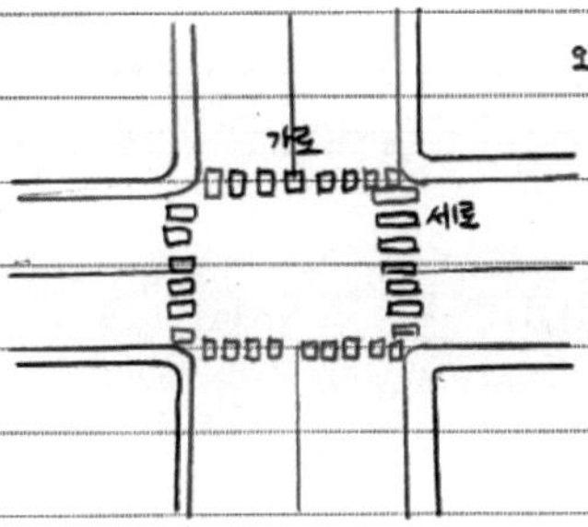

오후 1시~ 4시 까지는 학생들이 하교하는 시각이므로 2분 30초 마다 신호등이 30초씩 켜진다. 나머지 시각은 5시, 6시, 7시 ··· 1시간마다 네방향의 100M 까지 차가 300대 이상이면 2분 30초 마다 30초 씩켜지고, 차가 300대 미만이면 2분에 30초 씩 켜진다. 또한 세로부터 시작하여 가로 신호등, 번갈아 켜진다.

초등학교 5~6학년

제9회 소프트웨어(SW) 사고력 올림피아드(초5~6)

※ 다음 문제에 모두 답하시오.
※ 답은 <답안지>에 작성하시기 바랍니다.
※ 시험 종료 후 <문제지>와 <답안지> 모두 제출하여 주시기 바랍니다.
※ 본 문제들은 창의적인 생각을 자유롭게 기록하면 됩니다.

1 아래는 2023년 3월 우리나라의 지역별 기온 데이터 일부를 발췌한 내용이다. 학생들의 대화를 보고 물음에 답하시오.

지역번호	지역명	평균기온(°C)	최고기온(°C)	최저기온(°C)
108	서울	9.8	25.1	-1.9
159	부산	12.3	23.6	0
143	대구	11.8	25.6	0.2
112	인천	8.1	20.9	-1.4
156	광주	11.2	25.2	-2.3
133	대전	10.2	25.8	-4.1
152	울산	11.4	23.4	-0.6
184	제주	12.3	22.4	2.4

지역별 평균기온 그래프

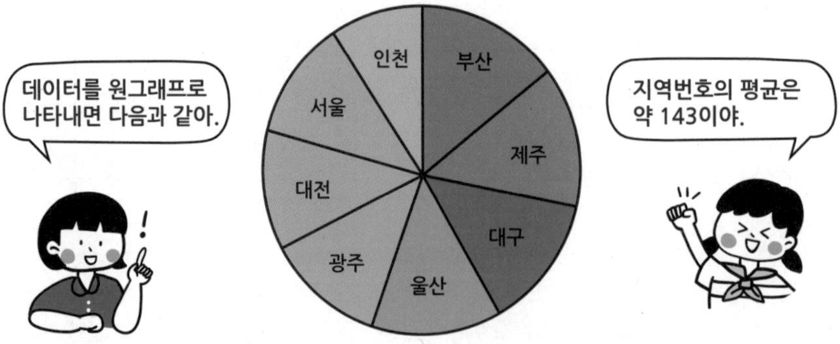

1-1. 학생들의 대화에서 어색한 부분을 찾고 그 이유를 설명하시오.

2-2. 위의 데이터를 이용하여 새로운 그래프를 그리고 이를 설명하시오.

2 아래 좌석 배치도를 참고하여 교실에서 학생들의 좌석을 배치하는 소프트웨어를 개발하려고 한다.

〈좌석 배치도〉

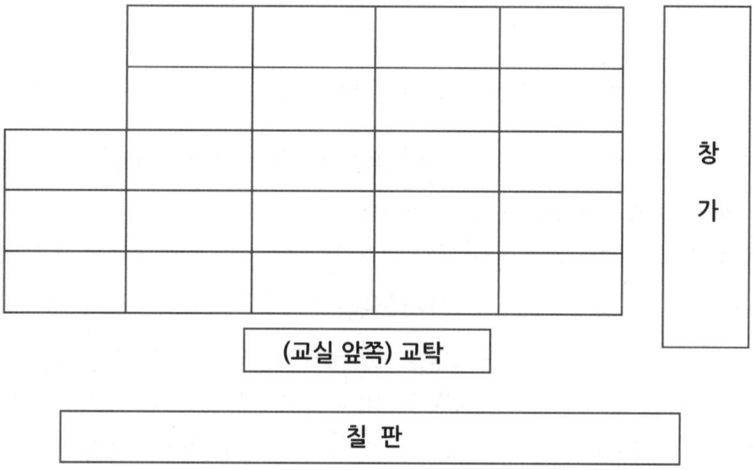

2-1. 소프트웨어에 필요한 데이터들을 기술하시오.

2-2. 좌석 배치 소프트웨어의 동작 알고리즘을 설명하시오.

3 사용자가 컴퓨터와 숫자 야구를 하는 게임 프로그램을 개발하려고 한다. 아래를 읽고 물음에 답하시오.

숫자 야구 하는 법

1. 진행자와 플레이어를 정한다.
2. 진행자가 임의의 세 자리 수를 정한다.
3. 플레이어가 임의의 세 자리 수를 부른다.
4. 진행자는 플레이어가 부른 세 자리 수를 듣고 스트라이크, 볼의 개수를 알려준다. (스트라이크는 플레이어가 부르는 수에서 자리와 숫자를 모두 맞힌 경우이다. 볼은 플레이어가 부르는 수에서 숫자만 맞힌 경우이다. 볼이 한 개도 없는 경우 아웃이라고 한다.)
5. 진행자의 세 자리 수를 맞힌 플레이어가 승리한다.

3-1. 흥미 있게 게임하는 방법을 제안하시오.

3-2. 플레이어가 게임에서 승리하기 위한 전략을 기술하시오.

3-3. 위 프로그램과 유사한 새로운 게임을 구상하여 적으시오.

4 매년 음주 운전사고가 증가하여 사람들의 안전을 위협하고 있다. 아래 기사를 읽고 물음에 답하시오.

뉴질랜드서도…음주 운전자, 휴대폰으로 충돌감지로 '자진신고'

지난달 우리나라에서 음주 운전자가 휴대폰으로 충돌감지 기능에 의해 자진 신고한 데 이어, 뉴질랜드에서도 비슷한 사건이 발생했다.
9일(현지시간) 뉴질랜드 온라인 매체에 따르면, 이날 새벽 1시 현지 남성 A씨(46)는 자동차를 몰다가 중앙분리대에 있는 나무를 들이받았다. 이때 충돌을 감지한 휴대폰이 뉴질랜드 긴급전화 111에 전화를 걸어 음주 운전자 A씨는 덜미를 잡혔다.
이 사건을 담당한 경사는 "그의 휴대폰이 비상 SOS 기능을 작동시켰고, 우리에게 충돌을 알리는 전화를 걸었다."며 "A씨는 111 교환원에게 '걱정하지 않아도 된다.'고 말했지만, 목소리가 심하게 취한 것처럼 들려서 순찰차를 현장에 보냈다."고 설명했다.

[출처: 전자신문 2023.2.10. 기사에서 일부 단어를 편집함.]

4-1. 음주 운전을 방지하기 위한 기술들을 제안하시오.

4-2. 위 4-1에서 제안한 기술들을 상용화하였을 때 발생할 수 있는 문제점과 그 해결 방법을 적으시오.

소프트웨어(SW) 사고력 올림피아드 답안지

수험번호	학교명	학년	성명

1) 문제 분석

문제	출제 의도	평가 준거
1-1	지역별 평균기온 데이터의 유형과 특징을 이해하고 있는지를 묻는 문제입니다. 데이터에 대한 이해와 수학적 지식을 바탕으로 문제해결을 위한 요소를 도출하여 문제를 해결하는 정보 이해 사고력이 필요합니다.	정보 이해 사고력 지식 기반 사고력
1-2	지역별 평균기온 데이터를 시각화하고 분석하는 문제입니다. 1-1에서 찾은 문제점을 떠올리며 적절한 그래프를 선택하여 시각화하는 통합 맥락적 사고력이 필요합니다. 또한, 그래프를 시각화하고 분석한 내용을 명확하게 표현하는 능력이 요구됩니다.	지식 기반 사고력 통합 맥락적 사고력 표현력
2-1	학생들이 학교생활에서 익숙하게 경험하는 좌석 배치와 관련된 소재를 중심으로 출제했습니다. 좌석 배치 소프트웨어를 설계하기 위한 데이터를 묻는 문제로 통합적인 맥락에서 필요한 데이터를 나열해야 합니다.	통합 맥락적 사고력 창의적 문제 해결력
2-2	2-1에서 떠올린 데이터를 기반으로 좌석 배치 소프트웨어의 동작 알고리즘을 설계하는 문제입니다. 좌석 배치 소프트웨어에서 입력받거나 출력하고자 하는 요소를 고려해야 합니다. 좌석 배치를 위한 정보 요소를 도출하여 동작 알고리즘을 설계하는 정보 이해 사고가 요구됩니다.	정보 이해 사고력 표현력
3-1	게임을 흥미 있게 하는 방법을 제안하는 문제입니다. 자신이 알고 있거나 경험한 게임 요소를 기반으로 흥미를 주는 요소를 창의적으로 생각하는 능력이 필요합니다.	창의적 문제 해결력 통합 맥락적 사고력
3-2	주어진 숫자 야구 게임 규칙을 기반으로 승리하기 위한 전략을 찾아보는 문제입니다. 게임 규칙에서 발생할 수 있는 경우를 탐색하고 이를 효율적인 차원에서 가능성 있는 독창적인 방법으로 문제를 해결하는 창의적 문제 해결력이 요구됩니다.	창의적 문제 해결력 지식 기반 사고력
3-3	기존의 숫자 야구 게임을 변형하여 새로운 게임을 구상하고 규칙을 설명하는 문제입니다. 기존 게임에서 게임 이름, 규칙 등을 독창적인 방법으로 새롭게 만들고 이를 답안에 명료하게 표현해야 합니다.	창의적 문제 해결력 협동적 사고력 표현력
4-1	최근 늘어나는 음주 운전을 방지하기 위한 기술을 제안하는 문제입니다. 관련 기술에 대한 정보 이해적 사고를 기반으로 음주 운전을 예방하기 위한 기술을 창의적으로 제안하는 능력이 필요합니다.	정보 이해 사고력 창의적 문제 해결력 윤리적 사고력
4-2	기술의 양면성을 고려하여 발생할 수 있는 문제점과 해결 방법을 제안하는 문제입니다. 개인의 권리와 사회적 의무 등의 윤리적 요소를 기반으로 기술의 문제점을 발견하고 이를 전체적인 맥락에서 해결하기 위한 윤리적 사고력 및 통합 맥락적 사고력이 필요합니다.	지식 기반 사고력 통합 맥락적 사고력 윤리적 사고력

2) 예시답안

1-1. 학생들의 대화에서 어색한 부분을 찾고 그 이유를 설명하시오.

문제에서 주어진 데이터는 '지역번호', '지역명', '평균기온', '최고기온', '최저기온' 값을 포함합니다. 여기서 '지역번호'는 명목형 데이터입니다. 명목형 데이터에서 숫자는 수적인 대소 관계나 우열을 뜻하지 않습니다. 따라서 이들 수치 사이의 덧셈, 뺄셈, 곱셈, 나눗셈과 같은 계산은 성립하지 않으며 평균을 계산하더라도 의미가 없습니다.
또한, 명목형 데이터는 데이터를 구분하기 위한 목적으로 부여된 값이기 때문에, 시각화의 의미가 없습니다. 따라서 주어진 데이터를 시각화하기 위해서는 수치형 데이터인 '평균기온', '최고기온', '최저기온'을 막대그래프로 시각화해야 합니다.

▶ 이 문항의 경우 데이터의 유형에 따른 분석 방법을 이해해야 합니다. 명목형 데이터는 편의상 부여한 값이기 때문에 덧셈, 뺄셈 등의 계산을 해도 의미가 없습니다. 따라서 데이터의 형태를 고려하지 않으면 적절하지 않은 결과를 낼 수 있다는 점을 알고 답안을 작성해야 합니다.

1-2. 위의 데이터를 이용하여 새로운 그래프를 그리고 이를 설명하시오.

데이터를 막대그래프로 시각화하면 다음과 같습니다.

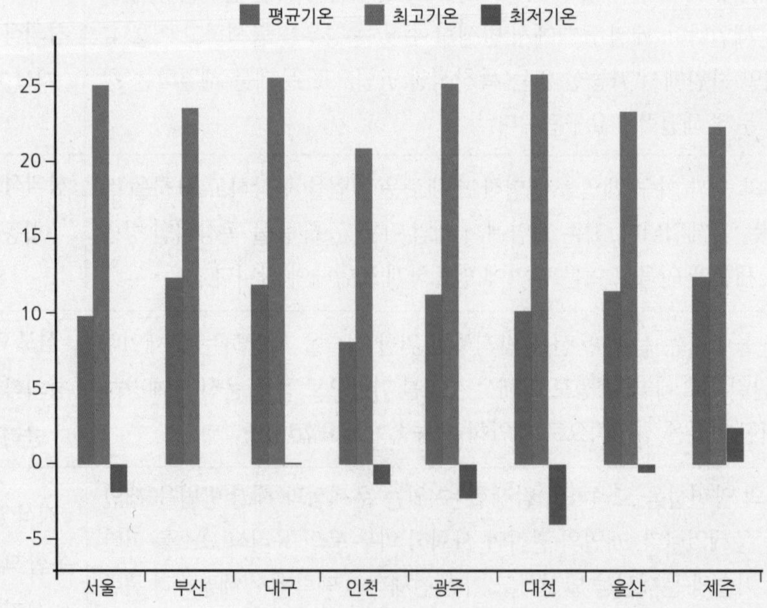

- 지역별 평균기온은 부산>제주>대구>울산>광주>대전>서울>인천 순으로 높습니다. 부산과 제주는 우리나라에서 가장 저위도에 위치하므로 평균기온이 가장 높습니다. 대구의 경우 주변이 산으로 둘러싸여 있어 기온이 높습니다.
- 부산, 대구, 제주의 최저기온은 0℃를 넘지 않습니다.

▶ 주어진 데이터를 적절한 그래프로 시각화할 수 있는지 확인하는 문제입니다. 예시답안에서는 데이터를 막대그래프로 시각화하였습니다. 막대그래프로 시각화하면 지역별 평균기온, 최저기온, 최고기온의 값을 쉽게 비교할 수 있습니다. 시각화한 그래프를 참고하여 데이터를 분석한 결과를 알고 있는 지식과 연계하여 자세히 서술해야 합니다.

2-1. 소프트웨어에 필요한 데이터들을 기술하시오.

- **이름 데이터**: 좌석에 배치할 학생의 이름 데이터가 필요하다.
- **신장 데이터**: 학생별 신장에 따라 자리를 배치한다. 데이터를 기반으로 키가 작은 학생은 앞자리에, 키가 큰 학생은 뒷자리에 배치한다.
- **시력 데이터**: 학생별 시력에 따라 자리를 배치한다. 데이터를 기반으로 시력이 좋지 않은 학생은 앞자리에 배치한다.
- **성별 데이터**: 여학생과 남학생을 붙여 앉히거나 따로 앉히기 위해 고려한다.
- **교우관계 데이터**: 교우관계가 좋지 않은 학생은 자리를 멀리 떨어뜨리도록 배치한다.
- **이전 자리 데이터**: 이전 자리 데이터를 고려하여 같은 자리에 배치하지 않는다.

▶ 단순히 좌석 배치도에서 고려할 데이터만 묻는 것이 아니라 배경 지식을 바탕으로 좌석 배치를 위한 여러 가지 조건들을 다양하게 생각하도록 하였습니다. 통합 맥락적 사고뿐만 아니라 본인의 생각에 따라 다양한 데이터들을 창의적으로 생각해내는 것도 중요합니다. 나열한 데이터별로 활용할 수 있는 방법에 대한 설명을 추가하는 것이 좋습니다.

2-2. 좌석 배치 소프트웨어의 동작 알고리즘을 설명하시오.

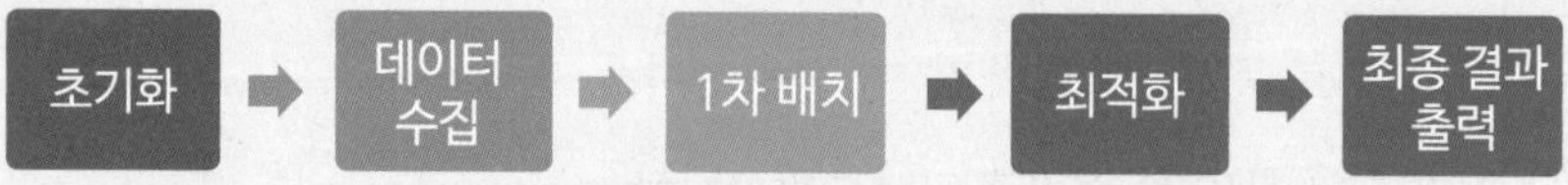

1. 소프트웨어를 초기화한다. 소프트웨어 내의 정보를 초기화하여 새롭게 데이터를 입력받아 좌석을 배치할 준비를 한다.
2. 데이터를 수집한다. 사용자로부터 좌석 배치에 필요한 정보를 입력받는다. 사용자는 좌석 수, 학생 수, 고려할 조건 등을 포함하여 정보를 입력한다.
3. 좌석을 1차로 배치한다. 좌석별로 학생을 무작위로 배치한다.
4. 좌석 배치를 최적화한다. 사용자가 입력한 좌석 배치 조건에 따라 배치 결과를 검토하고 좌석 배치가 조건에 어울릴 때까지 최적화 작업을 반복한다.
5. 최종 결과를 출력한다. 최종적으로 배치된 좌석을 시각화하여 사용자에게 제공한다.

▶ 이 문항은 좌석 배치 소프트웨어의 동작 과정을 절차별로 정리하여 서술하도록 출제되었습니다. 알고리즘은 프로그램을 초기화하여 조건에 따라 값을 처리하고 출력하는 과정을 포함해야 합니다. 좌석 배치 소프트웨어의 동작 과정을 떠올려보고 알고리즘을 도식화하거나 그림으로 표현해도 좋습니다.

3-1. 흥미 있게 게임하는 방법을 제안하시오.

- 기회를 제한한다. 게임마다 플레이어가 도전할 수 있는 기회를 제한한다. 도전 기회를 제한하면 플레이어는 대답마다 신중하게 생각하여 게임에 참여하게 된다. 이전 게임을 도전 기회 내에 맞힌 경우, 다음 단계로 넘어갈 수 있다.
- 단계가 올라갈 때마다 진행자가 정하는 숫자의 자릿수를 추가한다. 처음에는 세 자리 숫자로 시작하지만, 단계가 올라갈 때마다 한 자리씩 늘어나며 난이도를 조절한다.
- 진행자와 플레이어의 역할을 번갈아 진행한다. 게임을 시작할 때, 진행자와 플레이어가 각각 숫자를 결정한다. 진행자와 플레이어는 상대방의 숫자를 맞히기 위해 노력해야 한다. 진행자와 플레이어 중 먼저 상대방의 숫자를 맞히는 역할이 승리한다.

▶ 이 문항은 문제를 해결하기 위한 창의적인 아이디어를 포함하도록 출제되었습니다. 평범한 숫자 야구에 어떤 기능을 추가하여 게임을 흥미 있게 바꾸면 좋을지 독창적으로 생각하여 답안을 작성해야 합니다. 스스로 여러 가지 방법을 떠올려보고 문제에 맞게 논리적으로 자기 생각을 표현하면 됩니다.

3-2. 플레이어가 게임에서 승리하기 위한 전략을 기술하시오.

- 플레이어가 세 자리 수를 부를 때, 자리 수마다 모두 다른 숫자를 조합하여 제시한다. 예를 들어, 123, 456, 789 순으로 숫자를 부른다. 아웃이 나오는 경우 해당 숫자들을 제외하고 다음 숫자를 생각한다.
- 플레이어가 부른 숫자에 스트라이크가 있는 경우, 그 숫자에서 1개씩 바꾸어가며 확인한다. 예를 들어, 123을 불렀는데 1 스트라이크가 있다면 100, 020, 003을 불러가며 어떤 숫자가 스트라이크에 해당하는지 확인한다.

▶ 숫자 야구 게임에서 상대방의 숫자를 빠르게 맞히기 위한 전략을 찾아보는 문제입니다. 예시답안에서는 게임에서 이기기 위한 두 가지 전략을 기술하였습니다. 그 외에도 숫자 야구 게임에서 승리하기 위한 독창적인 전략을 탐색하여 답안을 논리적으로 작성하면 됩니다.

3-3. 위 프로그램과 유사한 새로운 게임을 구상하여 적으시오.

숫자 야구와 비슷한 <단어 야구> 게임을 만들 수 있다. 게임 규칙은 아래와 같다.

1. 게임 시작 전에 진행자와 플레이어를 정한다.
2. 진행자는 영어 단어를 정한다. 이때, 영어 단어는 실제로 존재하는 단어이다.
3. 진행자는 영어 단어의 철자 수를 공개한다. (5자리 이하로 하는 것이 좋다.)
4. 플레이어는 같은 철자 수를 가진 영어 단어를 불러 문제를 맞힌다.
5. 진행자는 플레이어가 부른 단어를 듣고 스트라이크, 볼의 개수를 제시한다. (스트라이크는 플레이어가 부르는 단어와 진행자가 선정한 단어에서 자리와 철자를 모두 맞힌 경우이다. 볼은 플레이어가 부르는 단어에서 철자만 맞힌 경우이다. 볼이 한 개도 없는 경우 아웃이라고 한다.)
6. 진행자의 단어를 맞춘 플레이어가 승리한다.

▶ 이 문항은 숫자 야구 게임의 규칙을 수정하여 새로운 게임을 구상하여 서술하는 문제입니다. 예시답안에서는 기존의 숫자를 맞추는 게임에서 영어 단어의 철자를 맞히는 게임으로 수정하였습니다. 여러 각도에서 살펴보며 창의적으로 새로운 게임을 제안해야 합니다.

4-1. 음주 운전을 방지하기 위한 기술들을 제안하시오.

- 차량 내에 음주 여부를 감지할 수 있는 음주 감지 센서를 설치한다. 이 센서는 운전자가 숨을 내쉬는 공기나 피부 등을 통해 알코올 수치를 측정하여 운전자의 음주 상태를 확인한다.
- 인공지능을 통해 음성을 인식한다. 운전 중에 운전자의 음성을 인식하고 평소 음성과 비교하여 음주 상태를 파악한다.
- 기존 운전자의 운전 습관 데이터를 기반으로 현재 상태를 파악한다. 차량 내에 센서와 카메라를 설치하여 평소 운전자의 운전 습관을 학습한다. 이를 기반으로 평소 운전자의 주행 속도 및 신호 감지 속도 등과 비교하여 음주 운전 여부를 확인한다.

음주 운전을 방지하기 위해서는 위와 같은 센서들을 활용하여 음주 운전 여부를 판별한다. 만약, 음주 운전이 의심되는 경우 이를 감지하여 경고음을 울리거나 시스템적으로 조치하여 차량의 시동이 작동하지 못하도록 한다.

▶ 자신이 아는 지식을 통합하여 음주 운전을 방지하는 기술을 제안하도록 하고 있습니다. 음주 운전을 판별하기 위한 다양한 조건을 고려하여 본인이 생각하는 방법을 정리하여 답안을 작성하면 됩니다.

4-2. 위 4-1에서 제안한 기술들을 상용화하였을 때 발생할 수 있는 문제점과 그 해결 방법을 적으시오.

4-1에서 제안한 기술들은 음주 운전을 예방하여 교통안전을 개선하는 데 도움이 된다. 그러나, 기술의 정확성과 개인 정보 보호 등의 측면에서 문제점이 발생할 수 있다.

- 동행자가 음주 상태인 경우, 이를 운전자의 음주 여부로 측정할 수 있다.
- 운전 중에 운전자의 음성을 인식하는 경우, 운전자의 음성을 상시 녹화해야 하므로 사생

활 침해의 문제가 발생할 수 있다.

- 개인의 운전 습관 데이터를 기록하는 경우, 운전자의 운전 습관, 교통 패턴, 시간대 등에 대한 기록이 남아 잘못 활용되는 경우 개인 정보 침해의 위험이 있다.

이러한 문제점을 해결하기 위해서는 음주 운전을 측정하기 위한 기술이 단독적으로 사용되기 보다는 다양한 맥락에서 운전자의 음주 여부를 판별할 수 있어야 한다. 또한, 해당 서비스에서 사용되는 개인 정보를 사전에 정확히 명시하고 주기적으로 개인의 동의 여부를 확인해야 한다. 사용된 데이터는 암호화하여 다른 의도로 사용될 수 없도록 제한한다.

▶ 4-1에서 제안한 기술들은 음주 운전을 예방하기 위해 사용될 수 있습니다. 하지만 기술 이용을 통해 발생할 수 있는 문제점에 대해서도 신중히 고려해야 합니다.

3) 참가자 답안지 살펴보기

<문제1 작성답안>

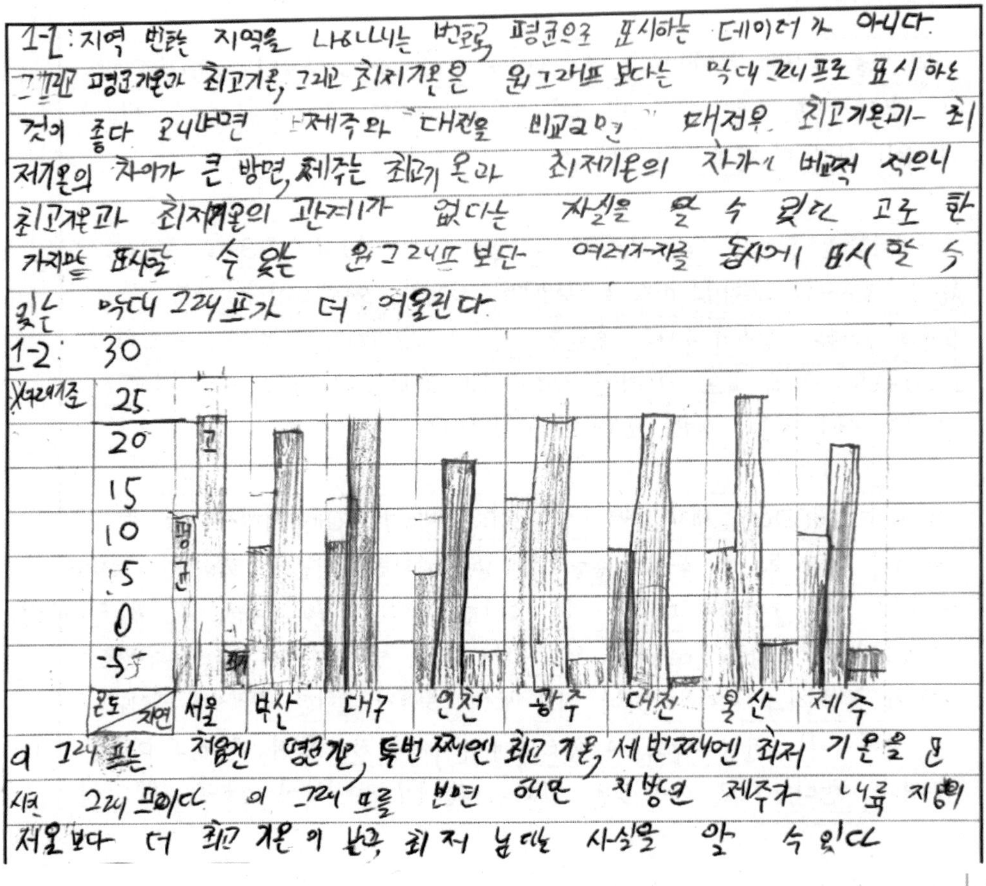

1-1: 지역 번호는 지역을 나타내는 번호로 평균으로 표시하는 데이터가 아니다. 그리고 평균기온과 최고기온, 그리고 최저기온은 원그래프 보다는 막대 그래프로 표시하는 것이 좋다 왜냐하면 제주와 대전을 비교하면 대전은 최고기온과 최저기온의 차이가 큰 방면, 제주는 최고기온과 최저기온의 차이가 비교적 적으니 최고기온과 최저기온의 관계가 없다는 사실을 알 수 있다. 그로 한 가지만 표시할 수 있는 원그래프 보단 여러가지를 동시에 표시할 수 있는 막대 그래프가 더 어울린다

1-2:

이 그래프는 처음엔 평균기온, 두번째엔 최고 기온, 세 번째엔 최저 기온을 표시한 그래프이다 이 그래프를 보면 해안 지방인 제주가 내륙 지방인 서울보다 더 최고 기온이 낮고, 최저 높다는 사실을 알 수 있다

<문제2 작성답안>

2-1: 첫째, 소프트웨어는 이 반의 학생의 이름이 무엇인지 알아야 한다. 그래야지 각 좌석의 변수에 그 학생의 이름을 입력하여 배치할 수 있다. 둘째, 소프트웨어가 효율적이기 위해서 학생의 시력을 알아야한다. 시력이 나쁜 학생이 뒤에 앉으면 칠판이 보이지 않아 수업을 따라가지 못하기 때문이다. 셋째, 소프트웨어는 학생들의 키도 알고 있어야 된다. 키가 큰 뒤에 키가 작은 학생이 앉으면 칠판이 보이지 않아 수업을 따라가는 것이 어려워지기 때문이다.

2-2: 1. 소프트웨어는 학생들의 시력을 분석해 가장 시력이 낮은 5인을 추려낸다. (단, 이때 학생이 안경을 쓴 경우 안경을 쓴 시력의 데이터를 분석한다.)
2. 시력이 낮은 5인에게 번호를 매겨 무작위로 번호를 출력하여 출력된 순서대로 앞줄에 앉히고 이름으로 다시 변환시킨다.
3. 두번째 줄부터는 항상 뒷줄에 앉는 학생의 키가 그 줄에 앉은 학생의 키보다 크게 하며 무작위로 배치한다.

<문제3 작성답안>

3-1: 여러 명을 불러와 플레이어들이 계속 번갈아 가며 숫자를 부르되 아웃이 되면 더 이상 숫자를 부를 수 없게 되고 3아웃이 되면 진행자의 승리로 게임이 끝나게 하면 더 흥미 있을 것 같다.

3-2: 처음에 123을 말한다, 아웃이면 456을 말하고 또 아웃이면 789를 말한다. ? ABC를 말해서 스트라이크 a개, 볼 b개라면 a개의 숫자를 고정시켜 놓고 나머지 b개의 숫자들은 옮기며 숫자를 만든다. 이 때, 789까지 말했는데 수 하나가 스트라이크도 아니고 볼도 아니라면 0이 들어간 것이고, 7부터 그 수 대신 0을 사용해 위의 밑줄이 쳐진 방법으로 구해 낸다.

3-3: 진행자가 ABCD라는 네자리 수를 생각한다. 플레이어는 0부터 9까지의 수 중 아무 수나 말한 후 그 수가 대응될 것 같은 알파벳을 말한다. 맞으면 그 알파벳은 없어지고 남은 알파벳에 대하여 계속 맞히면 된다. 하지만 틀리면, 모든 A, B, C, D에 1을 더해 새 숫자를 만든다. (단, 9+1=0으로 생각한다.) 모든 알파벳을 맞추면 플레이어의 승리고, 5번의 기회 안에 맞추지 못하면 진행자의 승리다. 단, 플레이어는 항상 기존의 A, B, C, D가 매번 1씩 더한 후의 A, B, C, D 값을 구해야 한다. 그리고 이미 맞춘 알파벳에는 1이 더해지지 않는다. 예를 들어

처음 진행자가 생각한 수가 1348 이라면 1을 맞추면 348만 구하면 된다.
그런데 9를 말하면 459를 구해야 하지, 1은 그대로 구해져 있는 상태로 있다.

<문제4 작성답안>

4.

4-1. 제가 제안할 음주 운전을 방지하기 위한 기술들은 AI(인공지능) 기술 입니다. 음주 운전을 하면 자동차를 제대로 운전하지 못하고 방향 전환을 제대로 하지 못하는 등의 현상이 나타나는데요, 이런 점에서 착안했습니다. 미리 여러 개의 일반 운전자의 운전 패턴 데이터를 입력해 놓고, AI가 운전자의 운전 방식이 그 데이터들의 평균값과 매우 다른 모드라지는 특징을 발견하면 음주 운전이라 판결하고 자동신고를 하는 식입니다.

4-2. 위와 같은 방법을 상용화하였을 때 생길 수 있는 문제점은 정확도 입니다. 아무래도 사람이 아닌 AI가 판결을 하다 보니 음주를 하지 않았는데도 음주 운전이라고 판단한다거나 하는 정확도의 문제가 생길 수밖에 없을 것입니다. 이와 같은 문제를 해결하는 방법은 운전석 쪽에 음주 탐지기를 설치해 놓는 것입니다. 음주 탐지기는 사람의 숨에 들어 있는 혈중 알코올 농도를 분석하는 기계인데 이 음주 탐지기에서도 이상 수치가 나타나고, AI도 이상 반응을 감지한다면 음주 운전으로 판결하는 식으로 시스템 체계를 바꾸면 정확도를 더욱 올릴 수 있을 것입니다.

제9회 소프트웨어(SW) 사고력 올림피아드(중1~3)

※ 다음 문제에 모두 답하시오.
※ 답은 <답안지>에 작성하시기 바랍니다.
※ 시험 종료 후 <문제지>와 <답안지> 모두 제출하여 주시기 바랍니다.
※ 본 문제들은 창의적인 생각을 자유롭게 기록하면 됩니다.

2 지금 갑자기 전기를 쓸 수 없게 된다고 상상해 보자.

2-1. 정보통신 분야에 발생하는 문제점들을 기술하시오.

2-2. 위 2-1에 대한 해결 방안을 제안하시오.

3 아래 그림은 도시 사이의 길과 차비를 보여준다. 화살표는 갈 수 있는 방향을 나타내며, 화살표에 붙은 숫자는 차비를 의미한다. ㉮에서 ㉳로 가는 길 중 가장 차비가 적게 드는 길을 찾으려 한다.

(예) ㉮ ━ 5 ➡ ㉯는 ㉮에서 ㉯로 가는 길로, 차비가 5원을 의미한다.

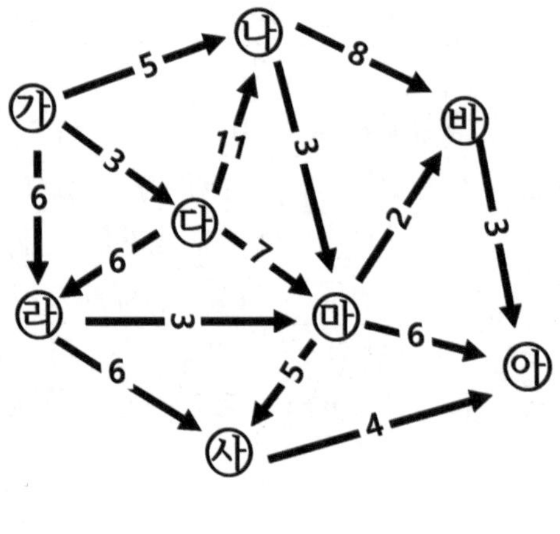

3-1. ㉮에서 ㉳로 가는 차비가 가장 적게 드는 길을 찾아서 적으시오. 그리고 이 길을 갈 수 없을 때, 다른 길을 찾고 이를 설명하시오.

3-2. 위 3-1과 같은 문제를 자동으로 해결하는 알고리즘 코드를 작성하고 이를 설명하시오.

4 앱을 통해 주문하는 배달 음식점이 있다. 손님, 요리사, 사장을 모두 만족시키는 앱 소프트웨어를 개발하고자 한다. 아래 내용을 읽고 물음에 답하시오.

MENU

음식1 (10,000원)
음식2 (12,000원)
음식3 (8,000원)

각 음식은 1일 최대 100그릇만 판매합니다.

손님1: "이미 음식점의 하루 주문량을 초과하여 배달받을 수 없다는 것을 모르고 음식을 기다린 적이 있어요."
손님2: "점심시간에는 주문에서 배달까지 기다리는 시간이 너무 길어요."
요리사: "점심시간에 대부분의 주문이 집중되어 어려움이 있어요."
사장: "지금보다 음식점의 매출을 늘리고 싶습니다."

4-1. 실제 영업에 사용하기 위한 앱 소프트웨어를 설계하시오.

4-2. 위 내용을 이용하여 흥미로운 게임 소프트웨어를 설계하시오.

5 핵융합에너지를 구현하는 장치를 관리하기 위한 소프트웨어를 개발하고자 한다. 아래 기사를 읽고 물음에 답하시오.

2050년 인공태양으로 세상 밝힌다.…핵융합 실용화 미래 비전 발표

한국핵융합에너지연구원은 2050년 '인공태양'으로 세상을 밝힌다는 미래 비전을 발표했다. 핵융합에너지는 태양에너지 원리인 핵융합 반응을 '인공태양'이라 불리는 핵융합 장치로 지구상에 구현해 만들 수 있다. 바닷물의 중수소·리튬을 연료로 사용해 거의 무한하고 고효율인 데다 탄소를 배출하지 않는다.
세계 주요 선진국들이 기후변화 문제해결, 미래 에너지 대안으로 핵융합에너지 실현을 가속화 하는 가운데, 우리 정부도 지난달 '핵융합 전력생산 실증로 기본개념'을 확정하고 단계적 설계와 로드맵 마련 등 본격 실증 준비에 들어갔다.

[출처: 전자신문 2023.3.14.] * 본 기사에서 일부 내용을 수정하였음.

5-1. 어떤 하드웨어 센서를 이용하면 좋을지 제안하시오.

5-2. 위 5-1을 이용하는 관리 소프트웨어를 설계하시오.

소프트웨어(SW) 사고력 올림피아드 답안지

수험번호	학교명	학년	성명

1) 문제 분석

문제	출제 의도	평가 준거
2-1 2-2	생활에서 사용되는 전기를 사용할 수 없는 문제 상황을 가정하였습니다. 설정된 상황 속에서 발생하는 문제점을 떠올리기 위한 정보 이해 사고력과 문제 상황을 해결하기 위한 창의적 문제 해결력이 필요합니다.	정보 이해 사고력 창의적 문제 해결력
3-1	㉮에서 ㉯로 가는 길에서 차비가 가장 적게 드는 길을 찾는 문제입니다. 수학적 지식을 기반으로 논리 규칙을 발견하여 문제를 해결하는 능력을 평가합니다.	지식 기반 사고력
3-2	3-1에서 계산한 과정을 기반으로 문제를 자동으로 해결하는 알고리즘을 설계하는 문제입니다. 시작점과 도착점이 정해지지 않았다는 점에 유의해야 합니다. 문제해결을 위해 통합적인 맥락에서 정보 요소를 도출하여 알고리즘을 설계하는 능력이 요구됩니다.	정보 이해 사고력 지식 기반 사고력 통합 맥락적 사고력
4-1	실제 영업에 사용하기 위해 손님, 요리사, 사장이 요구하는 조건을 이해하고 이를 만족시키기 위한 앱 소프트웨어를 설계하는 문제입니다. 주어진 문제 상황을 이해하고 이를 구체적으로 표현하여 답안을 작성해야 합니다.	창의적 문제 해결력 통합 맥락적 사고력 표현력
4-2	4-1에서 고안한 앱 소프트웨어를 발전시켜 흥미로운 게임 소프트웨어를 설계하는 문제입니다. 사전에 경험해본 게임 요소를 기반으로 흥미로운 요소를 추가하고, 설계한 게임의 작동 방식을 설명해야 합니다.	창의적 문제 해결력 통합 맥락적 사고력 표현력
5-1	핵융합에너지를 이용한 인공태양과 관련된 문제입니다. 컴퓨터 기반의 사고를 바탕으로 인공태양을 실용화하는데 필요한 하드웨어 센서와 활용 방안을 생각하고 이를 적절히 표현하여 답안으로 작성해야 합니다.	정보 이해 사고력 지식 기반 사고력 표현력
5-2	5-1에서 작성한 답안을 기반으로 하드웨어 센서를 이용하는 관리 프로그램의 화면을 설계하는 문제입니다. 관리 프로그램의 화면은 컴퓨터 기반의 정보 요소 및 과학 융합적 지식을 기반으로 그림의 가독성을 고려하여 창의적으로 고안해야 합니다.	정보 이해 사고력 지식 기반 사고력

2) 예시답안

2-1. 정보통신 분야에 발생하는 문제점들을 기술하시오.

전기를 사용할 수 없게 되면 정보통신 기술 분야에 다음과 같은 문제점이 발생한다.

- 인터넷 서비스를 이용할 수 없다. 전기가 없다면 가정이나 사무실에서 인터넷에 접속할 수 없게 되어 온라인 검색, 이메일, 온라인 뱅킹 등의 서비스를 이용할 수 없게 된다.
- 클라우드에 접근할 수 없다. 전기가 없다면 데이터 센터, 클라우드 서비스에 저장된 데이터에 접근할 수 없게 된다. 따라서 온라인 문서를 불러오거나 이용할 수 없으며 파일 공유, 온라인 백업 등의 기능을 사용할 수 없게 된다.
- 모바일 기기 충전이 어렵다. 전기가 없다면 모바일 기기의 배터리 충전이 불가능하다. 따라서 모바일 앱에 접속하거나 소셜 미디어 및 이메일 확인이 불가능하다.

▶ 전기를 사용할 수 없는 상황이 발생했을 때 정보통신 기술 분야에서 발생할 수 있는 문제점을 파악하는 문제입니다. 전기가 활용되는 다양한 사례를 떠올려보고 발생할 수 있는 다양한 문제점을 열거하거나 실제 상황에 빗대어 답안을 작성해도 좋습니다.

2-2. 위 2-1에 대한 해결 방안을 제안하시오.

전기를 사용할 수 없는 상황을 극복하기 위해서는 비상 전력 공급 시스템을 마련해야 한다. 풍력 발전기나 수력 발전기, 태양광 패널 등의 대체 전력 공급 장치를 이용하여 전력을 공급해야 한다. 또한, 개인을 위한 휴대용 발전기를 보급해야 한다. 특히, 모바일 충전소를 여러 곳에 마련하여 모바일 기기에 비상 전력을 공급할 수 있도록 해야 한다.

그 외에도 전기를 사용할 수 없게 되면 다른 사람과의 통신이 어려워지기 때문에 주변 상황에 대한 정보를 공유하기 어렵다. 따라서 비상 상황에 대비할 수 있도록 비상용 무전기, 라디오, 등을 준비해야 한다.

▶ 전기를 사용할 수 없는 상황이 발생했을 때 정보통신 기술 분야에서 발생할 수 있는 문제점을 극복하는 방안을 서술하는 문제입니다. 예시답안은 대체 에너지를 활용한 비상 전력 공급 시스템을 제안하고 있습니다. 이처럼 전기를 대체하는 방안을 고민하여 답안을 작성해야 합니다.

3-1. ㉮에서 ㉳로 가는 차비가 가장 적게 드는 길을 찾아서 적으시오. 그리고 이 길을 갈 수 없을 때, 다른 길을 찾고 이를 설명하시오.

- ㉮에서 ㉳로 가는 차비가 가장 적게 드는 길은 '가→나→마→바→아' 길이다. 이 길의 경우 차비가 13만큼 든다.
- 반면에, 이 길을 갈 수 없는 경우에는 '가→나→마→아' 길로 가면 된다. 이 길의 경우 차비가 14만큼 든다.

▶ 차비가 가장 적게 드는 길을 찾기 위해서는 가능한 경우의 수를 모두 고려해야 합니다. 도시 사이를 최소화하여 건너는 방법과 도시와 도시 사이를 경유하되 차비가 적게 드는 길을 선택하는 경우를 비교하여 계산해야 합니다.

3-2. 위 3-1과 같은 문제를 자동으로 해결하는 알고리즘 코드를 작성하고 이를 설명하시오.

1. '경로'와 '차비' 변수를 생성하고 초기화한다.
2. 출발 지점과 도착 지점을 입력받는다.
3. 출발 지점에서 도착 지점까지의 경로를 표시할 테이블을 생성한다.
4. 출발 지점에서 도착 지점에 도달할 때까지 주어진 방향에 따라 이웃한 도시로 이동하며 모든 경로를 찾아 테이블에 입력한다.
5. 경로별 차비를 계산하기 위해 새로운 행을 추가한다.
6. 4에서 찾은 경로별로 차비를 계산하여 새로운 행에 입력한다.
7. 이동할 수 없는 경로가 포함된 길을 제외한다.
8. 차비가 가장 적게 드는 길을 찾아 해당하는 경로를 '경로' 변수에 저장하고 차비를 '차비' 변수에 저장한다.
9. 변수 '경로'와 '차비'를 출력한다.

▶ 3-1에서 해결한 문제를 토대로 이를 해결하는 최적의 경로 탐색 알고리즘을 구성해야 합니다. 예시답안에서는 변수를 설정하여 최적의 경로와 차비를 출력하는 알고리즘을 단순화하여 표현하였습니다. 이처럼 주어진 정보를 기반으로 최적의 경로를 찾기 위한 알고리즘을 고안하고 실제 코드로 작성하거나 순서도로 표현해도 좋습니다.

4-1. 실제 영업에 사용하기 위한 앱 소프트웨어를 설계하시오.

- **손님의 만족**: 손님들은 주문량 초과나 긴 배달 대기 시간 등의 불만을 해결하기 위해 편리하고 신속한 주문 및 배달 서비스를 원한다. 이를 위해 각 음식의 현재 주문량과 남은 수량을 앱 화면에서 볼 수 있도록 하여 손님이 주문하는데 착오가 없도록 한다. 그리고 점심시간에 배달 시간이 길어지는 것을 사전에 공지하거나 배달되는 데까지 예상 시간을 손님이 앱에서 볼 수 있도록 하여 음식을 기다릴 때 불편함을 줄인다.
- **요리사의 효율성**: 요리사는 주문이 집중되는 점심시간에 효율적으로 주문을 관리하고 조리해야 한다. 앱은 주문을 자동으로 접수하고 관리하여 요리사가 효과적으로 주문을 처리할 수 있도록 도와줄 수 있도록 구성한다. 또한, 점심시간에 많은 주문이 몰리기 때문에 이를 해소하기 위하여 이른 점심이나 늦은 점심을 먹는 손님을 대상으로 서비스를 제공하도록 한다.
- **사장의 매출 증대**: 사장은 음식점의 매출을 늘리기 위해 앱을 활용한다. 앱은 편리한 주문 서비스를 제공하여 더 많은 고객이 주문할 수 있도록 유도하고, 이벤트와 가게의 평판 유지를 위해 앱을 활용할 수 있다. 또한, 매출을 늘리기 위해 사장의 추천 음식을 가장 위쪽에 드러내면서 해당 음식을 손님들이 많이 주문할 수 있도록 한다.

▶ 실제 영업에 사용하기 위한 앱을 설계하는 문제입니다. 문제에서 제시한 손님, 요리사, 사장의 문제를 파악하고 이를 만족시키는 방안을 생각해야 합니다. 영업에 필요한 기능을 고려해 앱을 설계하고, 앱에 포함된 기능이 드러나게 답안을 작성해야 합니다.

4-2. 위 내용을 이용하여 흥미로운 게임 소프트웨어를 설계하시오.

〈내일은 주문왕!〉 게임

▣ **게임 목표**

플레이어가 배달 음식점의 사장이 되어 손님들의 주문에 따라 미션을 수행한다. 제한 시간 내에 많은 주문을 처리하여 매출을 늘려야 한다.

▣ **게임 전개**

본격적인 게임 실행. 손님이 주문을 시작하면, 화면에는 제한 시간과 화살표가 여러 개 표시된다. 플레이어는 순서대로 화살표의 방향에 맞게 키보드의 방향키를 눌러야 한다. 제한 시간 내에 방향키를 모두 정확하게 누르면, 음식이 조리된다. 음식 조리에 성공할 때마다 1포인트를 획득한다. 포인트를 모여 레벨이 올라가면, 음식점에 필요한 물품이나 직원을 고용할 수 있다.

가게 오픈 → 배달 주문 시작

손님 주문 → 주문에 따라 제한 시간 내에 음식 조리

→ 조리 성공하면 1포인트 획득

▣ **흥미 요소**

- 요리사를 고용하면, 음식 조리 시간을 단축할 수 있다.
- 점심시간에는 주문이 집중되어 동시에 많은 손님이 등장한다.
- 손님마다 주문하는 메뉴가 다르며, 손님들은 최대 3개까지 메뉴를 주문할 수 있다.

▶ 문제에서 제시한 상황을 고려하여 흥미로운 게임 소프트웨어를 설계하는 문제입니다. 게임의 전체적인 스토리와 진행 방법이 포함되도록 답안을 작성해야 합니다. 문제에서 요구한 '배달 음식점'이라는 상황을 고려하여 손님, 요리사, 사장이 등장하면 좋습니다.

5-1. 어떤 하드웨어 센서를 이용하면 좋을지 제안하시오.

- **액체 및 기체의 양을 측정하는 센서**: 연료 공급량을 제어하여 원료를 적정량 투입한다.
- **온도 제어 센서**: 플라즈마 생성과 유지 및 외부 안전 관리를 위해 온도를 조절한다. 이때, 고온에서도 작동할 수 있어야 한다.
- **고주파 제어 센서**: 고온으로 플라스마를 유지할 수 있도록 고주파 강도를 측정한다.
- **수위 센서**: 냉각수량을 측정하여 관리한다.
- **회전 속도 측정 센서**: 회전 속도를 측정하여 터빈 속도를 제어하고 발전량을 조절한다.
- **에너지 측정 센서**: 전기로 전환된 에너지의 양을 측정하여 발전량을 관리한다.

▶ 핵융합에너지를 구현하는 장치에 필요한 하드웨어 센서를 제안하는 문제입니다. 핵융합에너지를 구현하기 위해 고려할 조건들을 생각해보고 이를 측정하거나 조절하는 센서를 포함하여 서술하면 좋습니다. 예시답안에서 제시한 센서 외에도 외부인의 출입을 제한하는 센서, 전원 작동을 위한 센서 등을 생각해볼 수 있습니다.

5-2. 위 5-1을 이용하는 관리 소프트웨어를 설계하시오.

① **발전기 제어 메뉴**: 발전기 작동 및 정지를 위한 메뉴가 필요하다.

② **원료 공급**: 원료의 저장량과 투입량을 확인하여 및 투입 여부 및 양을 제어한다.

③ **온도 설정**: 발전기 내부의 온도를 확인하여 핵융합 반응을 일으킬 수 있는 일정 상태를 유지한다. 발전기 외부의 온도를 나타내어 안전사고를 예방한다.

④ **고주파 제어**: 고주파 강도를 조절하여 플라스마를 유지할 수 있는 온도를 제어한다.

⑤ **냉각수량**: 발전기를 냉각할 수 있는 냉각수의 양을 표시 및 보충한다.

⑥ **터빈 속도**: 터빈 회전 속도를 표시하고 회전 속도를 제어한다.

⑦ **전력량**: 현재 발전량, 누적 발전량, 저장 가능한 전력량 등을 확인한다.

⑧ **생성물 확인 장치**: 생성된 헬륨양 및 탱크 압력을 확인한다.

▶ 핵융합에너지를 구현하는 장치에 필요한 하드웨어 센서를 제안하는 문제입니다. 핵융합에너지를 구현하기 위해 고려할 조건들을 생각해보고 이를 측정하거나 조절하는 센서를 포함

하여 서술하면 좋습니다. 예시답안에서 제시한 센서 외에도 외부인의 출입을 제한하는 센서, 전원 작동을 위한 센서 등을 생각해볼 수 있습니다.

3) 참가자 답안지 살펴보기

<문제2 작성답안>

2-1 전기가 차단된다면 가장 먼저 우리는 대기업의 데이터 베이스가 운영되지 않아 소통의 문제가 생길 것이다. 당연히 카카오톡, 인스타그램 등의 앱들은 동작하지 않을 것이며, 스마트폰의 대부분의 앱이 동작하지 않아 불편함을 겪을 것이다. 지난 카카오톡의 데이터 베이스 사건을 비추어보아 우리는 직장에서의 일 진행도 순탄하지 못할것이며, 국가 규모에서도 일을 하지 못해 큰 손실이 발생할 것이다. 또한 콘센트로부터 전력을 공급받는 컴퓨터를 생각해보면 전류 공급의 중단시 아예 사용이 안될것이다. 이러한 점들은 우리사회에 큰 불편함을 줄 것이다.

2-2 전자기기가 작동되지 않는 문제점, 소프트웨어가 작동하지 않는 문제점은 어떻게 해결가능할까? 먼저 '인공위성들을' 우주공간으로 보내 사용은 전력을 받을수 있게 하는것이다. '클라우드에너지'를 개발하여 연결만 가능하다면 동작 가능하도록 설계된 데이터 베이스 등을 통해 소프트웨어의 차단은 막을 수 있을 것이다. 둘째 자연친화적 에너지 생성 공급체를 개발하는 것이다. 사내, 가정내, 교내에 스스로 에너지를 만들수있는 장치 또는 설비가 생긴다면 길게는 어렵더라도 단기간은 버틸수 있을것이다. 예를 들어 자전거를 타면 얻을 수있는 운동에너지를 전기에너지를 통해 공급하거나, 옥상에 태양광 에너지 즉 열에너지를 전기에너지로 변환하는 설비를 만드는 등 실생활에서 얻을 수 있는 에너지를 전환하여 공급하면 전기공급이 멈추더라도 문제를 해결할 수 있을 것이다.

<문제3 작성답안>

3-1) 차비가 제일 적게 드는 길은 (가-나-아-바-아)로, 13원이다. 이 길을 갈 수 없을 때 취할 수 있는 차선책은 (가-나-마-아)로, 14원이다. '마'까지의 도달 금액은 최선책과 동일하나, 마지막 단계에서 바를 경유하면 2+3=5원, 경유하지 않으면 6원이기에 1원 차이로 차선책이라 할 수 있다.

3-2) 위와 같은 문제는 각 지점에 도달하기까지 걸리는 금액으로 구할 수 있다. 최소 금액을 취할 수 있는 경로를 조합해 최종 결과를 얻는다. 따라서 1) 각 지점까지 오는데에 걸리는 최소 금액 계산, 2) 도착점부터 역으로 검색, 3) 시작점 도달 시 멈춤인 크게 세단계로 구성할 수 있겠다. 구체적으로는 다음과 같다.

1. 시작점에 연결된 모든 길을 따라가 지점에 (1단계) 도착한다. / 2. 변수를 생성해 비용과 경로를 입력한다. / 3. 새로운 지점에 왔을 때 이전까지 사용한 금액 + 방금 길을 오는데 든 비용과 경로를 입력한다. / 3-1. 변수가 존재할 경우, 현재 경로를 선택했을 때의 값과 비교해 같거나 작다면 유지, 크다면 현재 값으로 교체한다.
4. 도착점에 도달했을 때 남은 변수가 최소 비용 경로의 비용과 경로를 의미한다. 와 같이 구할 수 있다.

<문제4 작성답안>

4-1) 실제 배달 서비스에 사용하기 위한 앱 소프트웨어는 선형계획법을 이용하여 현 배달기사의 위치와 목적지까지의 이동거리, 조리시간에 의한 최적경로들을 탐색하여 몇천, 몇만 가구들에게 최단시간으로 배달을 완료할 수 있도록 한다. 그러나 이 소프트웨어에 작용하는 외부요인으로는 고통체증, 주문량 과다, 집중되는 주문, 품절 등이 있는데, 이를 해결하기 위해서 조리지점의 출력 순서를 최단배달가능시간으로 하여 빨리 배달받을 수 있는 지점부터 스크롤하며 볼 수 있도록 한다. 또한, 주문량이 많거나 재료가 부족하여 주문받을 수 없는 메뉴의 경우 품절 표시를 하여 주문을 받지 않고 다른 지점을 이용할 수 있도록 하는 방법이 있다. 재료가 소진되거나 영업이 종료된 경우 종료표시를 한 후 주문할 수 없게 한다. 이 소프트웨어를 이용한다면 많은 지점의 골고루 주문을 받아 효율적인 배달 서비스가 이루어질것이다.

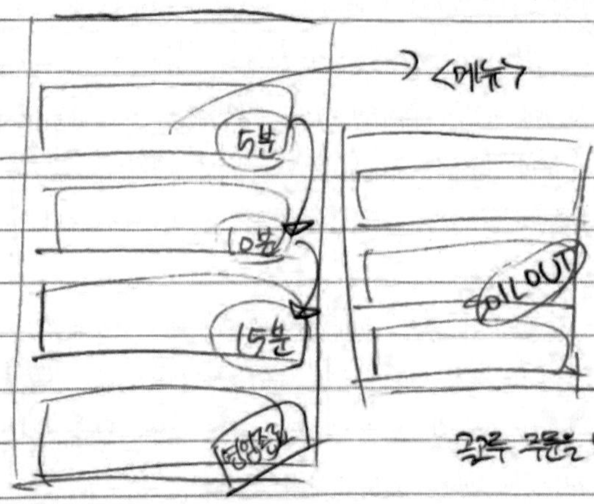

4-2) 위 소프트웨어를 이용한 게임으로는 가상 세계의 맵을 만들어 배달지와 음식 지점들의 조리시간, 메뉴 등을 띄워놓으며 직접 배달원의 입장에서 배달 서비스를 체험하며 포인트를 얻는 방법이 있다. 더 나아가 배달업체에서 이 게임을 상용화시켜 게임을 하며 얻은 포인트를 많이 적금하여 실제 배달을 시킬 때 할인에 이용하거나 조금 더 먼저 배달을 받을 수 있는 VIP 서비스를 제공한다면 보다 효율적인 게임진행이 이루어질 것 같다.

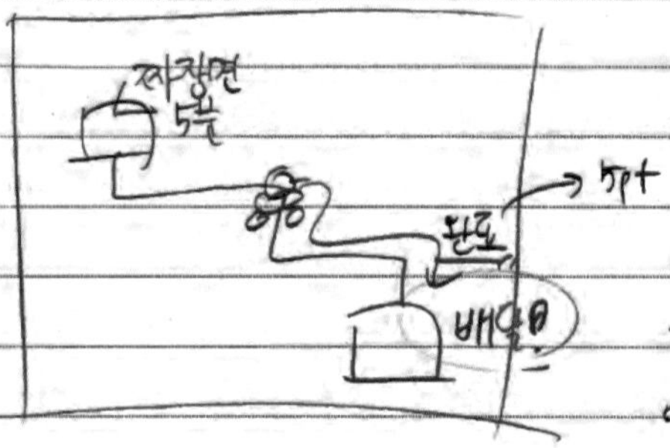

<문제5 작성답안>

5-1) 핵융합 시 온도가 높아지고 압력이 높아지는것을 모니터에 온도계, 압력계를 이용한다. 자기장 안에서 반응이 이루어지기 때문에 자기장의 세기를 제어하는 장치(이하 자기장 조절계)로 필요하다. 에너지를 방출해 실생활에 사용할 때 어느 정도로 효율성이 있는지를 판단하기 위해 열 배출량(온도계로 측정)을 이용한 활용 지수(열에너지를 기존 발전량(화력 등 열에너지 사용 발전)으로 환산하여 계산)로 만든다면 보다 효율적일 것이다.

5-2)

가동: nn일 n시간 n분 nn초
운행: nn.nnn도
현재 온도: (temp)°C
내부압력: (p) hpa, 자기장 [2.7]
에너지 활용 지수 (n시 기준) : 87%
2050년까지 D-nn일 n시간

← 가동(운행)시간을 알 수 있도록 하여 점검 주기와 운행 기간을 알 수 있게 한다. 핵융합 기술은 초고온에서 얼마나 오래 플라즈마를 가두느냐가 기술의 핵심이기에 특히 운행시간은 유지된 시간으로 중요하다. 현재 온도를 알 수 있게 하여 에너지 활용 지수 계산과 연구 성과 모니터 등에 활용하도록 한다. 내부 압력은 표시해 안전 상태를 알 수 있도록 한다. 자기장 조절계로 반응상태에 따라 자기장의 세기를 조절할 수 있도록 한다. 열 배출량을 기존 발전기의 발전 효율을 참고해 계산한 에너지 활용 지수로 표시한다. 기존 발전량을 0%로 둘 때, 예를 들어 150%의 효율이면 50%로 표시된다. 2050년까지의 개발 목표를 가지므로 2050년까지의 디데이 또한 표시해 연구자들과 관리자들의 목표 의식을 향상시키고 기술 수준을 매일 점검할 수 있도록 한다.

소프트웨어 사고력

올림피아드

III

PART

소프트웨어 사고력 올림피아드 연습문제

1. 소프트웨어(SW) 사고력 올림피아드 연습문제(1회)
2. 소프트웨어(SW) 사고력 올림피아드 연습문제(2회)
3. 소프트웨어(SW) 사고력 올림피아드 연습문제(3회)
4. 소프트웨어(SW) 사고력 올림피아드 연습문제(4회)

소프트웨어(SW) 사고력 올림피아드 연습문제(1회)

수험번호	학교명	학년	성명

※ 다음 문제에 모두 답하시오.
※ 답은 <답안지>에 작성하시기 바랍니다.
※ 시험 종료 후 <문제지>와 <답안지> 모두 제출하여 주시기 바랍니다.
※ 본 문제들은 창의적인 생각을 자유롭게 기록하면 됩니다.

1 우리 생활에는 동물의 특징을 활용하여 만든 물건들이 다양하게 쓰이고 있습니다.

1-1. 동물의 특징을 활용하여 만든 물건에는 어떤 것이 있는지 예를 들어보시오.

1-2. 동물의 특징을 활용하여 로봇을 설계해보시오. (활용한 동물의 특징, 로봇의 용도 등)

2 새로운 동물원을 만들려고 합니다. 지구상에 살고 있는 동물이라면 얼마든지 동물원의 일원으로 데리고 올 수 있습니다. 동물원을 관람하는 관람객들이 동물에 대해서 잘 알 수 있도록 동물원을 네 구역으로 나누어서 동물들을 배치하고자 합니다.

2-1. 동물원에 포함하고 싶은 동물을 구체적으로 나열하시오.

2-2. 제시한 동물들을 구체적인 기준을 세워 네 구역으로 나눠 보시오.

3 다음 신문기사를 읽고 물음에 답하시오.

'너도 인간이니' 출연 파이보, 연말 출시

서큘러스(대표 박종건)가 개발한 지능형 로봇 '파이보'가 일반에 첫선을 보인다.
파이보는 사람 말을 알아듣고 움직일 수 있다. 대화도 가능하다. 이용자 취향에 맞게 교육시킬 수도 있다. 이미 KBS 드라마 '너도 인간이니'에 출연, 주목을 받고 있다. 극 중 '마이보' 역할을 수행한다. 드라마 내용처럼 파이보는 사람 감정을 전달하는데 특화됐다.
파이보는 일반 인공지능(AI) 로봇과 달리 다양한 애플리케이션(앱)과 결합한다. 이용자가 직접 앱을 개발, 파이보에 적용할 수 있다. 앱을 통해 다른 파이보 이용자와 소통하는 기능도 갖췄다.
서큘러스 관계자는 "교육 방법이나 장착한 앱 종류에 따라 세상에 없는 나만의 파이보를 만들 수 있다"며 "올 연말 크라우드펀딩을 시작으로 전국 유통지점에 출시할 예정"이라고 말했다. 것이다. 아이폰 사용자 실적은 반영되지 않았다.

출처: 전자신문

3-1. 파이보에 적용할 앱을 만든다면 어떻게 만들지 설계하시오.

3-2. 위와 같은 앱을 만들고 싶은 까닭에 대해서 쓰시오.

4 스마트폰은 우리 생활에 없어서는 안 되는 필수품이 되었습니다. 사용상의 편리함 만큼 스마트폰 사용으로 인한 부작용도 많이 발생하고 있습니다. 이런 부작용을 막기 위해 스마트폰 사용을 조금 더 효율적으로 사용할 수 있도록 도움을 주는 애플리케이션(프로그램, 이하 앱)을 개발하려고 합니다.

4-1. 앱을 어떻게 만들지 설계하시오.

4-2. 다른 유사한 앱들과 비교하여 본인이 개발한 앱의 특장점을 설명하시오.

문제의 끝입니다. 수고하셨습니다.

소프트웨어(SW) 사고력 올림피아드 답안지 (　　　)회

수험번호	학교명	학년	성명

소프트웨어(SW) 사고력 올림피아드 연습문제(2회)

수험번호	학교명	학년	성명

※ 다음 문제에 모두 답하시오.
※ 답은 <답안지>에 작성하시기 바랍니다.
※ 시험 종료 후 <문제지>와 <답안지> 모두 제출하여 주시기 바랍니다.
※ 본 문제들은 창의적인 생각을 자유롭게 기록하면 됩니다.

1 다양한 애플리케이션의 개발로 사용자는 자신에게 필요한 애플리케이션을 선택, 활용할 수 있게 되었습니다. 이러한 흐름에 따라 초등학생의 수학 공부를 돕는 애플리케이션을 개발하고자 합니다.

1-1. 내가 개발하고자 하는 애플리케이션의 초기 화면을 그려보고 화면 구성을 설명하시오.

1-2. 애플리케이션 활용을 통해 수학 성취 정도를 확인하는 방법을 설명하시오.

2 최근 악성 소프트웨어와 해킹 방지를 위해 로그인 시 사용자가 실제 페이지를 접속하는지 확인하는 과정을 거칩니다. 사용자의 큰 불편 없이 빠르게 확인하는 방법을 서술하시오.

3 00초등학교 300명의 학생이 4개의 과학 프로그램을 모두 체험하고자 한다. 2개의 프로그램 제한 인원은 15명이고, 나머지 2개의 프로그램 제한 인원은 30명이라고 할 때, 어떻게 하면 가장 효율적으로 체험을 운영할 수 있을지 방법을 서술하시오.

4 소프트웨어는 컴퓨터를 통제하거나 컴퓨터에 명령을 내려서 작업을 수행하게 하는 프로그램입니다. 소프트웨어는 사람들이 해야 하는 일, 만들어 내야 하는 무언가, 이루고 싶은 목적을 컴퓨터를 이용하여 가능하게 해주는 도구와 같은 역할을 합니다.

4-1 생활 주변에서 현재 사용되고 있는 소프트웨어를 찾아보고 설명하시오.

4-2. 더 편안하고 쾌적한 생활을 위해서 앞으로 있으면 좋을 것 같은 소프트웨어를 생각해보고 설명하시오.

문제의 끝입니다. 수고하셨습니다.

소프트웨어(SW) 사고력 올림피아드 답안지 (　　)회

수험번호	학교명	학년	성명

소프트웨어(SW) 사고력 올림피아드 연습문제(3회)

수험번호	학교명	학년	성명

※ 다음 문제에 모두 답하시오.
※ 답은 <답안지>에 작성하시기 바랍니다.
※ 시험 종료 후 <문제지>와 <답안지> 모두 제출하여 주시기 바랍니다.
※ 본 문제들은 창의적인 생각을 자유롭게 기록하면 됩니다.

1 구구단을 어려워하는 동생을 위해 교육용 소프트웨어를 설계하고자 한다.

1-1. 자신이 설계할 교육용 소프트웨어에 대해 간략히 설명하시오.

1-2. 흥미를 높이기 위한 방법을 서술하시오.

2 우리 교실에서 필요한 소프트웨어를 제작해서 활용하고자 한다.

2-1. 제작할 소프트웨어에 대해 간략히 설명하시오.

2-2. 5명이 함께 소프트웨어를 만든다고 할 때 역할을 어떻게 나눌지 설명하시오.

3 수학나라 분수마을 친구들에게 고민이 생겼다. 다양한 분수 친구들이 자신들의 마을로 가는 길을 잃어버렸기 때문이다.

$$\frac{1}{5} \quad \frac{4}{3} \quad \frac{4}{5} \quad \frac{8}{7}$$

$$\frac{3}{10} \quad \frac{3}{4} \quad \frac{7}{6} \quad \frac{3}{3}$$

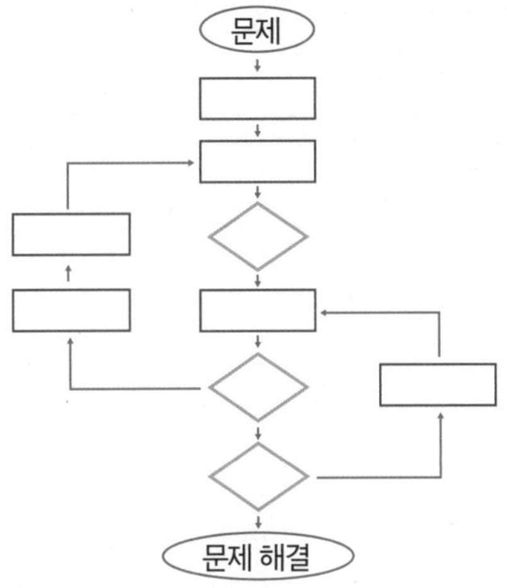

3-1. 제시된 분수들을 어떤 기준으로 분류할 수 있는지 자신만의 방법으로 설명하시오.

3-2. 분수들이 자신들의 마을을 제대로 찾아갈 수 있도록 오른쪽 알고리즘 순서도 형식으로 그림을 그리고 설명하시오.(마을은 총 세 가지 이상 설정할 것, 조건문 <만약~이라면>을 세 가지 이상 설정할 것)

4 자판기의 작동 원리를 고려하여 다음의 질문에 답하시오.

4-1. 자판기가 실제 지폐와 종이를 구별하는 방법에 대해 생각해보고 설명하시오.

4-2. 자판기에 천원 4장을 넣어서 700원, 900원, 1100원, 1200원짜리 음료수를 각각 하나씩 뽑는 과정을 서술하시오.

문제의 끝입니다. 수고하셨습니다.

소프트웨어(SW) 사고력 올림피아드 답안지 (　　)회

수험번호	학교명	학년	성명

소프트웨어(SW) 사고력 올림피아드 연습문제(4회)

수험번호	학교명	학년	성명

※ 다음 문제에 모두 답하시오.

※ 답은 <답안지>에 작성하시기 바랍니다.

※ 시험 종료 후 <문제지>와 <답안지> 모두 제출하여 주시기 바랍니다.

※ 본 문제들은 창의적인 생각을 자유롭게 기록하면 됩니다.

1 교실에서 강낭콩을 기르려고 한다. 강낭콩 씨앗을 심은 뒤, 강낭콩을 자동으로 관리하는 장치를 제안해보시오.

> 강낭콩은 3~4월에 씨앗을 심고, 6~8월에 수확합니다. 물은 매일 아침에 줍니다. 비가 오는 날에는 물을 주지 않아도 되지만, 햇빛이 너무 강하면 화분의 흙이 마르기 때문에 물을 한 번 더 주어야 합니다. 그리고 강낭콩 관찰 일지를 만들기 위해 주기적으로 사진을 찍고 어느 정도 자랐는지 확인해야 합니다.

2 학생들의 학습과 성장을 도와주는 인공지능(AI) 로봇을 만들려고 한다.

2-1. 로봇이 할 수 있는 것들을 설명하시오.

2-2. 자신에게 이 로봇이 있다면 어떤 도움을 받을 수 있는지 서술하시오.

3 휴대폰이나 컴퓨터를 사용하여 학급 회의를 실시간 원격으로 진행하려고 한다.

3-1. 아래 <보기>의 규칙을 참고하여, 모두가 공정하게 회의할 수 있는 회의 프로그램을 제안하시오.

3-2. 만들어진 회의 프로그램을 실행했을 때의 화면 구성과 조작법을 설명하시오.

<보기> 회의할 때 지켜야 할 규칙

사회자	· 골고루 말할 기회를 준다. · 회의 절차를 안내한다.
회의 참여자	· 친구가 의견을 말할 때 끼어들지 않는다. · 다른 사람의 의견을 존중한다. · 사회자 허락을 얻고 말한다. · 자신의 의견만 옳다고 주장하지 않는다. · 알맞은 크기의 목소리로 말한다.
기록자	· 중요한 내용을 요약해서 기록한다. · 회의 날짜와 시간, 장소를 기록한다.
주의점: 다수결 원칙을 기본으로 하지만, 소수의 의견도 존중한다.	

4 다음 글을 읽고 민재의 질문을 해결하기 위해서 할 수 있는 방법은 무엇인지 설명해보시오.

> 민재는 작년에 다른 학교로 전학 간 친구에게 택배로 선물을 보내려고 한다. 선물들을 상자에 넣고 우체국에 가서 직원에게 택배 상자를 건넸다. 우체국 직원께서 내가 쓴 주소와 전화번호 등을 컴퓨터로 입력하시는 동안 문득 한 가지 질문이 떠올랐다. '조금 더 빠르고 쉽게 택배를 접수하는 방법은 없을까?'

문제의 끝입니다. 수고하셨습니다.

소프트웨어(SW) 사고력 올림피아드 답안지 (　　)회

수험번호	학교명	학년	성명

소프트웨어 사고력

올림피아드

부록

연습문제 출제 의도

1회 연습문제 출제 의도

문제	출제 의도	평가 준거
1-1, 2	학생들이 일상생활에서 사용하는 물건에 대해 고민해보고 답안을 작성할 수 있도록 출제했습니다. 우리가 사용하는 물건 중에 동물의 특징을 활용한 물건은 무엇이 있는지 생각해보고 동물의 여러 가지 특징을 로봇에 적용해보는 통합 맥락적 사고가 필요한 문제입니다. 활용한 동물의 특징과 로봇의 용도, 기능 등을 논리적으로 설명할 수 있어야 합니다.	지식 기반 사고력 창의적 문제 해결력 통합 맥락적 사고력
2-1	학생들이 일상생활에서 경험할 수 있는 '동물원'이라는 소재를 중심으로 출제했습니다. 구체적인 기준을 세워 동물들을 분류하기에 앞서 유창성을 바탕으로 다양한 동물을 제시할 수 있어야 합니다. 2-2의 분류 기준을 먼저 생각한 뒤에 기준에 해당하는 동물을 찾아보는 것도 좋은 방법입니다.	지식 기반 사고력 창의적 문제 해결력
2-2	여러 가지 동물을 명확한 기준을 정하여 올바르게 분류할 수 있는지 묻는 문제입니다. 소프트웨어 사고력에서 정보에 대한 이해와 명확한 분류는 필수입니다. 이와 같은 관점에서 2-1에서 생각한 여러 동물을 명확한 기준을 이용해 분류할 수 있어야 합니다. 이때, 새로운 동물원이라는 문제의 조건을 생각하여 일반적으로 생각할 수 있는 분류 기준과 자신만의 창의적인 기준 두 가지를 함께 제시할 수 있으면 더욱 좋습니다.	통합 맥락적 사고력 창의적 문제 해결력 표현력
3-1	지능형 로봇 '파이보'에 대한 기사를 읽고 나만의 파이보를 만들기 위해 창의적 사고를 바탕으로 파이보에 적용할 애플리케이션을 설계해야 하는 문제입니다. 설계하고자 하는 애플리케이션을 글뿐만 아니라 그림이나 도식으로 제시하는 것도 좋은 방법이 될 수 있습니다.	정보 이해 사고력 창의적 문제 해결력 표현력
3-2	3-1에서 애플리케이션을 설계했다면 이번 문제에서는 그 애플리케이션을 설계한 이유를 논리적으로 설명해야 합니다. 설계한 애플리케이션의 구조, 용도 등과 연관 지어 답안을 작성할 수 있어야 합니다.	지식 기반 사고력 창의적 문제 해결력
4-1	스마트폰의 사용에 따른 부작용을 해결하는 방법을 묻고 있습니다. 이는 정보통신기술의 발달과 더불어 정보윤리에 대한 중요성도 인식할 수 있도록 출제한 문제입니다. 개발하려는 앱의 전체적인 구조와 알고리즘을 그림 등을 이용하여 제시할 수 있어야 합니다.	창의적 문제 해결력 윤리적 사고력 표현력

4-2	4-1에서 개발하려는 소프트웨어(앱)의 전체적인 구상을 제시하였다면 4-2에서는 기존의 보완할 수 있는 요소나 자신만의 창의적인 아이디어를 묻는 문제입니다. 자신이 알고 있는 지식을 추상화하고 재조직하여 창의적인 해결 방법을 제시할 수 있으면 됩니다.	지식 기반 사고력 창의적 문제 해결력

2회 연습문제 출제 의도

문제	출제 의도	평가 준거
1-1	실생활에서 활용할 수 있는 애플리케이션을 가상으로 개발해 보는 것으로, 학습자의 사용 경험을 바탕으로 창의적으로 구성해야 합니다. 사용자가 되어 애플리케이션을 사용할 때 어떤 화면으로 구성하는 것이 좋을지 생각해보고 작성할 필요가 있습니다.	정보 이해 사고력 창의적 문제 해결력
1-2	학습 관리를 할 수 있는 프로그램으로, 사용자의 과거와 현재의 수학 성적을 비교해 보는 방법을 제시하거나, 수학 퀴즈를 통한 방법을 제시할 수 있습니다. 1-1과 같이 화면 구성을 통한 설명 방법이나 시나리오를 통한 방법으로 나타내는 것도 좋은 방법입니다.	정보 이해 사고력 창의적 문제 해결력 표현력
2	정보화 사회의 해킹과 개인정보 유출 등의 사고에 대해 생각해봐야 하는 문제입니다. 로그인 과정에서 너무 오랜 시간이 소요되지 않도록, 효율적이고 효과적인 방법을 고안해 봐야 합니다. 기존에 구글에서 활용되는 사용자 인식 프로그램을 떠올려보고 자신만의 색다른 방법으로 제시하는 것도 좋은 방법입니다.	지식 기반 사고력 창의적 문제 해결력
3	컴퓨터의 정보처리 알고리즘을 떠올릴 수 있는 문제입니다. 그림으로 구조화하여 시각적인 표현이나 알고리즘 시나리오를 작성하는 방법도 있습니다. 자신만의 독창적인 방법으로 작성하되, 분류한 기준이 명확하고 모든 학생이 누락되지 않게 제시해야 합니다. 한 가지 방법을 자세하게 설명하거나 여러 방법을 개조식으로 서술하는 것도 좋습니다.	정보 이해 사고력 창의적 문제 해결력
4-1	우리 생활에서 흔히 사용하는 소프트웨어의 정의에 대해 살펴보고, 가까이 있는 소프트웨어에 대해 알아보는 문제입니다. 알게 모르게 생활 깊숙이 소프트웨어가 들어와 있음을 깨닫고 정리해 볼 수 있어야 합니다.	정보 이해 사고력 지식 기반 사고력

4-2	생활에서 필요성을 느꼈거나, 더 흥미 있게 생활해보고 싶었거나, 가족 간에 더 따뜻하게 생활하고자 할 때 필요할 것 같은 소프트웨어를 창의적으로 생각해보는 문제입니다. 꼭 글로만 표현하려고 하지 말고 그림이나 표를 이용하여도 좋습니다.	**창의적 문제 해결력** **표현력**

3회 연습문제 출제 의도

문제	출제 의도	평가 준거
1-1	실제 생활에서 접할 수 있는 소재로 문제를 구성하였습니다. 구구단 학습이라는 목적을 달성하기 위해 소프트웨어를 만들 때 어떤 것들을 고려해야 할지 생각해보고, 이유를 논리적으로 제시할 수 있어야 합니다. 구구단이라는 구성 요소를 어떤 방법과 형식으로 제시할지, 목적 달성을 위해 어떤 방법을 활용할지 창의적으로 사고하여 문제를 해결해야 합니다.	**창의적 문제 해결력** **통합 맥락적 사고력** **표현력**
1-2	교육용 소프트웨어에 흥미를 추가하기 위해 자신만의 생각을 기록하는 문제입니다. 자신이 알고 있거나 경험해 본 게임 요소를 기반으로 흥미로운 요소를 추가할 수 있고, 보상 등의 게임 외 요소를 넣을 수도 있습니다.	**통합 맥락적 사고력** **창의적 문제 해결력**
2-1	학생이 평소에 익숙한 공간인 교실에서 느꼈던 불편함이나 개선점들을 떠올려 그것을 해결하는 소프트웨어를 구상해보는 문제입니다. 어떤 점이 불편했는지, 불편하게 느낀 원인이 무엇이었는지 생각해보고 그것을 소프트웨어를 통해 해결하는 창의적인 사고력이 필요합니다.	**창의적 문제 해결력** **지식 기반 사고력** **통합 맥락적 사고력**
2-2	학생이 평소 학교에서 자주 하는 역할 분담을 소프트웨어를 제작할 때 어떻게 적용할지 생각해보는 문제입니다. 5개의 역할을 설정하고 왜 그런 역할이 필요한지 설명하고, 누가 어떤 역할을 맡을지 제시하여야 합니다. 5명에게 골고루 할 일을 분담하여 최대한의 성과를 낼 수 있도록 하는 협동적 사고가 필요합니다.	**통합 맥락적 사고력** **협동적 사고**

3-1	제시된 분수들을 분류하는 자신만의 분류 기준을 정해보는 문제입니다. 수학적으로 접근하여 진분수, 가분수, 대분수, 기약분수 등으로 분류하여도 좋고, 자신만의 창의적 아이디어를 바탕으로 새로운 방법으로 분류하여도 좋습니다.	정보 이해 사고력 지식 기반 사고력 창의적 문제 해결력
3-2	3-1에서 정한 자신만의 분류 기준을 바탕으로 알고리즘 순서도 형식으로 주어진 조건에 맞게 실제로 분수들을 분류해보는 문제입니다. 총 3가지 이상의 마을(기준)을 설정하고, 조건문을 활용하여 알고리즘 순서도를 완성합니다. 분수들이 순서도를 통과했을 때 분류 기준(조건)에 맞게 분류되었는지 확인하는 과정도 필요합니다.	지식 기반 사고력 창의적 문제 해결력
4-1	평소에 자주 볼 수 있는 자판기의 작동 원리에 대해 생각해보는 문제입니다. 실제 지폐와 종이를 구분하는 알고리즘에 대해 생각해보고 그것을 논리적으로 구성하여 제시해야 합니다. 이를 위해 순서도 등의 형식을 활용할 수 있습니다.	창의적 문제 해결력 정보 이해 사고력 표현력
4-2	4-1에서 생각한 알고리즘을 확장하여 실제 활용하는 자판기의 알고리즘에 대해 생각해보고 표현하도록 하는 문제입니다. 복잡한 자판기의 알고리즘을 순차, 반복, 선택을 활용하여 간략하고 효과적으로 보여주는 방법에 대해 생각해보아야 합니다.	창의적 문제 해결력 정보 이해 사고력 표현력

4회 연습문제 출제 의도

문제	출제 의도	평가 준거
1	과학 교과 내용을 소프트웨어와 접목한 문제입니다. 일상에서 반복되는 행위를 특정 목적에 맞게 자동화할 수 있는 것이 무엇이 있는지 떠올릴 수 있습니다. 식물이 자라는 과정을 보다 정확하게 관찰하는 장치를 창의적으로 고안하여 제시해야 합니다.	지식 기반 사고력 창의적 문제 해결력
2-1	인공지능과 로봇이 어떤 일을 할 수 있는지 묻는 문제입니다. 단순히 '어떤 것을 도와줄 수 있다'는 것보다 학습과 성장이라는 두 측면에서 인공지능 로봇이 어떻게 도와줄 수 있는지 실제적인 역할에 대해 통합 맥락적으로 생각하여 작성해야 합니다.	통합 맥락적 사고력 창의적 문제 해결력

2-2	2-1에서는 일반적인 필요성에 대해 질문했다면, 이 문제는 조금 더 구체적이고 개인적으로 생각할 수 있도록 출제했습니다. 자신에 대한 충분한 이해를 바탕으로 인공지능 로봇에게 어느 영역까지 도움을 받을 수 있는지 설명해야 합니다. 이 문제를 먼저 해결하고 2-1에서 일반화하여 서술할 수도 있습니다.	**통합 맥락적 사고력 창의적 문제 해결력 표현력**
3-1	국어 교과에서 많이 활용되는 회의의 절차와 방법을 소재로 출제했습니다. 프로그램을 만들 때 회의에 참여하는 구성원은 누가 있는지, 어떤 절차로 회의가 진행되는지, 회의가 진행되는 중에 필요한 규칙이 무엇이 있는지 등이 충분히 반영되어야 합니다. 사회자의 권한, 각 참여자의 발표 시간, 투표 방법 등을 고안하여 서술할 수 있습니다.	**지식 기반 사고력 정보 이해 사고력**
3-2	실제 프로그램을 사용하는 사용자의 입장을 고려하는 문제입니다. 회의에 참여하는 사람이 프로그램을 실행했을 때 보게 되는 화면을 구상해야 합니다. 사용자가 필요한 기능이 무엇이 있고, 프로그램을 사용할 때 어떤 편의성을 제공했는지를 설명할 수 있어야 합니다.	**창의적 문제 해결력 표현력**
4	일상생활에서 소프트웨어 사고력이 적용될 수 있는 물류 이동과 관련된 문제입니다. 먼저 발송자가 배송 정보를 손으로 쓰고, 그것을 다시 우체국 직원이 확인하여 컴퓨터로 입력하여 접수하기까지의 과정을 이해할 수 있어야 합니다. 다음으로, 이 과정에서 생략하거나 자동화할 수 있는 부분을 찾아보고, 자신이 생각한 방법으로 제안해야 합니다.	**정보 이해 사고력 창의적 문제 해결력**

소프트웨어 사고력 올림피아드

개정증보판 1쇄 발행일 _ 2023년 8월 16일

지은이 _ 구덕회
발행인 _ 정지숙
제작 _ (주)잇플 ITPLE
편집 _ (주)잇플 ITPLE 출판편집팀

펴낸곳 _ (주)잇플 ITPLE
주소 _ 서울특별시 동대문구 답십리로 264 성신빌딩 2층
전화 _ 0502-600-4925
팩스 _ 0502-600-4924
홈페이지 _ www.itpleinfo.com
e-mail _ itpleinfo@naver.com
카페 _ http://cafe.naver.com/arduinofun
ISBN _ 979-11-91198-36-2 63500

교재학습자료 _ http://cafe.naver.com/arduinofun

잇플의 IT도서들

아두이노 내친구 BY스크래치 1편
기초 [교재+키트]

아두이노에 대한 기본적인 내용도 알아보고, 스크래치로 아두이노와 전자 회로를 작동하는 법을 배웁니다.
정가 : 45,000원

아두이노 내친구 BY스크래치 2편
라인트랙 자동차 만들기[교재+키트]

라인 센서, 모터, 모터 드라이버 모듈 등 다양한 전자부품을 직접 사용하여 코딩하면서 멋진 라인 트랙 자동차를 만들 수 있습니다.
정가 : 54,000원

아두이노 내친구 BY스크래치 3편
자율주행 자동차 만들기[교재+키트]

초음파 센서, 서보모터, 모터, 모터 드라이버 모듈 등 다양한 전자부품을 직접 사용하여 코딩하면서 멋진 자율주행 자동차를 만들 수 있습니다.
정가 : 61,000원

아두이노 내친구 1편
기초 [교재+키트]

C/C++기반 스케치 코딩으로써 아두이노의 기초 센서에 대해 배웁니다.
정가 : 39,000원

아두이노 내친구 2편
라인트랙 자동차 만들기 [교재+키트]

C/C++기반 스케치 코딩으로써 1편에서 배운 내용을 기초로 라인트랙 자동차를 만들 수 있습니다.
정가 : 39,000원

아두이노 내친구 3편
블루투스/자율주행/앱만들기 [교재+키트]

C/C++기반 스케치 코딩으로써 블루투스 자동차, 초음파 자율주행 자동차, 스마트폰앱 만들기를 할 수 있습니다.
정가 : 84,000원

KODU 게임메이커 1편

마이크로소프트사(Microsoft)에서 개발한 프로그래밍 도구로 스크래치나 엔트리와 같이 블록코딩을 이용하는 프로그램입니다.
정가 : 11,800원

영재교육을 위한 엔트리 교과서 코딩
국어 통합교과 1학년

엔트리로 학교 교과목(국어,통합교과) 코딩을 한 번에 배우기 위해서 만들었습니다.
정가 : 18,000원

영재교육을 위한 엔트리 교과서 코딩
수학 통합교과 1학년

엔트리로 학교 교과목(수학,통합교과) 코딩을 한 번에 배우기 위해서 만들었습니다.
정가 : 18,000원

영재교육을 위한 엔트리 교과서 코딩
Vol.3 수학,통합교과

엔트리로 학교 교과목과 코딩을 한 번에 배우기 위해서 만들었습니다.
정가 : 18,000원

아두이노 메이킹

단순히 센서만을 사용해보는 것이 아닌 결과물을 만들어 낼 수 있도록 구성되어 있습니다. 결과물을 만드는 과정에서 다양한 센서 사용법에 대해 학습할 수 있습니다.
정가 : 16,000원

아두이노 1편 기초
스탠드 만들기

아두이노 기초 센서에 대해 학습하고 최종 프로젝트로 실생활에 사용할 수 있는 스탠드를 제작합니다.
출간예정

잇플의 IT도서들

앱인벤터 한권으로 끝내기

앱인벤터의 기초를 학습하고 ChatGPT를 활용한 인공지능 앱을 제작하는 방법에 대해 학습할 수 있습니다.
정가 : 28,500원

소프트웨어 사고력 올림피아드
-개정 증보판-

기출 문제를 분석하여 문제를 출제한 의도를 파악하고, 출제 의도에 맞춰 답안을 어떻게 작성해야 하는지 안내합니다.
정가 : 28,500원

정보(SW,로봇)영재원 대비 문제집
(초등 3~5학년)

1부 영재원 대비법, 2부 영재성검사, 3부 창의적 문제해결검사, 4부 심층 면접, 5부 모의고사 5단계로 구성되어 있습니다.
정가 : 28,000원

정보(SW,로봇)영재원 대비 문제집
(중등 초6~중2)

대학 및 교육청 부설 정보(SW)영재원 및 로봇영재원을 대비하기 위한 표준서 입니다.
정가 : 28,000원

IT영재를 위한 이산수학
(초등)

정보올림피아드 기출문제 중심으로 수험생들의 공부에 최적화된 내용으로 구성했습니다.
정가 : 28,000원

IT영재를 위한 이산수학
(초등)

정보올림피아드 기출문제 중심으로 수험생들의 공부에 최적화된 내용으로 구성했습니다.
정가 : 28,000원

ROS2 혼자 공부하는 로봇 SW

ROS라는 도구의 존재를 알고 공부하려는 분 중에 아직 공부를 시작하지 않았거나, 예제를 돌려봤지만 어떤 것인지 감을 잡지 못한 분들을 대상으로 하고 있습니다.
정가 : 27,300원

개발자를 위한 코틀린 프로그래밍 A to Z

주피터 노트북을 활용하여 코틀린의 기초 문법에 대해 알아보고, 코틀린만의 특징에 대해 학습할 수 있습니다.
정가 : 39,000원

코스페이시스 한권으로 끝내기

손쉽게 가상현실 개발 제작 도구를 익히고 SDGs의 지속 가능한 미래가치를 담은 가상현실 제작하기
정가 : 출간 예정